高等院校设计类专业“十三五”规划教材

环境设计

# 园林景观设计基础

（第3版）

ELEMENTARY DESIGN OF LANDSCAPE ARCHETETURE

主　编　廖建军

副主编　唐凤鸣　邱　昆　李　晟　杨喜生　陈　燕

湖南大学出版社

HUNAN UNIVERSITY PRESS

## 内容简介

系统阐述园林景观设计的基础知识，包括园林景观设计的中外发展概述、构成要素、美学特征、构图的艺术法则、欣赏及造景、景观布局、植物设计、设计程序、设计表现、城市园林景观绿地系统规划、城市园林绿地的功能与效益。

本书可作为高等院校设计艺术类专业教材，适合景观设计、环境艺术设计等专业学生使用，也可供园林景观设计从业人员参阅。

**图书在版编目（CIP）数据**

园林景观设计基础(第3版)/廖建军主编.——长沙：湖南大学出版社，2016.8（2018.7重印）

高等院校设计类专业“十三五”规划教材.环境设计

ISBN 978-7-5667-1203-5

Ⅰ.①园... Ⅱ. ①廖... Ⅲ. ①园林设计-景观设计-高等学校-教材 Ⅳ. ①TU986.2

中国版本图书馆CIP数据核字（2016）第206450号

高等院校设计类专业“十三五”规划教材·环境设计

**园林景观设计基础(第3版)**

YUANLIN JINGGUAN SHEJI JICHU (DI 3 BAN)

主编：廖建军

责任编辑：李　由　张美利

责任印制：陈　燕

封面设计：吴颖辉

排版制作：周基东设计工作室

出版发行：湖南大学出版社

社　　址：湖南·长沙·岳麓山邮编：410082

电　　话：0731-88822559（发行部） 88821251（编辑室） 88821006（出版部）

传　　真：0731-88649312（发行部） 88822264（总编室）

电子邮箱：pressliyou@hnu.cn

网　　址：http：//press.hnu.cn

印　　装：湖南雅嘉彩色印刷有限公司

开　　本：889mm×1194mm 16开

印　　张：18

字　　数：416千

版　　次：2016年8月第1版

印　　次：2018年8月第2次印刷

书　　号：ISBN 978-7-5667-1203-5

定　　价：58.00元

ART
DESIGN

# 作者简介

廖建军,女,1965年生,湖南宁乡人。硕士，副教授。主要从事园林景观设计、城市绿地系统规划、植物造景等方面的教学和科研工作，现任南华大学设计与艺术学院副院长，主管全院教学工作。任湖南省自然科学基金委评审专家，湖南省设计艺术家协会理事，衡阳市城市规划委员会委员。

曾主持省、厅级科研课题9项，其中包括自然科学基金1项，完成3项；获省级教学成果奖1项，在国内外学术期刊上发表论文30余篇，完成耒阳市耒河风光带等园林景观设计项目20余项。

# 编 委 会

# Preface

## 总 序

时至今日，科技的进步使人类进入了所谓的“微时代”，微博、微信、微电影、微阅读等传播媒介已成为人们生活中信息交流的主要方式。信息传播媒介的微量化、迅捷化，使我们可以随时随地发布和共享各自的生活体验和情感动态。人们对这种交流方式的青睐和普遍接受，彰显的是对生活细节和个体存在感的关注和重视。设计在这样的生活方式和生命存在的诉求之下，也应该及时转变发展的理念和思路，切实做到与时俱进、与生活接轨。毕竟设计是服务于功能和生活的！正因为如此，艺术创作所注重的灵感在设计中不是起关键作用的，设计需要面对现实、面向未来的特性决定了凭空想象是徒劳无益的！

纵观东西方设计历史上那些经典、优秀的作品，都是基于现实生活的求真、求善、求美，是时代经验和生活智慧的表现。在注重个体存在、强调情感体验的当下，设计面临着对传统的扬弃和对未来的探索，需要不断调适，使其在美化生产、生活的过程中，最大限度地推动社会经济的稳定健康发展。唯有如此，当代中国的设计才能受到最广泛的中国大众的肯定，才能拥有更为广阔的表现与展示空间，才能从真正意义上体现设计为大众服务的民主精神。

中国的现代设计教育，在经历了30多年的发展之后，已步入了一个十分关键的时期。这是因为：一方面，我们对西方的设计教育在经历了因袭、学习、撷取等环节和过程之后，正朝着适合我们民族心理、民族文化和民族生活的新的设计之路发展；另一方面，西方发达国家现代设计教育体系的构建和完善，其内在规律和外部规律的具体内涵，需要我们结合本民族的存在时空去学习和把握。所以，在我国业已步入设计大国的大潮中，中国的设计事业仍任重而道远。在整个设计体系中，不言而喻，设计教育起着决定性作用。作为培养高层次设计人才摇篮的高等院校，更应该将培养高质量、符合时代发展的人才作为首要任务。人才培养质量固然取决于办学理念和思路的转变，但具体落实还是在教学上。众所周知，教学质量的高低取决于教和学两个方面的良性互动。这种良好的互动对教师而言，是个人才（智力）、学（知识）、识（见解）和敬业精神的体现；对学生来说，是学习态度、方法和个人悟性的体现。师生之间，能够沟通或者说可以获得某种互补的媒介应该是教材。所以，中外教育，无论是素质教育还是精英教育，都十分重视教材建设。

近年来，国内的设计类教材可谓汗牛充栋，但良莠不齐。主要表现在：一是没有体现设计教育的本质特征；二是对于设计和美术的联系与区别含混不清；三是缺乏时代性和前瞻性；四是理论阐释和实践操作缺乏有机联系。基于这种认识，我们于2004年组织清华大学、江南大学、湖南工业大学等30多所院校的有关专业教学人员编撰出版了一套“高等院校设计艺术基础教材”，品种近30个。该套教材自问世以来，在高校和社会上反响良好，但一晃十年过去了，无论是社会还是设计本身，都发生了翻天覆地的变化，简直是“物非人不是”。特别是根据2011年艺术学从文学门类中分离出来成为第13个学科门类以后，设计学上升为一级学科等变化，对原有教材进行修订乃至重写自然势在必行。基于此，这次我们在原有教材的基础上，重新审定、确立品种，进行大规模的修改和编撰。这次教材编撰，努力探索解决以下问题：

第一，围绕设计学作为一门独立学科发展这一根本需要，力求将设计与艺术、设计与技术、设计与美术有机融合，在体现设计学本身具有自然科学和社会科学的客观性特征的同时，彰显设计学独立的研究内容和规范的学科体制。

第二，坚持专业基础理论与设计实践相结合。在注重设计理论的总结、提炼和升华的同时，注重设计实践的案例分析，体现设计教材理论与实践并重的特点。

第三，着力满足从西方设计教育体系到中国特色设计教育体系初步形成这一转变的要求，构建适合中国民族文化与当代科学技术相结合的设计知识体系，使其在特定教育实践中具有切实的可行性与可操作性。

第四，适应设计学多学科交叉融合所面临的问题，将重点置于应如何交叉、如何综合的探索上，因为在设计学中由学科的交叉融合而形成的专业细分，要求将多种学科中的相关理论知识渗透其中。

参与此次教材修订和撰写的大多是在专业设计领域卓有成就、具有丰富教学经验的专家和学者，但限于设计所根植的时代、社会的不断变迁，以及设计本身创造性、创新性的本质要求，本套教材是否达到了预期的编撰目的和要求，只有在广大教师和学生使用之后，才能有一个初步的结果。因此，我们期待设计界同仁和师生的批评指正，以便随时进行完善和修订。

朱和平

2018年1月

contents

目录

contents

目录

# 1

# 绪　论

园林景观设计是一门历史悠久，融合艺术和科学为一体的应用学科。在国内，针对这一学科的称谓较多，如“风景园林设计”、“造景”、“造园”、“景观设计”、“景观营造”等。这有很多方面的原因，例如园林设计的外延不断扩大，我们国家与其他国家的文化差别、翻译差别等。但其本质与内涵都是相同的，是国际上通用的学科名称Landscape Architecture在我国的不同称谓。

国际现代景观设计的创始人是美国设计师奥姆斯特德（Frederick Law Olmsted），他的思想与设计实践将园林从过去的私人领地扩展到城市整体的范围甚至更加广泛的区域。19世纪中叶，他首先将自己的职业称之为Landscape Architecture。1899年，美国景观设计师学会（American Society of Landscape Architects）成立，1900年，奥姆斯特德的儿子小奥姆斯特德在哈佛大学设立了美国第一个景观设计专业：Landscape Architecture，标志着现代景观设计学科的建立。此后世界上都用Landscape Architecture这一名词，作为大学中这一专业、国家的学会、学术刊物名称的通用名称。1948年成立的本学科的国际学术组织——国际景观设计师联盟（The International Federation of Landscape Architects 简称IFLA）进一步确立了这一学科名称。经过发展，时至今日形成了一门综合性、实践性极强的学科。

景观设计学是关于景观的分析、规划布局、改造、设计、管理、保护和恢复的科学和艺术。它强调艺术性、科学性、文化历史性，强调设计问题的解决方案和解决途径，并监理设计的实现。

景观设计学结合环境心理学、景观生态学、心理学、生物学、艺术学、建筑设计、城市规划、人文历史等知识进行综合性的研究，是一门建立在广泛的自然科学和人文艺术科学基础上的应用学科。它与建筑学、城市规划、环境艺术、市政工程设计等学科有密切的联系，它要求从事景观设计的人不仅要有广博的专业知识和较强的实践能力，而且还要求有较强的草图绘制、计算机辅助设计等技能。

根据尺度的不同和解决问题的性质、内容的差异，景观设计学包含两个部分，即景观规划（Landscape Planning）和景观设计（Landscape Design）。前者是指在较大尺度上，为某些使用目的安排最合适的地方和在特定地方安排最恰当的土地利用，而对这个特定地方的设计就是景观设计。

目前，景观设计的内容包括：公园景观设计、商业及居住用地的景观设计、单位用地景观设计、度假村景观设计、校园景观设计、风景名胜区规划、休疗养胜地规划设计、区域景观规划设计、景观改造和恢复、历史遗产保护等。

现今，随着生活水平的提高，人们越来越追求环境生活的质量。这对我们景观设计专业来讲，既是一个极大的机遇，也是一个极大的挑战。

# 1.1 景观的含义

不同的专业、不同的学者对景观有着不同的看法。哈佛大学景观设计学博士、北京大学俞孔坚教授从景观的艺术性、科学性、场所性及符号性入手，揭示了景观的多层含义。

## 1.1.1 景观的视觉美含义

如果从视觉这一层面来看，景观是视觉审美的对象，同时，它传达出人的审美态度，反映出特定的社会背景。

景观作为视觉美的感知对象，因此，那些特具形式美感的事物往往能引起人的视觉共鸣。如图1-1所展现的是桂林山水天色合一的景象，令人叹为观止；如图1-2所示为皖南宏村，村落依山傍水而建，建筑高低起伏，给人以极强的美感。

同时，视觉审美又传达出人类的审美态度。不同的文化体系，不同的社会阶段，不同的群体对景观的审美态度是不同的。如17世纪在法国建造的凡尔赛宫（图1-3），它基于透视学，遵循严格的比例关系，是几何的、规则的，这是路易十四及其贵族们的审美态度和标准。而中国的古代帝王和士大夫以另一种标准——“虽由人作，宛自天开”来建造园林（图1-4），它表达出封建帝王们对于自然的占有欲望。

图1-1 桂林山水景象

图1-2 皖南宏村

图1-3 凡尔赛宫

图1-4 颐和园

### 1.1.2 景观作为栖居场所的含义

图1-5　湘西侗寨

从哲学家海德格尔的栖居的概念我们得知：栖居的过程实际上是人与自然、人与人相互作用，以取得和谐的过程。因此，作为栖居场所的景观，是人与自然的关系、人与人的关系在大地上的反映。如图1-5所示为湘西侗寨，俨然一片世外桃源，它是人与这片大地的自然山水环境，以及人与人之间经过长期的相互作用过程而形成的。要深刻地理解景观，一定到解读其作为内在人的生活场所的含义。下面首先来认识场所。

场所由空间的形式以及空间内的物质元素这两部分构成，这可以说是场所的物理属性。因此，场所的特色是由空间的形式特色以及空间内物质元素的特色所决定的。

内在人和外在人对待场所是不一样的。从外在人的角度来看，它是景观的印象；如果从生活在场所中的内在人的角度来看，他们的生活场所表达的是他们的一种环境理想。

场所具有定位和认同两大功能。定位就是找出在场所中的位置。如果空间的形式特色鲜明，物质元素也很有特色和个性，那么它的定位功能就强。认同就是使自己归属于某一场所，只有当你适应场所的特征，与场所中的其他人取得和谐，你才能产生场所归属感、认同感，否则便会无所适从。

场所是随着时间而变化的，也就是说场所具有时间性。它主要有两个方面的影响因素，一是由于自然力的影响，例如，四季的更替、昼夜的变化、光照、风向、云雨雾雪露等气候条件；二是人通过技术而进行的有意识的改造活动。

### 1.1.3 景观作为生态系统的含义

图1-6　洞庭湖自然生态湿地的晨曦景观

从生态学的角度来看，在一个景观系统中，至少存在着五个层次上的生态关系：第一是景观与外部系统的关系；第二是景观内部各元素之间的生态关系；第三是景观单元内部的结构与功能的关系，第四种生态关系存在于生命与环境之间；第五种生态关系则存在于人类与其环境之间的物质、营养及能量的关系。如图1-6所示为洞庭湖自然生态湿地的晨曦景观。

### 1.1.4 景观作为符号的含义

从符号学的角度来看，景观具有符号的含义。

符号学是由西方语言学发展起来的一门学科，是一种分析的科学。现代的符号学研究最早是在20世纪初由瑞士语言学家索绪尔、美国哲学家和实用主义哲学创始人皮尔士提出的。1969年，在巴黎成立了国际符号学联盟（International Association of Semiotic），从此符号学成为心理、哲学、艺术、建筑、城市等领域的重要主题。

符号包括符号本体和符号所指。符号本体指的是充当符号的这个物体，通常用形态、色彩、大小、比例、质感等来描述；而符号所指讲的是符号所传达出来的意义。如图1-7所示甘肃黄河边上的这个雕塑传达的就是黄河作为中华母亲河的这个含义。

景观同文字语言一样，也可以用来说、读和书写，它借助的符号跟文字符号不同，它借助的是植物、水体、地形、景观建筑、雕塑和小品、山石这些实体符号，再通过对这些符号单体的组合，结合这些符号所传达的意义来组成一个更大的符号系统，便构成了“句子”、“文章”和充满意味的“书”。

图1-7　黄河边上的母亲雕塑

# 1.2 景观设计学与相关学科的关系

景观设计学的产生及发展有着相当深厚和宽广的知识底蕴，如哲学中人们对人与自然之间关系（或人地关系）的认识，景观在艺术和技能方面的发展，一定程度上还得益于美术（画家）、建筑、城市规划等相关专业。因此，谈到景观设计学时，首先有必要理清它和其他相近专业之间的关系，或者说其他专业所解决的问题和景观设计所解决的问题之间的差异，这样才可能更清楚地认识景观设计学。

## 1.2.1 建筑学

建筑活动是人类最早改善生存条件的尝试之一。人们在经历了上百万年的尝试、摸索之后，积淀了丰富的经验，为建筑学的诞生、人类的进步作出了巨大的贡献。

建筑作品的主持完成，开始是由工匠或艺术家来负责的。在欧洲，随着城市的发展，这些工匠和艺术家完成了许多具有代表性的建筑和广场设计，形成了不同风格的建筑流派。那时，由于城市规模较小，城市建设在某种意义上就是完成一定数量的建筑。建筑与城市规划是融合在一起的。工业化以后，由于环境问题的凸现以及后来如20世纪的两次世界大战，人们开始对城市建设进行重新审视，例如出现了霍华德的“花园城市”、法国建筑大师勒•柯布西埃的“阳光城市”和他主持完成的印度城市昌迪加尔（Chandigarh）。直到建筑与城市规划逐渐相互分离，各自有所侧重，建筑师的主要职责才转向专注于设计居于特定功能的建筑物，如住宅、公共建筑、学校和工厂等。

## 1.2.2 城市规划

城市规划虽然早期是和建筑结合在一起的，但是，无论是欧洲还是亚洲国家，都有关于城市规划思想的研究。如比较原始形式的居民点选址和布局问题，中国的“体国经野”区域发展的观念和影响中国城市建设发展方向的“营国制度”的出现。但现代城市规划考虑的是为整个城市或区域的发展制订总体规划，更偏向于社会经济发展的层面。

### 1.2.3 市政工程学

市政工程主要包括城市给排水工程、城市电力系统、城市供热系统、城市管线工程等内容。相应的市政工程师则为这些市政功用设施的建设提供科学依据。

### 1.2.4 环境艺术

环境艺术更多的是强调环境设计的艺术性，注重设计师的艺术灵感和艺术创造。

## 1.3 现代景观设计的产生及发展

### 1.3.1 现代景观设计产生的历史背景

现代景观的概念是作为土地及土地上的空间和物质所构成的综合体，它是复杂的自然过程和人类活动在大地上的烙印。基于以上概念的理解，从原始人类为了生存的实践活动，到农业社会、工业社会的更高层次的设计活动，在地球上形成了不同地域、不同风格的景观格局。如有专家提出的农业社会的栽培和驯养生态景观、水利工程景观、村落和城镇景观、防护系统景观、交通系统景观，工业社会的工业景观及其由此带来或衍生的各种景观。

工业化社会之后，工业革命虽然给人类带来了巨大的社会进步，但由于人们认识的局限，同时将原有的自然景观分割得支离破碎，完全没有考虑生态环境的承受能力，也没有可持续发展的指导思想，这直接导致了生态环境的破坏和人们生活质量的下降，以至于人们开始逃离城市，以便寻求更好的生活环境和生活空间。景观的价值开始逐渐被人们认识和提出，如有意识的景观设计开始酝酿。或者从另外的角度理解，景观设计在不同时期的发展有一条主线：在工业化之前人们为了欣赏娱乐的目的而进行的景观造园活动，如国内外的各种“园”、“囿”，在这样的思路之下，国内外传统的园林学、造园学等产生了；工业化带来的环境问题强化了景观设计的活动，从一定程度上改变了景观设计的主题，这一时期人们由娱乐欣赏转变为追求更好的生活环境，由此开始形成现代意义上的景观设计，即解决土地综合体复杂的综合问题——土地、人类、城市和土地上的一切生命的安全与健康以及可持续发展的问题。

现代景观设计产生的历史背景可以归结为以下几个方面：工业化带来的环境污染，与工业化相随的城市化带来的城市拥挤，聚居环境质量恶化。基于工业化带来的种种问题，一些有识之士开始对城市、对工业化进行质疑和反思，并寻求解决之道。代表性的观点如下：

**(1) 刘易斯·福芒德**

刘易斯·福芒德在《城市发展史》中描述19世纪欧洲的城市面貌及城市中的问题："一个街区挨着一个街区，排列得一模一样，单调而沉闷；胡同里阴沉沉的，到处是垃圾；到处没有供孩子游戏的场地和公园；当地的居住区也没有各自的特色和内聚力。窗户通常是很窄的，光照明显不足……比这更为严重的是城市的卫生状况极为糟糕，缺乏阳光，缺乏清洁的水，缺乏没有污染的空气，缺乏多样的食物。"刘易斯·福芒德开始关注并寻求解决这些问题的途径。

**(2) 霍华德**

霍华德在《明日的花园城市》中认为：城市的生长应该是有机的，一开始就应对人口、居住密度、城市面积等加以限制，配置足够的公园和私人园地，城市周围有一圈永久的农田绿地，形成城市和郊区的永久结合，使城市如同一个有机体一样，能够协调、平衡、独立自主地发展。

在人们对城市问题提出各种解决途径和办法之后，大体一致认同的观点是，应在城市中布置一定面积和形式的绿地。如城市总体规划中，城市绿地是城市用地的十大类之一。城市绿地的形式可以采取多种形式：公园、街头绿地、生产绿地、防护林、城市广场绿地等。城市绿地可以改善城市环境质量，净化大气，美化环境，同时又是景观设计的基本内容和重要的造景元素。

有了以上大致的共同观点，现代景观设计拉开了序幕，包括英国的改善工人居住环境，美国的城市美化运动等。总之，现代景观设计已经隆重登场，开始了它的历史使命。

**(3) 奥姆斯特德**

奥姆斯特德是现代景观设计的创始人。他广泛游历、访问了许多公园和私人庄园。他学习了测量学和工程学、化学等，并成为一名作家和记者。由于奥姆斯特德在学界的重要影响，在1857年秋天获得纽约市中央公园（图1-8）的主管职位和设计工作，该公园于1876年全部完工。在奥姆斯特德30多年的景观规划设计实践中，他还设计了布鲁克林的希望公园、芝加哥的滨河绿地及世界博览会等。他是美国景观设计师协会的创始人和美国景观设计专业的创始人，因此，奥姆斯特德被誉为"美国景观设计之父"。

图1-8 纽约中央公园

## 1.3.2 现代景观设计学科的发展

在现代景观设计学科的发展及其职业化进程中，美国走在最前列。同时，在全世界范围内，英国的景观设计专业发展得比较早。1932年，英国第一个景观设计课程出现于莱丁大学（Redding University），后来相当多的大学于20世纪50～70年代早期分别设立了景观设计研究生项目。景观设计教育体系业已成熟，其中相当一部分学院在国际上享有声誉。

美国景观规划设计专业教育是哈佛大学首创的。从某种意义上讲，哈佛大学的景观设计专业教育史代表了美国景观设计学科的发展史。从1860年到1900年，奥姆斯特德等景观设计师在城市公园绿地、广场、校园、居住区及自然保护地等方面所做的规划设计奠定了景观设计学科的基础，之后其活动领域又扩展到了主题公园和高速路系统的景观设计。

纵观国外的景观设计专业教育，人们非常重视多学科的结合，其中包括生态学、土壤学等自然科学，也包括文化人类学、行为心理学等人文科学，最重要的是还必须学习空间设计的基本知识。这种综合性进一步推进了学科发展的多元化。

因此，现代景观设计是大工业、城市化和全球化背景下产生的，是在现代科学与技术的基础上发展起来的。

## 1.4 现代景观设计的理论基础

景观设计的主要目的是规划设计出适宜的人居环境，既要考虑到人的行为心理、精神感受，又要考虑到人的视觉审美感受，还要考虑人的生理感受，也就是要注重生态环境的构建和保护。因此，景观设计离不开对生态学和人类行为、美学等方面的研究。

### 1.4.1 生态学及景观生态学

(1) 生态学(Ecology)

1866年，德国科学家海克尔(Haeckel)首次将生态学定义为：研究有机体与其周围环境(包括非生物环境和生物环境)相互关系的科学。

麦克哈格在《设计结合自然》(Design With Nature)一书中强调介词“结合”(with)的重要性，他认为，一个人性化的城市设计必须表达人类与其他生命的“合作与伙伴关系”，应充分利用自然提供的潜力。而麦克哈格认为设计的目的只有两个：“生存与成功”，应以生态学的视角去重新发掘我们日常生活场所的内在品质和特征。

作为环境与生态理论发展史上重要的代表人物，麦克哈格把土壤学、气象学、地质学和资源学等学科综合起来，并应用到景观规划中，提出了“设计遵从自然”的生态规划模式。这一模式突出各项土地利用的生态适宜性和自然资源的固有属性，重视人类对自然的影响，强调人类、生物和环境之间的伙伴关系。这个生态模式对后来的生态规划影响很大，成为20世纪70年代以来生态规划的一个基本思路。

(2) 景观生态学(Landscape Ecology)

1969年，克罗率先提出景观的规划设计应注重“创造性保护”工作，即既要最佳组织调配地域内的有限资源，又要保护该地域内的美景和生态自然，这标志着“景观生态学”理论的诞生。它强调景观空间格局对区域生态环境的影响与控制，并试图通过格局的改变来维持景观功能流的健康与安全，从而把景观客体和“人”看作一个生态系统来设计。

按照德国学者福尔曼（Forman）和戈德罗恩（Godron）的观点，景观生态学的研究重点在于：景观要素或生态系统的分布格局；这些景观要素中的动物、植物、能量、矿质养分和水分的流动；景观镶嵌体随时间的动态变化。他们引入了3个基本的景观要素：斑块、廊道和基质，用来描述景观的空间格局。进入20世纪80年代以来，遥感技术、地理信息系统和计算机辅助制图技术的广泛应用，为景观生态规划的进一步发展提供了有力的工具，使景观规划逐渐走向系统化和实用化。1995年，哈佛大学著名景观生态学家福尔曼（Richard Forman）强调景观格局对过程的控制和影响作用，通过格局的改变来维持景观功能、物质流和能量流的安全，这表明景观的生态规划已经开始从静态格局向动态格局转变。

### 1.4.2 环境行为心理学

环境行为心理学（environmental psychology）兴起于20世纪60年代，经过20余年的研究与实践的积累之后，至20世纪80年代逐渐成熟。环境行为心理学开始以研究“环境对人行为的影响”为重点，后来发展为研究“人的行为与构造和自然环境之间相互关系”的交叉学科。环境行为心理学的研究主要集中在以下几个方面：

（1）环境对人的心理和行为的影响，包括特定环境下公共与私密行为的方式、特征，安全感、舒适感等各种生理和心理需求的实现以及如何获得一种有意义的行为环境等；

（2）环境因素对人的生活质量的影响，涉及拥挤、噪音、气温、空气污染等；

（3）人的行为对周围环境与生态系统的影响，涉及环保行为和环境保护的心理学研究。

此外，在环境行为学科下属还有一个场所结构分析理论，是研究城市环境中的社会文化内涵和人性化特征的理论。它以现代社会生活和人为根本出发点，注重并寻求人与环境有机共存。这个理论认为城市设计思想首先应强调一种以人为核心的人际结合、聚落的必要性，设计必须以人的行为方式为基础，城市形态必须从生活本身结构发展而来。与功能派大师注重建筑与环境关系不同，该理论关心的是人与环境的关系。

### 1.4.3 景观美学理论

不同的学者有不同的美学理论，对美有不同的阐释，柏拉图认为“美是理式”，亚里士多德认为“美是秩序、匀称和明确”，黑格尔认为“美是理念的感性显现”，蔡仪认为“美是典型”，朱光潜认为“美是主客观的统一”，李泽厚认为“美是自由的形式”，等等。

王长俊先生的景观美学理论认为：景观是立体的多维的存在，要求审美主体从各个不同形象、不同侧面、不同层次之间的内在联系系统中，从不同层面相互作用的折射中，去探索和挖掘景观的美学意蕴。其将景观美看作是一种人类价值，但并不是一种超历史的、凝固不变的价值，它总是要随着历史的演进，随着人类关于经济、政治、文化乃至所有领域的追求而演进，只有从历史学的角度，才有可能把握景观美的本质。

### 1.4.4 可持续发展观念

可持续发展（Sustainable Development）是20世纪80年代提出的一个新概念。1987年世界环境与发展委员会在《我们共同的未来》报告中第一次阐述了可持续发展的概念，得到了国际社会的广泛共识。“可持续发展”是指在不危及后代、满足其需要的前提下，满足当代人的现实需要的一种发展。其基本原则是寻求经济、社会、人口、资源和环境等系统的平衡与协调。在城市化迅速发展的今天，为保证城市健康持续发展指明了道路。

## 1.5 现代景观设计的原则

根据同济大学刘滨谊教授的观点，从国际景观规划设计理论与实践的发展来看，现代景观规划设计有三个层面上的原则：

**（1）视觉感受层面**

要从人的视觉形象感受出发，根据美学规律去创造赏心悦目的景观形象。

**（2）生态环境层面**

要从生态环境的角度出发，在对地形、动植物、水体、光照、气候等自然资源的调查、分析、评估的基础上，遵照自然规律，利用各种自然物体和人工材料，去规划、设计、保护令人舒适的物质环境。

**（3）行为心理、精神感受、文化历史层面**

要从人的行为心理、精神感受，以及潜在于环境中与人们精神生活息息相关的的历史文化、风土人情、风俗习惯等出发，利用心理、文化的引导，去创造符合人的行为心理，能满足人的精神感受的景观。

**思考题**

1. 请查阅相关资料，谈谈在国内应该以哪个学科名称与国际上通用的学科名称“landscape architecture”相对应，为什么？

2. 谈谈对景观含义的理解。

3. 景观设计的未来发展趋势是怎样的？

# 2

# 中外园林景观概述

人类从树栖穴息、捕鱼狩猎、采集聚乐开始，直至建立城市、公园的今天，经历了数千年的悠悠岁月。在这漫长的历史长河中，人类写下了来自自然、索取自然、保护自然，最终回归自然的文明史，同时也谱写了灿烂的园林史。本章将对园林发展阶段及中外园林发展历程作一概述。

## 2.1 园林景观发展阶段概述

纵观历史，人与自然的关系变化大致分为四个不同的阶段，相应地园林的发展也分为四个时期。

### 2.1.1 萌芽时期

人类在原始社会初期，生产力水平十分低下，人类赖于自然而生存，极少改造自然，仅作为大自然的一部分而纳入它的循环之中。这种情况下，没有可能产生园林。直到原始社会后期，出现了原始农业公社和部落，人类到了进行简单农作物种植时期，房前屋后出现了果园菜园，在客观上形成了园林的雏形，开始了园林的萌芽时期。

### 2.1.2 形成时期

人类进入奴隶社会和封建社会后，在古代亚洲和非洲的一些地区首先发展了农业，实现了人类历史上的首次革命，种植和驯养技术的日益发达为园林的形成提供了基础。在这个漫长的过程中，园林逐渐形成了丰富多彩的时代风格、地方风格和民族风格。如以中国自然风景苑囿为代表的东方园林，以古巴比伦“悬园”和波斯“天堂园”为代表的西亚园林，以古希腊庭园为代表的古欧洲园林都具有强烈的地方风格和民族风格。

这一时期的园林一般均有一定的界限，利用改造天然的地形地貌，结合植物栽培、建筑布局及禽鸟畜养，形成一个较完善的居住游憩环境。而且这个时期的园林都有三个共同的特点：一是直接为少数统治者所有；二是封闭的内向型；三是追求视觉效果和精神享受为主，并不体现社会和环境效益。同时，园林也已具备了四个基本元素，即：山、水、植物、建筑，从许多记载中可以得到印证，如中国古代《穆天子传》中西王母所居“瑶池”和有“皇帝之宫”之称的“悬圃”等，西方基督圣经中“伊甸园”，佛教中的“极乐世界”，伊斯兰教《古兰经》中的“天国”等描述，均说明人们对园林的基本形式和内容有了一定的认识。而此时东西方在哲学、美学、思维方式、文化背景及自然地理方面的差异，也为未来东西方不同园林体系的形成打下了基础。

### 2.1.3 发展时期

18世纪中叶，工业革命兴起，带来了科学技术的飞跃和大规模的机器生产方式，为人们开发大自然提供了更有效的手段。与此同时，大工业相对集中、城市人口不断密集、城市规模扩大、过度的开发带来严重的环境问题。因此，人们意识到了园林绿地的重要性，园林也进入空前的发展时期。

这一时期的园林与上一时期相比在内容和性质上均有发展变化，具体表现是：其一，确立了现代园林的理论体系并以此为指导进行了实践，运用新型学科如生态学进行指导城市绿化和城市环境保护方面的尝试。如美国的奥姆斯特德（Frederick Law Olmsted 1822～1903年）提出“景观建筑学”（Landscape Arechitecture）的概念，并主张合理开发利用和利用土地资源，将大地风景和自然风景作为人类赖以生存环境的一部分加强维护和管理，并针对大城市环境恶化，提出“把乡村带入城市”，建立公共园林、开放性空间和绿地系统等观点。其二，除私人造园外，由政府出资，经营面向大众的城市公共园林环境。其三，园林规划与设计已摆脱私有的局限性，转向开放的外向型。其四，兴建的园林不仅是为了获取景观方面的价值和精神方面的陶冶，同时注重其生态效益和社会效益。

### 2.1.4 多元化兴盛时期

大约从20世纪60年代开始，世界园林的发展又出现了新的趋势和特点。由于人类科技水平达到了空前的高度，生产力进一步提高，尤其是在发达国家和地区，人们有了足够的闲暇时间和经济条件，在紧张的工作之余，愿意接触大自然，回到大自然的怀抱，因而推动了旅游业的迅速发展。同时，人类面临着严峻的问题，如人口迅速增长、粮食短缺、能源枯竭、环境污染、生态失调等，由此带来的人体疾病、社会秩序混乱、文化败落、道德沦丧等一系列问题，都促使人们从更高、更大、更远的方向来考虑城市的总体规划和建设，探索新的方法去改善目前的状况，而园林规划与设计则自然成为人们关注的焦点。

这一时期的园林具有不同以往的特点和变化：一是私有园已不占主导地位，区域性的公共园林和绿化保护带成为每个国家和城市建设的重点，同时确立了城市生态系统的概念；二是园林绿化是以创造合理的城市生态系统为根本目的，园林领域进一步拓展；三是园林艺术已成为环境艺术的一个主要组成的部分，它不仅需要多学科、多专业的联合协作，公众参与也是一个重要方面；四是注重科学的、量化的、有针对性和预测性的园林系统设计，并建立了相应的方法学、科技学、价值观体系。

总之，从原始社会萌芽时期开始，历经形成期、发展时期后而进入一个兴盛的多元化发展时期，园林景观设计已广泛地渗透到社会生活的各个领域。

# 2.2 中国园林景观概述

中国是世界文明古国，有着悠久的历史，灿烂的文化，也积淀了深厚的中华民族优秀的造园遗产，从而使中国园林从粗放的自然风景苑囿，发展到以现代人文美与自然美相结合的城市园林绿地。中国优秀的造园艺术及造园文化传统，以东方园林体系之渊源而被誉为世界“园林之母”。学习园林规划设计，必先了解中国园林的发展历史，汲取其成果与优良传统，才能继承、创新和发展。

## 2.2.1 中国古代园林

从有关记载可知，中国园林的出现与游猎、观天象、种植有关。从生产发展来看，随着农业的出现，产生了种植园、圃；由人群围猎的原始生产到选择山林圈定游猎范围，从而产生了粗放的自然山林苑囿；为观天象、了解气候变化而堆土筑台，产生了以台为主体的台囿或台苑。从文化技术发展来看，园林应该比文字与音乐产生更早，而与建筑同时产生，殷墟出土的甲骨文中，就有园、圃、囿、庭等象形字。 从时代、社会发展来看，在夏、商奴隶社会时就先后出现苑、囿、台。据《史记集解•夏本纪》注：夏桀有“宫室无常，池囿广大”之说，公元前16世纪之前夏代已有池囿。

中国园林的发展历史，大都按朝代、历史时期来阐述，本节则从园林绿地规划角度，按中国园林的主要构成要素、风格来简述中国古代园林的发展过程。大致分为：自然风景苑囿、以建筑为主的山水宫苑、自然山水园、写意山水园、寺观园林、陵墓园、府园、庭园等。

#### (1) 自然风景苑囿——中国园林的雏形

苑囿，起初有区别，分别为两种园。苑，以自然山林或山水草木为主体，畜养禽兽，比囿规模大，有墙围着；帝皇在城郊外所造规模大的园均称为“苑”，如秦汉上林苑，内容丰富，以人工风景为主，已非仅有的自然风景。囿，以动物为主体，乃后世动物园之滥觞，初比苑小，无墙。后据《毛传》注《诗经·灵台》篇称：“囿，所以养禽兽也。天子百里，诸侯四十里。”可见当时囿与苑已无大小之别。到了汉代，将苑囿合为一词，专指帝皇所造的园。

自然风景苑囿是中国园林的雏形，以自然风景为主体，配以少量的人工景观，有一定的范围或设施。苑囿内山水、台沼、动植物、建筑物等园林的基本要素都已初步具备。其功能是专供天子或诸侯游猎、娱乐等。

从片断史料看，自然风景苑囿有夏桀的池园，商汤的桑林与桐宫，殷纣王的沙丘苑与鹿台，殷末周初的文王之囿，西周及春秋战国时各诸侯的苑囿等。其中文王之囿，在《诗经》中的记述较具体一些。据《灵台》诗所述，文王之囿由人工开凿建造而成。建有灵台、灵沼、灵囿、辟雍四大区（图2-1）。文王之囿是自然风景苑囿发展到成熟时期的标志，也是最有影响的人工造园的开端。从《灵台》诗及注释中反映出当时已有今天所说的园林立意、规划、审美思想，并以其独有的文化载体（《灵台》诗及相关记载）成为中国造园传统思想、格局、特色的典范。

图2-1 文王之囿

（2）以建筑为主的山水宫苑

山水宫苑是以宫廷建筑为主体，结合人工山水、动植物而建成的园，初称离宫别馆，后称宫苑（禁苑）、御园、行宫等。而建筑逐渐与山水（人工山水）景观结合，发展为山水宫苑，与写意山水园仅有建筑物多少的差别。一般造园史将其称作皇家园林，单以“皇家”所属分类，似过宽泛而失园之本体。山水宫苑，按园址处都城内外，又分作内苑、外苑。宫苑及部分御园，均为内苑，离宫别馆、行宫，均为外苑。

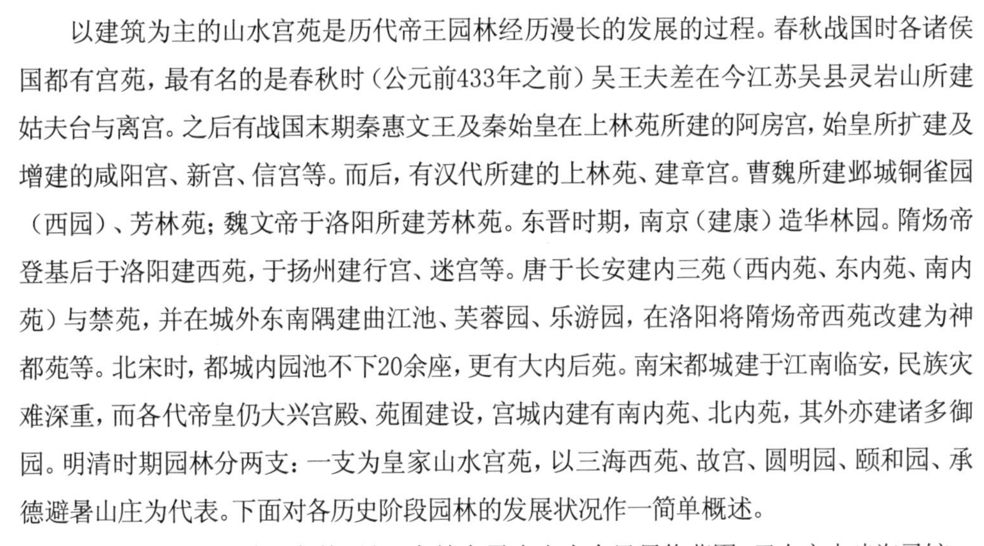

以建筑为主的山水宫苑是历代帝王园林经历漫长的发展的过程。春秋战国时各诸侯国都有宫苑，最有名的是春秋时（公元前433年之前）吴王夫差在今江苏吴县灵岩山所建姑夫台与离宫。之后有战国末期秦惠文王及秦始皇在上林苑所建的阿房宫，始皇所扩建及增建的咸阳宫、新宫、信宫等。而后，有汉代所建的上林苑、建章宫。曹魏所建邺城铜雀园（西园）、芳林苑；魏文帝于洛阳所建芳林苑。东晋时期，南京（建康）造华林园。隋炀帝登基后于洛阳建西苑，于扬州建行宫、迷宫等。唐于长安建内三苑（西内苑、东内苑、南内苑）与禁苑，并在城外东南隅建曲江池、芙蓉园、乐游园，在洛阳将隋炀帝西苑改建为神都苑等。北宋时，都城内园池不下20余座，更有大内后苑。南宋都城建于江南临安，民族灾难深重，而各代帝皇仍大兴宫殿、苑囿建设，宫城内建有南内苑、北内苑，其外亦建诸多御园。明清时期园林分两支：一支为皇家山水宫苑，以三海西苑、故宫、圆明园、颐和园、承德避暑山庄为代表。下面对各历史阶段园林的发展状况作一简单概述。

春秋（公元前473年）之前，吴王夫差在灵岩山十余里尽修苑囿，又在宫中建海灵馆、馆娃阁、铜钩玉槛，楹槛饰以金玉，华丽至极。“山中作天池，于池中泛青龙舟，舟中盛陈妓乐，日与西施为水嬉。”可见当时宫殿与人工山水已结合较紧密。

秦始皇统一中国后，大兴土木。《史记·始皇本纪》中载：“秦每破诸侯，写仿其宫室，作之咸阳北阪上。南临渭，自雍门以东至泾渭，殿阁复道，周阁相属。”“东西八百里，南北四百里，离宫别馆相望联属。”可见规模之宏大，宫廷建筑之盛。同时，咸阳城内，先作咸阳宫，又作新宫，跨渭水南岸，继作信宫。更在上林苑中建阿房宫，以及甘泉宫、兴乐宫、长杨宫等300余处。八百里秦川布满宫廷建筑群（图2-2）。

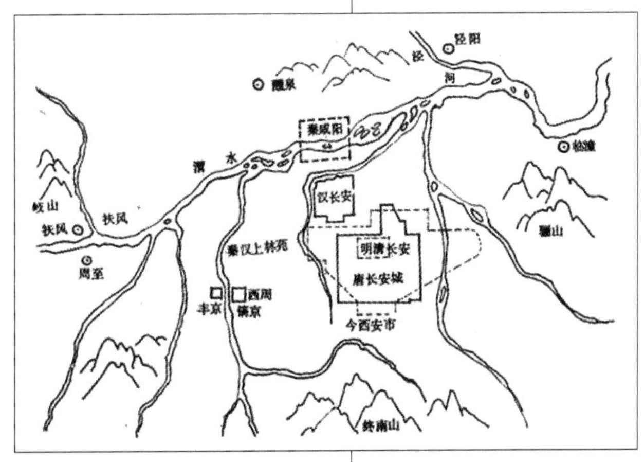

图2-2 历代关中地区图

图2-3　汉建章宫

秦代所建上林苑中离宫别馆与城内宫殿，是汉代宫廷园的基础，汉许多宫廷园苑是据此改造而成的。刘邦建汉朝，先以秦兴乐宫为朝宫，改称为“长乐宫”，后建未央宫、北宫。未央宫城内建宫殿43处，掘水池13处，堆山6座，以建筑为主的人工山水风景蔚为壮观。汉武帝时又大兴宫殿建筑，建有宫苑12处，以建章宫为首。宫西北筑太液池，池中筑蓬莱、方丈、瀛洲三岛，像海中神山。这种“一池三山”的造园手法开创了我国人工山水布局之先河，为后世所仿效（图2-3）。

东汉末曹操在邺城建铜雀园（西园）和铜雀、金凤、冰井三台，同时还保留着浓厚的建筑宫苑传统成分。但在邺城北郊建的芳林苑则完全尊重自然，在山川明秀的风景胜地，放养着许多珍禽奇兽，保持了一定的苑囿气息。

东晋至南朝末，以建康（今南京）为都城，南京成为我国南方的造园中心。宫苑以华林园最为著名，此园与洛阳华林园同名，以建筑为主，正殿名“华光”，亦有景阳山、台。东晋始建，宋、齐、梁、陈先后有修建、扩建。

魏晋至北魏，洛阳造园一直不断，为我国北方的造园中心。北魏时，帝皇、皇族、越官更是争修宫苑、园宅，乃至互相竞夸，所以建筑巨丽华奢，人文与自然景观都有很大发展。魏文帝曹丕于黄初二年（221年）建西游园，筑有凌云台，上建八角井，名“明光殿”。北魏孝文帝元宏在殿北建凉风观，台东建室慈观。魏文帝还于洛阳建芳林苑，后改为华林园，其中人工山水与建筑配置非常协调、紧密，造有景阳山、天渊池诸景，其中以景阳山最著名。

隋炀帝登基后，于洛阳建西苑。西苑周长100千米，墙周也达63千米。苑东与宫城的御道相通，夹道植长松高柳，开行道树之先。全苑规划布局，虽然以水体为主，开有五湖一海，且苑周环水，象征四海环绕，周通天下之意，但是建筑仍然占主导地位。西苑建筑分为16个院区，北海三岛上亦有建筑，为宿苑，并与写意山水构成一体。隋炀帝还于扬州建迷宫（即迷楼）及随园（又称上林苑）为行宫。

唐代是我国历史上政治、经济、文化及对外贸易、交流最繁荣、社会全面发展的一个时期，也是我国造园全面兴盛与发展的一个时期。唐代的造园思想、艺术、规划、布局不仅全面继承、综合了前代造园的优秀传统，而且有新的创造、发展，造园普及且类列多样，历史著作、文学作品记载丰富，流传久远，影响巨大。

唐以隋朝大兴城为都城，后改名长安，以洛阳为陪都（称东都），长安与洛阳为唐代的造园中心。现以唐大明宫为例作简单介绍。

大明宫在城北禁苑之东，唐太宗时建，供高祖李渊避暑所居。前为建筑，有含元殿，后为水体，称太液池，池中有一岛，名“蓬莱山”，上有蓬莱宫，承前宫后苑传统之制。建筑呈中轴对称布局，中轴线上前后分别为含元殿、宣政殿、紫宸殿，两侧排列着对称的配殿，显得高崇庄严。含元殿的地形处理很有特色，殿建在龙首山高地上，前筑一道，逶迤七转，像龙尾垂地，称为“龙尾道”，具有独创性。

宋代宫苑又有新的发展，以改造地形、诗情画意的规划设计为主，写意山水成为显著特色，如艮岳，将在写意山水园一节讲述，此处仅将北宋、南宋城内宫苑略作介绍。

北宋时期在汴京的园池很多，有名望的不下20余处，如金明池（图2-4）、芳林园、琼林苑、迎春苑、宜春苑、牧苑、蓬池、迎祥池、方池、莲花池、凝碧池、同乐园、玉津园等。其中金明池、琼林苑、宜春苑和玉津园号称汴京的“四大名园”。

金明池位于汴京城西郊门外，池周九里。后周时凿池，引金水河注池，用以习水战。宋太宗时亦用以教习水军或作嬉水之用。宋徽宗时在金明池南门内建有许多殿宇。池中筑方洲，方洲与南岸相连有仙桥，状如彩虹，朱栏雁柱，十分美观。池中建有水殿，池南建有宝津楼于高台之上，宽一百丈（长度单位，1丈相当于今天的3.3米，后同）。宝津楼南还有宴殿，西有射殿和击球场所，池北有船坞，池周有围墙，四面设门，四周陆地芳草鲜美、槐树成荫。皇帝常来此游玩嬉水。

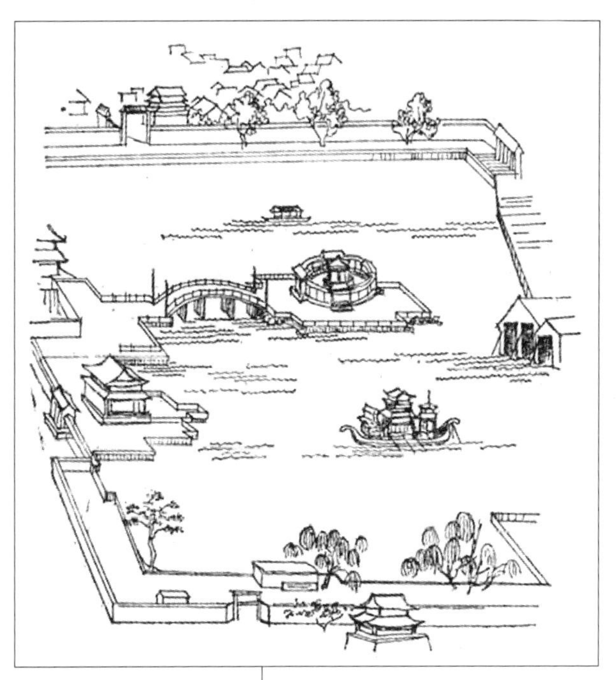

图2-4　宋代金明池

南宋建都临安（今杭州），临安成为南方造园中心。宫城内建有南内苑、北内苑。南内苑就凤凰山麓自然地形造园，随山势高低建有聚远楼、远香堂等十余处殿宇，还建有月榭和十余组亭子，以及梅坡、芙蓉冈和松菊三径等。北内苑挖有大水池，引西湖水注池，池内叠石山象征飞来峰，沿池置亭台阁榭十余组。宫城西接凤凰山，此山甚美，状如龙飞凤舞，山上山下开辟许多景点，亭台布列其中，苍松翠柏遍山常青，四时花木分季开放。山景与内苑遥相呼应。

明清宫苑都为建筑艺术水平很高的山水宫苑，以北京为造园中心，向全国普及，是我国古代造园发展的鼎盛时期。自明至清，今存完好的北京故宫，是明清文化的宝库；故宫两边的西苑（今为中南海、北海）是明清著名的山水宫苑；故宫后的御花园，沿袭古代“前宫后苑”旧制，规模不大，都是今存宫苑的精品。

西苑，又称三海（南海、中海、北海）御园（图2-5），原为元代宫苑，明代开始修建、增建、扩建，一直至清代康熙、乾隆年间。西苑面积广大，山水处理自然得体，苑中有园，丰富多变，富有诗情画意。

清代康乾盛世，造园也极其兴盛，仅北京西郊就造有“三山五园”，外地更有许多行宫，尤以河北承德避暑山庄为最。其造园艺术与水平达到了我国古代造园的顶峰，为我国造园艺术之集大成，而且善于、巧于融合南北造园风格及西方造园艺术于一体，有新的发展与创造。今基本保存的有北京颐和园　（原名清漪园）、承德避暑山庄，而仅存遗址、遗物的为圆明园。同时，还留有完整而丰富的园诗、园记等著作与园图（烫样）。清代帝皇郊园既是以建筑为主的山水宫苑，又是自然山水园和写意山水园的代表。

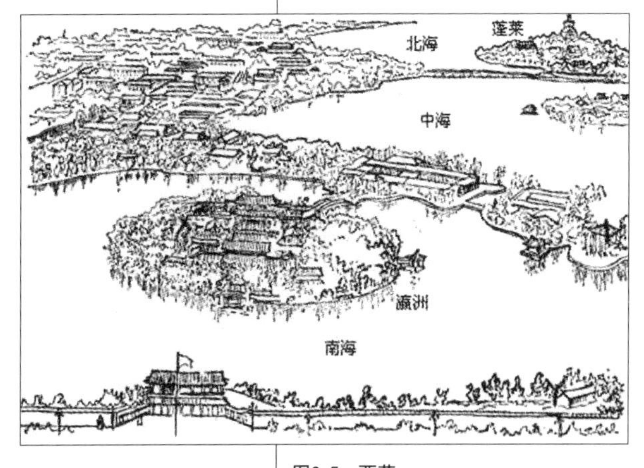


图2-5　西苑

### (3) 自然山水园与寺庙园林

自然山水园是以自然山林、河流、湖沼为主体的一类园林。魏晋至南北朝，历经360多年混战（220～589年），战火不断，民不聊生，而皇室则不顾人民疾苦，大建宫室，奢侈淫逸，士大夫阶层更是玄谈玩世、崇尚隐逸、寄情山水，从而对于自然美的欣赏水平有所提高，山水画、山水诗相继出现，这些思潮都给中国园林以潜移默化的影响。特别是南朝位于我国江南一带，这里山水秀丽，气候温和，园林植物资源丰富，更是得天独厚的有利条件。当时，达官贵人们游山玩水之风盛行，为了能随时享受大自然的山水野趣，私家自然式庭院应运而生，并逐步影响到宫室、殿宇，使皇家园林也转向以自然山水题材为主，形成南北朝时期的自然山水园。其中，最有代表性的自然山水园为南朝宋元帝修建的建康桑泊，即今天南京的玄武湖，以自然山水为主，只有少量建筑作些点缀。

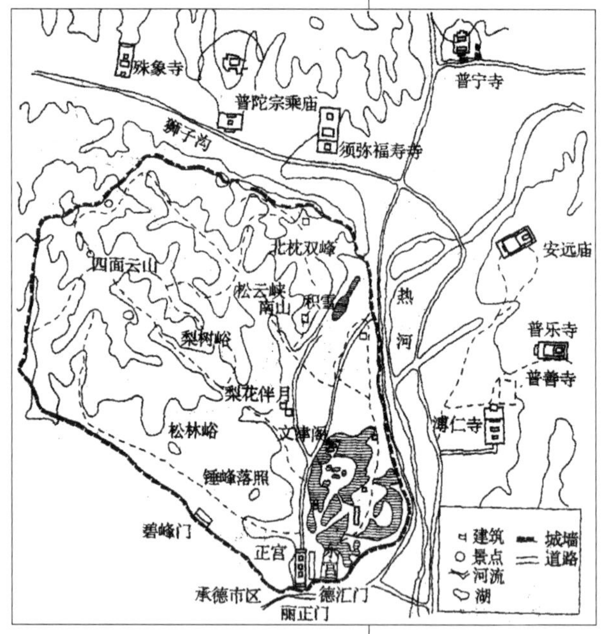

图2-6　承德避暑山庄平面图

明清皇家园林也沿袭了自然山水园的主要特征，承德避暑山庄就是个典型的例子。

避暑山庄，位于承德北，距北京200千米以上。康熙帝出古北口到围场习武行猎途中发现此处风景极佳，于是在1703年“度高平远近之差，开自然峰岚之势”，开始建造避暑山庄，五年之后粗具规模。直到乾隆四十五年（1790年）建成（图2-6），前后历经85年。康熙建三十六景，以四字命题；乾隆建三十六景，以三字命题。避暑山庄周围8千米，以高大宫墙围合，占地560公顷。避暑山庄分山岳区、宫殿区、湖泊区和平原区四大区域，其中山岳区占7/10以上，而宫殿区不足1/10，湖泊区和平原区各占1/10左右。自康熙之后，历代皇帝每到夏季在此避暑和处理朝政长达半年之久，因此这里也是清朝的第二个政治中心。

避暑山庄是皇家远离京都的避暑胜地，是选就自然山水清幽的天然地址加人工改造的自然山水宫苑，也是融南北风格于一体的艺术作品。在水景山景的艺术构思和境界创造方面都有独到之处。首次把全国园林艺术的精华向北推进到塞外，是一处可游可观可居又充满宗教氛围的寓苑，也是清代重要的朝政场所。在艺术手法和工程技巧方面充分运用了多方因借和对比衬托的组景原则，从而达到情因景出、真假难分的艺术境界。

寺庙是以佛教、道教、山川神灵及历史名人纪念性建筑为主体的园林。我国在4世纪时就已出现，有记载的最早为东晋太元年间（376～396年）僧人慧远创建的江西庐山东林寺。佛教在魏晋传入中国后，到南北朝时达极盛时期，“南朝四百八十寺，多少楼台烟雨中”（唐杜牧《江南春》）就是当时盛况的写照。

寺庙园林建筑虽然近似于宫苑的殿堂，有的与宅居的楼阁相同，其格局多为我国传统的四合院或廊院形式，但其功能、陈设与布局、构景等又有明显的特点。因其功能用于宗教、祭祀礼仪等活动，因此空间较大，呈封闭静态，以示庄严、肃穆、神圣。其陈设供奉偶像、神龛、座台，制壁画、浮雕，以造型、绘画等艺术为主。其布局对称规整、层次分明，并与园林、园池分隔，或以空廊与园林、池相通，或适当设漏窗透景，而将生活用房、管理建筑多布置在僻静之处，或隐于林荫之中，规模小而幽静。

“天下名山僧占多”，寺庙园林大都选自然环境优越的名山胜地，因地制宜，扬长避短，利用各种自然景貌要素，融合人文雕塑、建筑造型，创造出富有天然情趣及或浓或淡的宗教、迷信色彩的独特园林景观。下面仅以杭州灵隐寺为例略加陈述，以便具体了解寺庙园林的特点。

杭州灵隐寺，又名云林禅寺，是我国佛教禅宗十刹之一，地处景色奇艳的飞来峰麓，名寺胜景交相辉映，既为佛教圣地，又为古今著名的游览胜地。现存寺由天王殿、大雄宝殿、联灯阁、大悲阁等组成建筑群，创建于东晋成和元年（326年），距今有1600余年。其中佛系众多，大小各异，大者体态丰盈，姿容凝重，小者形象优美，神态毕肖。

寺庙园林的发展，促进了我国不少名山大川的开发，如西湖、峨眉山、黄山、庐山、泰山、南岳、九华山、雁荡山等，都是因先有寺庙而逐步被开发成风景游览胜地。目前我国许多风景名胜区，寺庙园林占十分重要的地位，仅从保护历史文物这一点出发，我们也应该保护好风景区中的寺庙园林。

#### (4) 写意山水园

写意山水园的出现比其他园林较晚。是我国造园发展到完全创造阶段而出现的审美境界最高的一类园林。一般为文人所造的私宅园，也有帝王所造的宫苑。南朝梁元帝（525年）以后的湘东，宋、齐、梁增建、扩建的南京华林园，北魏洛阳的西游园、芳林（华林）等都是写意山水园成熟的代表。唐代宫苑及诸多文人园大加发展，形成我国写意山水园的主流。宋代开封的艮岳（图2-10）为写意山水园发展到一定水平的典型代表。明清时期，我国江南文人写意山水园发展到了高峰。如南京的瞻园，扬州的个园（图2-7）、何园，上海的豫园（图2-8）、彝山园，苏州的拙政园、留园、网师园、沧浪亭等，这些文人写意山水园不仅具有极高造园艺术水平，而且至今还完整地或有遗迹保存着。下面以实例说明写意山水园的特征。

①立意明确意境

讲究造园立意是中国造园的优良传统。造园立意即造园的中心思想与情态，犹如作诗文的中心情意（主题）：常以园名、景名、楹联来揭示，以构景的形象、全园意境来表现，是造园者文化、思想、感情及审美观念的自然流露，也是写意山水园的功能特征和美学特征的集中体现，还是区别自然山水园，建筑为主的宫苑及庭园、寺庙园的主要标准。

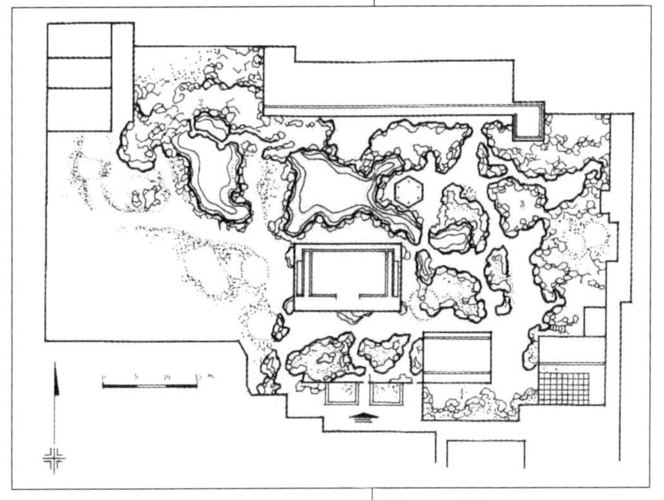
图2-7 个园

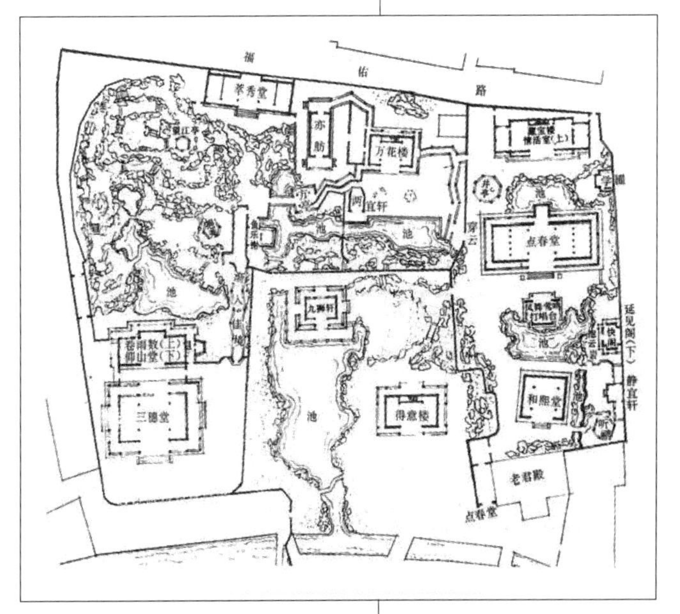

图2-8 上海豫园

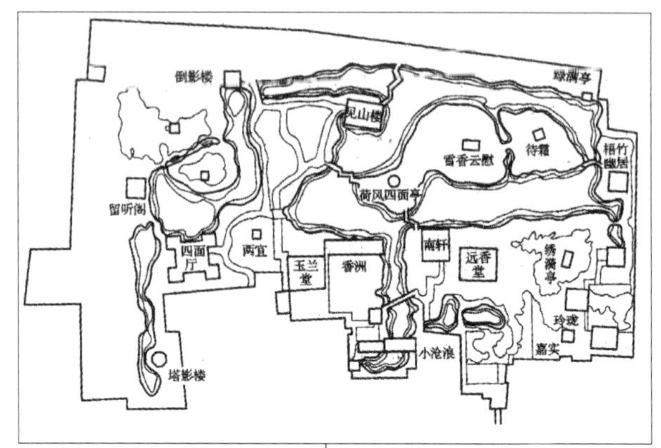

图2-9 拙政园

如拙政园亦是苏州四大名园之一（图2-9）。明代御史王献臣用元代大宏寺的部分基地造园，取晋代潘岳《闲居赋》：“拙者之为政”之意命名。面积62亩，分中、东、西三区，共有景31处。

拙政园以水为主，山水相亲，建筑掩映在林木之间。水复湾环，山重起伏，廊曲回绕。山水建筑有聚有散、有分有合，幽旷明暗变化自然，内外互借或对比衬托，艺术手法极为巧妙，成为江南园林的一秀。

②取法自然又高于自然

写意山水园虽取于自然，而非照搬、复制。要从自然中选取模本，然后加以取舍、提炼，并再作改造、创造，将之分布于适宜之处。

取法自然，是“写意”之本，高出自然，是“写意”的创造。巧夺天工，必先“取法”，体物之情，然后化情于物，融情于景，创造出情景交融的园林。如北宋艮岳（图2-10），取法于杭州的凤凰山，而宋徽宗又以“放怀适情，游心玩思”加以联想、想象，注进自己的思想感情，设计出蓝图，创造出超出凤凰山、规模巨大的一幅立体山水画图。又如传统的以山比仁德，以水比智慧，以柳比女性、比柔情，以花比美貌，以松、柏、梅比坚贞、比意志，以竹比清高、比节操等等。

③多学科与艺术的综合运用

写意山水园，从思想角度来看，需综合运用哲学、历史学、宗教学、伦理学；从构景角度来看，需综合运用地理学、气象学、植物学、建筑学；从艺术角度来看，需综合运用工程技术、文学技巧、绘画艺术、音乐艺术、雕塑艺术、书法艺术以及贯穿其中的美学。古代写意山水名园的创作者、主持者大都全面具有或基本具有这些综和修养与能力。如唐代辋川别业的主人王维，既是唐代山水田园诗的代表，又是唐代山水画的鼻祖，还兼通音乐、佛教、道教等；庐山草堂的创建者白居易是唐代三大著名诗人之一，对历史、地理、音乐、绘画及佛学无不通晓。

在诸多综合因素之中，文化素养是基础，审美能力是根本，尤其对于诗、画、联的制作与雕塑、叠山以及景物、建筑的布局，没有很高的文化素养和很强的审美能力是难以胜任的。我国古时历代造园甚多，可成为名园的毕竟是少数，其主要的或根本的原因恐怕是文化价值与审美价值不高。

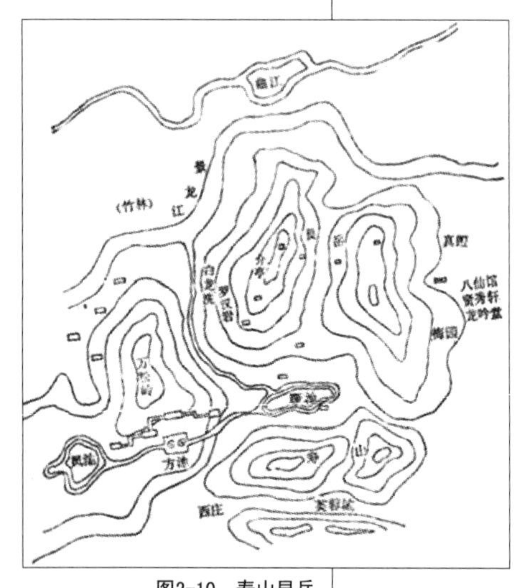

图2-10 寿山艮岳

④精于布局，巧于因借

巧于因借，即巧妙的凭借园外景色的园林构图方法，对园外景色应“极目所至，俗则屏之，嘉则收之”。构园本无定格，而在于巧变与巧于借景，但园内要协调统一，园外要扩展空间、丰富景观，这是一条基本原则。计成称借景为“园林之最要者也”。

如寿山艮岳（图2-10）对于借景的运用是很成功的，内借外借，远近交辉，层次丰富而深远。主峰介亭四处皆见，临亭四望，远近之景，汴梁城尽收眼底。艮岳完全抛弃了中轴对称的格局，一切景点顺其自然布置，时起时伏、忽明忽暗、不拘常规、变化多端、主次分明、联属统一。宋徽宗在《艮岳记》最后写道："崖蛱洞穴，亭阁楼观，乔木茂革，或高或下，或远或近，一出一入，一荣一凋，四面周匝"，"真天造地设，神谋化力，非人所能为者!"艮岳有从四面八方搜集而来的奇花异木上千种，放养珍禽奇兽无数。金兵围城时，宋钦宗曾下令尽取艮岳中的山禽水鸟十万余只放在汴河之中，杀鹿千头供卫士食用。金兵攻破汴京时将艮岳破坏殆尽，还把太湖石北运到中都（北京）构筑琼华岛。一代园林杰作，遂在民族灾难之中化为乌有。

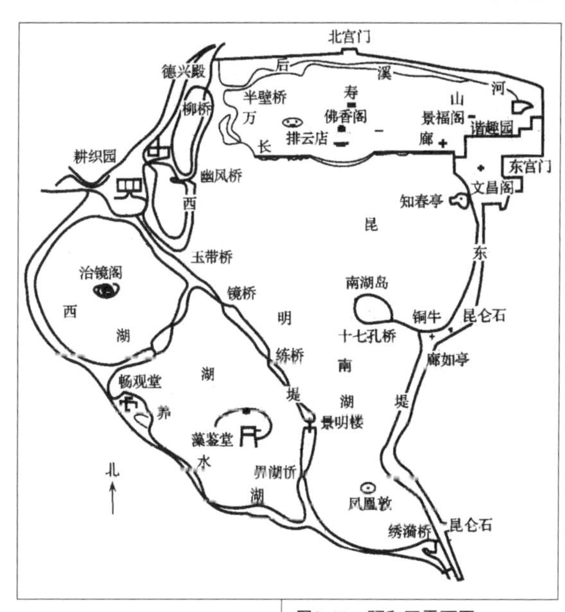

图2-11 颐和园平面图

又如，颐和园（图2-11、图2-12）也是精于布局，巧于因借的写意山水园代表，北依万寿山，南临昆明湖，占地323公顷。颐和园善用原有山水，发扬了历代宫苑的优秀传统并加以创造，构成自然山水与人工山水融为一体的写意山水园，为今存中国园林艺术之冠。左宫右苑，三山一池，苑中有园，宫殿取予规则，苑园取予自然，景点依山而筑、依水而设。万寿山、南湖岛和玉泉山象征蓬莱、瀛洲和方丈，昆明湖象征太液池，以应东海仙境之说。更在东岸设铜牛，西岸立织女石，佛香阁居高穿云，借以象征天汉。颐和园集皇家宫苑之大成，创诗情画意于自然，展幻想之象于目前，是中华民族智慧凝结成的一块珍宝。

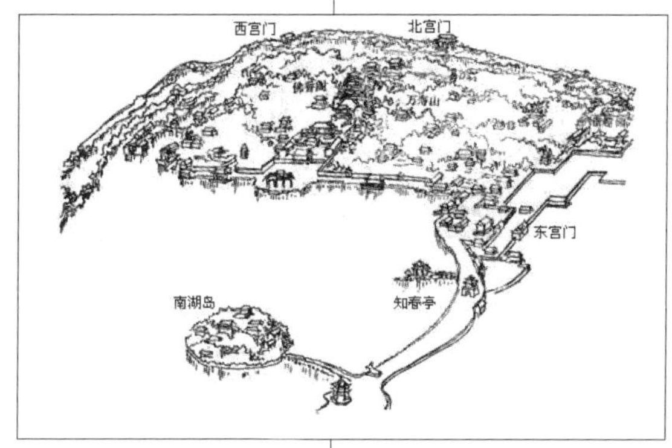

图2-12 颐和园鸟瞰图

留园也是苏州四大名园之一，内容丰满，形式自然，运用多方因借，对比衬托，达到小中见大的效果。既是诗又是画，文风雅气极为清秀，是江南文人写意山水园的代表作品。

（5）陵墓园

陵墓园是为埋葬已死去之人的祭扫之地，是具有祭祀性质建筑的园林。陵墓园又分陵园、墓园。陵都为园，墓不一定都为园。也有仅有建筑而无园的。称园者，必有自然、人文景观布置在周围。

①陵园

陵园指帝王的墓地。自传说中的上古帝王至清代的帝王都建有墓地，多在各代都城近郊山明水清的风水宝地而建。其基本构成要素有：坟丘、地面建筑、神道、石碑、雕塑像与树林等。现存古代陵园由地下建筑发掘出来的，则有墓室、室内墙壁、顶、地面的绘画、浮雕及文物等。凡今存古代著名的陵园，现代大多数都辟为风景、名胜区，多为旅游胜地。如陕西黄陵县黄帝陵、浙江绍兴禹陵、陕西临潼秦始皇陵、陕西兴平县汉武帝茂陵、就泉县唐太宗昭陵、乾县唐高宗与武则天乾陵、南京南唐二陵、明太祖明孝陵、北京明十三陵等。下面以黄帝陵、秦始皇陵和明十三陵为例作简单介绍。

黄帝陵，是传说中中原各族共同祖先轩辕黄帝的墓。《史记》及《黄帝本纪》中都载

"黄帝崩，葬桥山"。桥山：是黄陵县城北的一座山。山上古柏成林，郁郁参天，风景古朴幽雅。陵南侧有"汉武仙台"碑，传说汉武帝在此祭黄陵，筑台祈仙。山下立有黄帝庙。

秦始皇陵，在西安临潼，前210年建成。于山丘之下夯土筑成坟丘。今存坟丘遗迹为截顶方锥形，高76米，底面长515米，宽485米，为我国历史上体形最大的一座陵墓。地面原有享殿，相传被项羽焚毁。地下建筑尚未发现，而据《史记》载："下铜而致椁，宫观百官奇器珍怪徙臧满之。令匠作机弩矢，有所穿近者辄射之，以水银为百川江河大海，机相灌溉；上具天文，下具地理（均为图案），以人鱼膏为烛，度不灭者久之。"可见陵内建筑、绘饰宏伟，陪葬物奢华。

明十三陵，在北京昌平县天寿山下，始建于明成祖永乐七年（1409年），迄于清初（1644年），是规划完整、布局主从分明的一座巨大陵墓群。十三陵全区群山环绕，四周因山为墙。山谷中遍植松柏；山口、水口处建关城和水门，大红门外建石牌坊，门内至长陵设神道，长6　公里余，为主干道。神道前段立长陵碑亭，亭北长道立巨大石像生18对，石兽24座（狮、象、马、骆驼、麒麟等），石人12座（武臣、文臣、勋臣各四）。神道后段分若干支线通往其他十二陵，十二陵分布在长陵两侧，随山势向东南、西南布置，各倚一小山峰，并突出长陵的中心位置。

②墓园

墓园是除帝王之外的大臣、名人的墓地。今存古代墓园多为名胜区。如河南永城县陈胜墓，墓岿然屹立，庄严肃穆，周围松柏成林，郁郁葱葱。墓前立郭沫若题"秦末农民起义领袖陈胜之墓"碑。

今存古代最大的墓园是山东曲阜孔林，即孔子的墓园，又称"至圣林"。起初墓地不过一顷，而历代帝王不断增修、扩大，孔子后裔及孔氏族人也多埋葬于此，至清代墓地已3000亩，林墙周长7公里余。相传孔子弟子各持其乡异种来植，树种繁多，今有古树20000余株，如楷树、松、柏、桧、女贞等，是我国最古老的人造园林。

**（6）庭园和府园**

庭园、府园，又称宅园、府第园，原为私人所建，将住宅与园林景观合为一体，具有栖息与游观功能。一般常住为主的称宅园、府园或山庄，而另外建造的称别业、别墅，或称庄园；游观为主的，则称花园、园池或小园。

庭园、府园始于何时，已不可考，但最初与"五亩之宅树之以桑"的菜园、果圃、林园必有密切关联。有史料记载、墓壁画图像的，汉代住宅已有回廊、阁道、望楼及园林等，宅与园已合为一体，如西汉梁王的兔园（又称梁园、梁苑），巨商袁广汉所建园（袁广汉园）等。魏晋南北朝时，庭园、府园已经兴盛，如东晋石崇（季伦）的金谷园，南朝谢灵运的会稽山庄（又叫山居），而北朝时的洛阳，更是"争修园宅，互相竞夸"，除建筑外，高台芳树，花林曲池，"家家而筑"，"园园而有"，"莫不桃李夏绿，竹柏冬青"。唐以后至清代，庭园、府园发展更快、更普遍，而且以人文景观、写意山水为主流，名园众多，园诗、园记等作品浩繁，蔚为中国古代文化艺术的又一大观。

庭园、府园的风格与艺术特色多种多样，多数庭园、府园的构景与总体风格属写意山水园，以人工景观、创造诗情画意为主，山庄或庄园，基本属自然山水园或乡村田园。按地区风格、特色大体分为北京宅园、江南庭园、岭南庭园、川西园林。

①北京宅园

北京宅园为明清两代王公、贵族、达官、文士所建，据载明代著名的有50多处，清代著名的有100多处，今存完整的或留有部分、遗址的有50余处。其基本特点是：

第一，设计思想是满足物质、精神享受与追求气派、显示政治地位相结合，与江南园林超凡脱俗有明显区别。但明、清又有所不同。明代以写意山水、借景为主，善用水景、古树、花木来创造素雅而有野趣的意境，如米万钟勺园（今为北京大学的一部分）、张维贤英国新公园，都善用水景，并借园外山、水、林、田等景色。清代以建筑为多，趋于繁琐富丽。今存的有恭王府花园，前有中、东、西三组院落，后有萃锦园；院落也以山、水、峰石（飞来峰）相配，但建筑为多，且华丽。

第二，以得水为贵，郊区近水系而建，城内则缺水源，仅挖小池，叠石多为小品，特置供赏。

第三，布局受四合院及宫苑影响，成中轴对称，空间划分量少而面积大，缺乏江南庭园的幽深曲折的变化。

②江南庭园

江南庭园特指江浙一带的庭园，而不是一般所称长江以南地区。其地理、气候条件优越，文人名士荟萃，所建园林及其理论、艺术，古今以来影响深远。北宋以后成为我国园林的主流。归纳起来江南庭园有三大特点：

第一，建筑风格淡雅朴素，即所谓文人园风格，书卷气较重。厅堂随意安排，结构不拘定格，布局自由而多变化，亭榭廊槛曲折宛转，幽雅而又清新洒脱。这种风格多为寺庙、府衙、会馆、书院乃至宫苑所师法，清代乾隆尤善仿效，如仿无锡寄畅园，建颐和园内谐趣园。

第二，以叠石理水为园林主景，形成咫寸山林的意境。叠石，以太湖石、黄石、宣石、锦川石等制作成假山。今存有名的假山，如苏州狮子林的狮子峰、上海豫园大假山的玉玲珑、苏州留园的冠云峰、苏州十中假山池塘内的瑞云峰、杭州植物园内的绉云峰都是江南名石叠成。理水，对园中水景的处理，以不同水型配合山石、花木、建筑组成统一的景观。“山得水而活，水得山而媚”。我国传统园林的理水，是对自然山水特征的概括、提炼和再现，具有再创性和小中见大、以少胜多的艺术效果。江南庭园的理水也很著名，如无锡寄畅园的八音涧，绍兴兰亭的“曲水流觞”，苏州沧浪亭、网师园中的水景等，都是园林中理水的杰作。

第三，花木繁复，布局有法。江南雨量丰沛、气候温和，造园植物资源丰富，加上园艺师的精心培育，所以园内四季常青、景色瑰丽。其布局以自然为宗，而又有章法，花、木、竹、乔、灌、丛、色、香、味、果，交相配合，巧妙布置，构成或幽雅、或清丽、或淡朴的景观意境。如苏州拙政园的植物配置，匠心独运，为江南古典园林的典范。

③岭南庭园

指广东中部、东部的清代古典园林，以岭南三大古典名园即顺德县清晖园、番禺县馀荫山房、东莞县可园为代表。共同特点是具有古典园林的传统风格与地理、气候自然特色和乡土文化气息。如可园是“连房广厦”式庭园的典型，其楼房群体有聚有散、有起有伏，回廊逶迤，轮廓多变，多透视角度创造庭园空间、环境，构成意境，堪称古代宅园中罕见的优秀作品。

④川西园林

指以成都平原为中心的四川西部园林，以其独特的自然地理、气候条件与优秀的文化传统，形成了文、秀、清、幽的风貌与飘逸风骨的特色。文，指园林与著名文人有关，蕴涵着浓郁的文化气质。如杜甫草堂，望江楼（为唐代女诗人薛涛而建）。秀，指园林以清简为胜，小巧秀雅，石山少而水岸直。清，指以水面取胜，水面空间变化与虚实对比得当。幽，指植物繁茂，建筑平均密度小，显得幽深、静谧。飘逸，指受道教及文人雅士的影响，而渗透相当浓厚的顺应自然、返璞归真的气息与情趣。总之，川西园林具有相当强烈的自然山水园古朴风格。

### 2.2.2 中国近、现代公园

中国公共园林出现较晚，自清末才开始有几处所谓的公园，也仅局限于租借地，为外国人所有。北京虽在皇家园林中开辟出一部分为市民游览，也只是古园林而已。杭州西湖虽有广阔的山水，但也主要为禁园、私园。全国各地因受国外城市公共绿地的启发和影响，有兴建公园和改善城市绿地的意图，但在民国前期，由于军阀连年混战以及帝国主义列强的侵略，社会处于黑暗之中，经济遭到严重破坏，国家不仅无力振兴公共园林，而且明清旧有园林也难以保存下来。真正的现代园林和城市绿化只有在新中国成立以后才开始快速地发展。清末至新中国建立之前半个多世纪，虽然不是我国园林的发展阶段，但却是一个关键性的转折时期。无论是外国输入或自建的，或者就其形式内容上看呈现着古今中外相混合的园林形式，但终究有了公园这类新型园林的出现，园林有了新的发展方向。此时也有的官僚军阀或富商巨贾兴建私园别墅，然而此时这种私园别墅已到了尾声阶段，公共园林正逐渐成为主流。

**(1) 中国近代公园**

①租借地中的公园

这些公园为外商或外国官府所建，主要对洋人开放，已在20世纪初陆续被收为国有。目前还保存的主要有如下几处：上海滩公园亦称外滩花园，在黄浦江畔，建于1868年；上海法国公园，建于1908年，又称顾家宅院，现为复兴公园；虹口公园，建于1900年，在上海北部江湾路，现为鲁迅纪念公园；天津英国公园，建于1887年，现为解放公园；天津法国公园，建于1917年，现为中山公园。

②中国政府或商团自建的公园

1906年，无锡地方乡绅筹资在惠山建起了第一个由中国人自己所建的公园，称“锡金公花园”。随后由中国政府或商团在全国各地相继自建了很多公园。如1910年所建的成都少城公园，现为人民公园；1911年所建的南京玄武湖公园；1909年所建的南京江宁公园；1918年所建的广州中央公园，现为人民公园；1918年所建的广州黄花岗公园；1924年所建的四川万县西山公园；1926年所建的重庆中央公园，现为人民公园；还有南京的中山陵等中国人自己所建的公园。

③利用皇家苑园、庙宇或官署园林经过改造的公园

这一时期在公园和单位专用性园林的兴建上开始有所突破，在引入西洋园林风格上有所贡献，对古典苑园或宅园向市民开放开始迈出一步，这些在园林发展史上是一次关键性的转折。如农坛，1912年开放，现为北京城南公园；社稷坛，1914年开放，现为中山公园；颐和园1924年开放；北海公园1925年开放；还有1927年开放的上海文庙公园等。此类园林绿地都是利用皇家苑园、庙宇或官署园林改造成向公众开放的。抗日战争前夕全国大致有数百处此类公园，尽管在形式和内容上极其繁杂，但都面向市民。

**（2）现代公园、城市园林绿化**

中华人民共和国成立后，党和政府非常重视城市建设事业，在各市建立了园林绿化管理部门，担负起园林事业的建设工作，第一个五年计划期间，提出“普遍绿化，重点美化”方针，并将园林绿化纳入到城市建设总体规划之中，在旧城改造和新工业城镇建设中，园林绿化工作初见成效，各种形式的公共绿地有了迅速发展。几乎所有大城市都建成了设施完善的综合性文化休息公园或植物园、动物园、儿童公园和体育公园等公共园林绿地。如北京的紫竹院公园（图2-13）、杭州的花港观鱼公园、上海的长风公园都是建国初期营建起来的综合性公园。

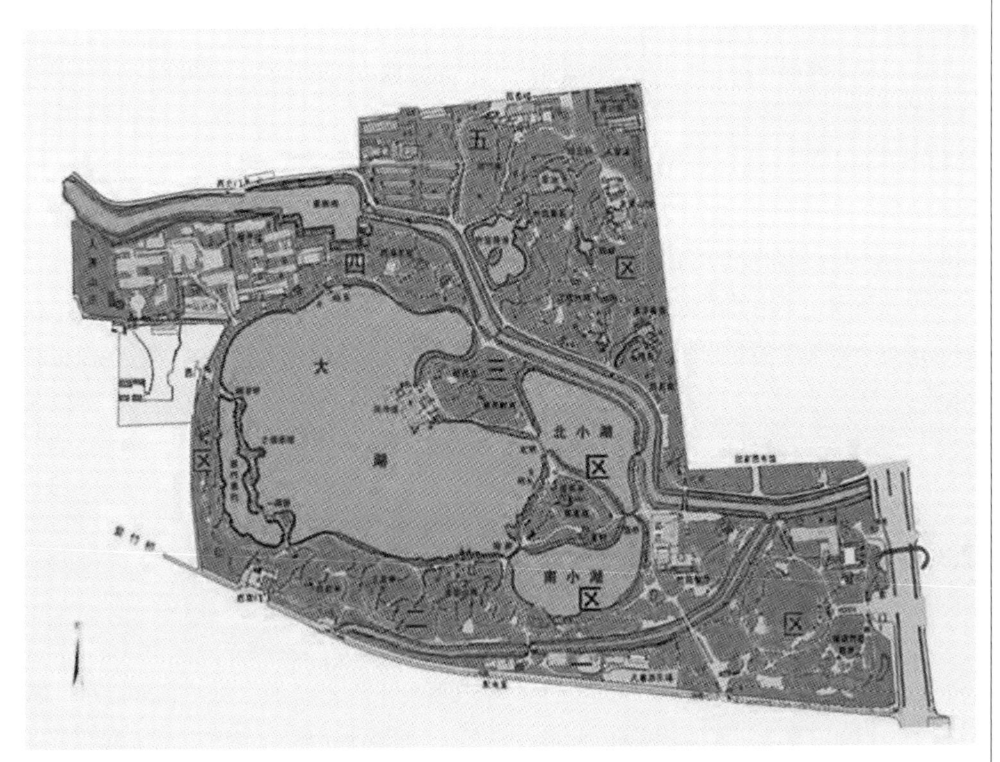


**图2-13　北京紫竹院公园平面图**

# 2.3 外国园林景观概述

国外园林起源最早的应该是古埃及和西亚园林了。本节主要介绍古埃及墓园、园圃；以阿拉伯地区的叙利亚、伊拉克及波斯为代表的西亚园林，以意大利、法国、英国及俄罗斯为代表的欧洲系园林和以日本园林为代表的东方园林。

## 2.3.1 古埃及墓园、园圃

埃及的尼罗河流域与西亚的幼发拉底河、底格里斯河流域同为人类文明的两个发源地，其园林出现也最早。

埃及早在公元前4000年就跨入了奴隶社会，到公元前28至23世纪，形成法老政体的中央集权制。法老（即埃及国王）死后都兴建金字塔作王陵，成为墓园。金字塔浩大壮观，反映出当时埃及科学与工程技术已很发达。金字塔四周布置规则对称的林木，中轴为笔直的祭道，控制两侧均衡，塔前留有广场，与正门对应，造成庄严、肃穆的气氛。

古埃及奴隶主们为了坐享奴隶们创造的劳动果实，一味追求荒诞的享乐方式，大肆营造私园。尼罗河谷的园艺一向是很发达的，树木园、葡萄园、蔬菜园等遍布谷地，到公元前16世纪时都演变成为祭司重臣之类所建的具有审美价值的私园。这些私园周围有垣，内中除种植有果树、蔬菜之外，还有各种观赏树木和花草，甚至还养殖动物。这种形式和内容已超出了实用价值，具有观赏和游息的性质。奴隶主的私园把绿荫和湿润的小气候作为追求的主要目标，把树木和水池作为主要内容。他们在园中栽植许多树木或藤本棚架植物，搭配鲜花美草，又在园中挖有池塘渠道，特别还利用机械工具进行人工灌溉。这种私园大部分设在奴隶主私宅的附近或者就在私宅的周围，其面积延伸很大。私宅附近范围还有特意进行艺术加工的庭园，公元前1375～1253年间的埃及古墓壁画上就有园庭平面布置图。

## 2.3.2 西亚地区的园林

(1) 西亚地区的花园

位于亚洲西端的叙利亚和伊拉克也是人类文明发祥地之一。幼发拉底河和底格里斯河流贯境内向南注入波斯湾，两河流域形成美索不达米亚大平原。美索不达米亚在公元前

图2-14 巴比伦悬园复原图

3500年时，已经出现了高度发展的古代文化，形成了许多城市国家，实行奴隶制。奴隶主为了追求物质和精神的享受，在私宅附近建造各式花园，作为游息观赏的乐园。奴隶主的私宅和花园，一般都建在幼发拉底河沿岸的谷地平原上，引水注园。花园内筑有水池或水渠，道路纵横方直，花草树木充满其间，布置非常整齐美观。基督教圣经中记载的伊甸园被称为“天国乐园”，就在叙利亚首都大马士革城的附近。在公元前2000年的巴比伦、亚述或大马士革等西亚广大地区有许多美丽的花园。尤其距今3000年前新巴比伦王国宏大的都城中有五组宫殿，不仅异常华丽壮观，而且尼不甲撒国王为王妃在宫殿上建造了“空中花园”。据说王妃生于山区，为解思乡之苦，特在宫殿屋顶之上建造花园（图2-14），以象征山林之胜。远看该园悬于空中，近赏可入游，如同仙境。被誉为世界七大奇观之一。

#### （2）波斯天堂园及水法

波斯早在公元前6世纪时兴起于伊朗西部高原，建立波斯奴隶制帝国，逐渐强大之后，占领了小亚细亚、两河流域及叙利亚广大地区。都城波斯波利斯是当时世界上有名的大城市。波斯文化十分发达，影响十分深远。古波斯帝国的奴隶主们常以祖先们经历过的狩猎生活为其娱乐方式，后来又选地造囿，圈养许多动物作为游猎园囿。以后更增强了观赏功能，在园囿的基础上发展成游乐性质的园。波斯地区一向名花异卉资源丰富，人们对其繁育应用也最早。在游乐园里除树木外，尽量种植花草。“天堂园”是其代表。园四面有围墙，园内中开出纵横十字形的道路构成轴线，分割出四块绿地栽种花草树木。道路交叉点修筑中心水池，象征天堂，所以称之为“天堂园”。波斯地区多为高原，雨量稀少，高温干旱，因此水被看成是庭园的生命，所以西亚的一带造园必有水。在园中对水的利用更加着意进行艺术加工，因此各式的水法创作也就应运而生。

到8世纪时，阿拉伯帝国征服波斯之后，也承袭了波斯的造园艺术。阿拉伯地区的自然条件与波斯相似，干燥少雨而炎热，又多沙漠，对水极为珍重。阿拉伯是回教国，领主都有自己的回教园，而回教园更是把水看成是造园的灵魂。这时的水法创作和造园艺术又跟随回教军的远征传到了北非和西班牙各地，到公元13世纪时又传入印度北部和喀什米尔。各地区的回教园都尽量发挥水景的作用，对于水的利用给予特别的爱惜和敬仰，并且神化起来，甚至点点滴滴都蓄积成大大小小的水池，或穿地道或掘明沟延伸到各处种植绿地之间。这种水法由西班牙再传入意大利之后，发展得更加巧妙、壮观了。

### 2.3.3 欧洲古代园林

古希腊是欧洲文化的发源地。古希腊的建筑、园林开欧洲建筑与园林之先河，直接影响着罗马、意大利及法国、英国等国的建筑与园林风格。后来英国吸收了中国山水园的意境，融入造园之中，对欧洲造园也有很大影响。

#### (1) 古希腊庭园和柱廊园

希腊庭园的产生相当古远。公元前9世纪时，希腊有位盲诗人名叫荷马，留下了两部史诗。史诗中歌咏了400年间的庭园状况，从中可以了解到古希腊庭园，大的约1.5公顷，周边有围篱，中间为领主的私宅。庭园内花草树木栽植很规整，有终年开花或结实累累的植物，树木有梨、栗、苹果、葡萄、无花果、石榴和橄榄树等。园中还配以喷泉，留有种植蔬菜的地方。特别在院落中间，设置喷水池或喷水。其水法创作，对当时及以后世界造园工程产生了极大的影响，尤其对意大利、法国利用水景造园的影响更为明显。

公元前3世纪，希腊哲学家伊壁鸠鲁在雅典建造了历史最早的文人圃，利用此园对男女门徒进行讲学。5世纪曾有人渡海东游，从波斯学到了西亚的造园艺术。从此希腊庭园由果菜园改造成装饰性的庭园。住宅方正规则，内中整齐地栽植花木，最终发展成了柱廊园。

希腊的柱廊园改进了波斯在造园布局上结合自然的形式，而变成了喷水池占据中心位置，使自然符合人的意志，形成了有秩序的整形园。把西亚和欧洲两个系统的早期庭园形式与造园艺术联系起来，起到了桥梁作用。

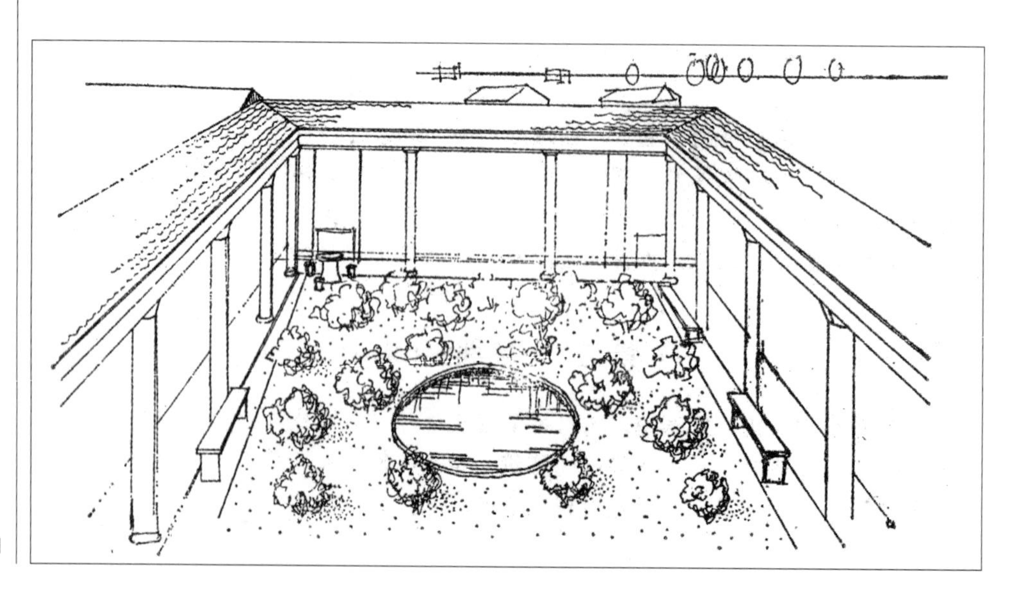
图2-15　希腊式柱廊园

意大利南部的那不勒斯湾海滨庞贝城，早在公元前6世纪已有希腊商人居住，并带来了希腊文明。在公元前3世纪此城已发展为2万居民的商业城市。变成罗马属地之后，又有很多富豪文人来此闲居，建造了大批的住宅群。这些住宅群之间都设置了柱廊园。从1784年发掘的庞贝城中可清楚地看到柱廊园的布局形式。柱廊园有明显的轴线，方正规则。每个家族的住宅都围成方正的院落，沿周排列居室，中心为庭园（图2-15）。围绕庭园的边是一排柱廊，柱廊后边和居室连在一起。园内中间有喷泉和雕像，四处有规正的花树和葡萄架。廊内墙面上绘有逼真的林泉或花鸟，利用人的幻觉使空间产生扩大的效果。更有的在柱廊园外设置林荫道小院，称之为绿廊。

**（2）古罗马庄园**

意大利东海岸，强大的城邦罗马征服了庞贝等各处广大地区，建立了奴隶制罗马人帝国。罗马的奴隶主贵族们又兴起了建造庄园的风气。意大利是伸入地中海的半岛，半岛多山岭溪泉，并有曲长的海滨和谷地，气候湿润，植被繁茂，自然风光极为优胜。罗马贵族占有大量的土地、人力和财富，极尽奢华享受。他们除在城市里建有豪华的宅第之外，还在郊外选择风景极美的山阜营宅造园，在很长的一个时期里，古代罗马山庄式的园林遍布各地。罗马山庄的造园艺术吸取了西亚、西班牙和希腊的传统形式，特别对水法的创造更为奇妙。罗马庄园又充分地结合原有山地和溪泉，逐渐发展成具有罗马特点的台地柱廊园。

117年，哈德良大帝在罗马东郊梯沃里建造的哈德良山庄最为典型。哈德良山庄广袤18平方千米，由一系列馆阁庭院所组成。还把山庄作为施政中心，其中有处理政务的殿堂，起居用的房舍，健身用的厅室，娱乐用的测场等，层台柱廊罗列，气势十分壮观。特别是皇帝巡幸全国时，在全疆所见到的异境名迹都仿造于山庄之内，形成了罗马历史上首次出现的最壮丽的建筑群，同时也是最大的苑园，如同一座小城市，堪称“小罗马”。

罗马大演说家西塞罗的私家园宅有两处，一处在罗马南郊海滨，另一处在罗马东南郊。还有罗马学者蒲林尼在罗林建的别业。这类山庄别业文人园在当时很有盛名。到5世纪时，罗马帝国造园达到极盛时期，据当时记载罗马附近有大小园庭宅第1780所。《林泉杂记》（考勒米拉著）曾记述公元前40年罗马园魔的概况，发展到400年后，更达到兴盛的顶峰。罗马的山庄或园庭都是很规整的，如图案式的花坛，修饰成形的树木，更有迷阵式绿篱，绿地装饰已有很大的发展，园中水池更为普遍。从5世纪以后的800多年里，欧洲处于黑暗时代，造园也处于低潮。但是由于十字军东征带来了东方植物以及回教造园艺术，修道院的寺园则有所发展。寺园四周环绕着传统的罗马廊柱，内中修成方庭，方庭分区或分庭里外栽植着玫瑰、紫罗兰、金盏草等，还专有药草园和蔬菜园设置在医院和食堂的附近。

**（3）意大利庄园**

16世纪欧洲以意大利为中心兴起文艺复兴运动，冲破了中世纪封建教会统治的黑暗时期，意大利的造园出现了以庄园为主的新面貌。其发展分为文艺复兴初期、中期、后期三个阶段，各阶段所造庄园有不同的特色。

①文艺复兴初期的庄园（台地园）

意大利佛罗伦萨是一个经济发达的城市国家。富裕的阶层醉心于奢华的生活享受，享受的主要方式是追求华丽的庄园别墅，因此营造庄园或别墅在佛罗伦萨甚至意大利的广大地区逐渐展开。这一时期，建筑师阿尔勃提著有《建筑学》，他在这本书里着重论述了庄园或别墅的设计内容，并提出了一些优美的设计方案，更加推动了庄园的发展。佛罗伦萨的执政者科齐摩得美提契首先在卡来奇建造了第一所庄园，其后他的儿孙们又继续营建多处，取名美提契庄园。美提契庄园有三级台地，顺山南坡而上，别墅建在最上层台地的西墙，称为台地园。第二层台地狭长，用以连接上下两层台地。中间台地的两侧有低平的绿地，其中对称的水池和植坛显得活泼自由，富于变化。在别墅的后边还有椭圆形水池。这一时期还有狩猎园的形式，多为贵族们所营造，周围圈有防范用的寨栅，内中以矮墙分隔，放养许多禽兽，中心有大水池，就高处堆土筑山，其上建有瞭望楼，各处遍植林木，林中还建有教堂。另外还有由鲍奇渥和罗仓伦等人建的雕塑庄园，尽收古代雕塑放在庄园内展览，成为花园式的博物馆。

②文艺复兴中期的庄园

15世纪，佛罗伦萨被法国查理八世所侵占。美提契家族覆灭，佛罗伦萨文化解体，意大利的商业中心随之转移到了罗马，同时，罗马也成为意大利的文化中心。15世纪时司歇圣教皇控制了局势，各地的学者或名家又向罗马聚集，到16世纪时，罗马教皇集中了全国建筑大师兴建巴斯丁大教堂。佛罗伦萨的富户和技术专家们也纷纷来到罗马营建庄园。一时罗马地区山庄兴盛起来。

红衣主教邱里渥的别墅建于马里屋山上。马里屋山上水源丰富，附近有河流和大道通过。邱里渥别墅由圣高罗和拉斐尔二人设计。先在半山中开辟出台地，每层台地之中都有大的喷水池和大的雕像，中轴明显，两侧对称有树坛。主建筑的前后有规则的花坛和整齐的树畦。台地层次、外形尽求规整，连接各层台地设有磴道，而且阶梯有直有折有弧旋等多种变化，水池在纵横道的交点上，植坛规则布置。

这一时期在欧洲还出现了最早的植物园。威尼斯城市国家的伯图阿大学曾在1545年时由彭纳番德教授设计的植物园首次建立起来，成为后来各地植物园的范例。

公元16世纪中后期，在罗马出现了被称为巴洛克式的庄园。巴洛克（barogue）本来是一种建筑式名词，意思是奇异古怪。巴洛克式庄园则不求刻板，追求自由奔放并富于色彩和装饰变化，形成了一种新风格。比较典型的是埃斯特庄园（图2-16）。

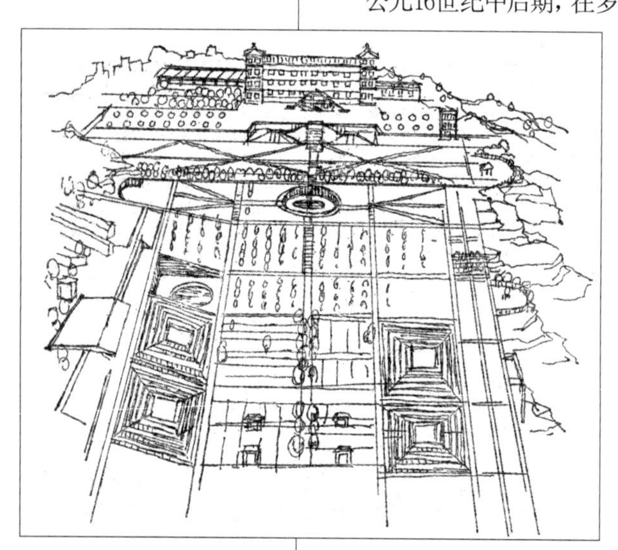
图2-16　埃斯特庄园

1550年，罗马红衣主教埃斯特在罗马郊区蒂沃利的一座山上，建造一处宏伟的庄园，由建筑师李果里渥设计。庄园山埠高48米，自山麓到山顶开辟出五层台地，西边砌筑高大的挡土墙以保证台地的宽度，最上层台地建有极为华丽的楼馆宅舍。山麓宽大平整的台地作进口，也是最前庭，由纵横道路分割为四块小区构成绿丛植坛，密植阔叶树丛。中心有圆形的小喷泉广场，周围配植高大的丝杉。从园门向内透视有层层磴道，透过中部喷泉，可以看到高踞顶端的住宅建筑，主轴透景效果极佳。正门的两侧有便门对应着两条纵向副轴线，前庭区的外围还有四块迷园。主轴线的中部有一大型水池，与这个水池相连的是弧形磴道阶梯，两侧对称的排列出八块绿树植坛，规则严谨，整齐配植花木。东边尽头留有水扶梯和瀑布，由水渠疏通山泉分流而成，发出各种抑扬缓急的水声。在半圆形的柱廊里可观赏瀑布，在椭圆形大水池可观赏壁龛中的雕塑，又可沿着水扶梯上到高处俯视全园。从庄园中心大水池外侧的扶梯上升，顺着中轴大道前进，越过两段磴道，就进入第四层台地园，中轴两侧对称的是“水”字形的道路，几何状的植坛甚为规整。第五层台地上边有主体建筑，建筑物的前边是宽阔的广场，广场与楼门连接处或广场与第四层台地相接处都设有极其壮观的折回式扶梯磴道，与楼馆相衬越发显得美妙。广场左右两边是花坛或整形的花木。除了埃斯特庄园外，还有伦特庄园等典型名园三四十所。

③文艺复兴后期的庄园

17世纪开始，巴洛克式建筑风格已成定法，人们反对墨守成规的古典主义艺术，而要求艺术更加自出奔放，富于生动活泼的造型、装饰和色彩。这一时期的庄园受到巴洛克浪漫风格的很大影响，在内容和形式上富于新的变化。16世纪末到17世纪初，罗马城市发展得很快，住房拥挤，街道狭窄，环境卫生也很恶劣。意大利人长期在这种难堪的环境中生活已感厌倦，一些权贵寓户们不能再忍受，纷纷追求自由舒适的“第二个家”，以便远离繁杂的闹市而去享受园圃生活，在罗马的郊区多斯加尼一带兴起了选址造园之风，一时庄园遍布。这时的庄园，在规划设计上比中期埃斯特庄园更为新鲜和奔放。建筑或庄园刻意追求技巧或致力于精美的装饰，并强调色彩，如布拉地尼等几十处新庄园，明快如画。

这时的庄园，注意了境界的创造，极力追求主题的表现，构成美妙的意境。常对一局部单独处理，以体现各具特色的优美效果。对园内的主要部位或大门、台阶、壁龛等作为视景焦点而极力加工处理。在构图上遂用对称、几何图案或模样花坛等。但是，有些庄园过分雕琢，对周周景色照顾不够，格局上不和谐。

**(4) 西班牙红堡园，园丁园**

西班牙处于地中海的门户，面临大西洋。多山多水，气候温和。从6世纪起，希腊移民来此定居，因此带来了希腊的文化，后来被罗马征服，西班牙成了罗马的属地，因此又接受了罗马的文化。这一时期的西班牙造园是模仿罗马的中庭式样。8世纪，西班牙又被阿拉伯人征服，回教造园传统又进入了西班牙，承袭了巴格达和大马士革的造园风格，976年出现了礼拜寺园。

西班牙格拉那达红堡园（图2-17）自1248年始，前后经营一百余年。园墙堡楼全用红土夯成，因此得名。由大小6个庭院和7个厅堂组成，其中的“狮庭”（1377年建）最为精美。狮庭中心是一座大喷泉，下边由12个石狮围成一周，狮庭之名由此而得。庭内开出十字形水渠，象征天堂。绿地只栽橘树。各庭之间都以洞门联通，还有漏窗相隔，似隔非隔，借以扩大空间效果。布局工整严谨，气氛悠闲肃静。其他各庭栽植有松柏、石榴、玉兰、月桂，以及各种香花等。回教式的建筑雕饰极其精致，色彩

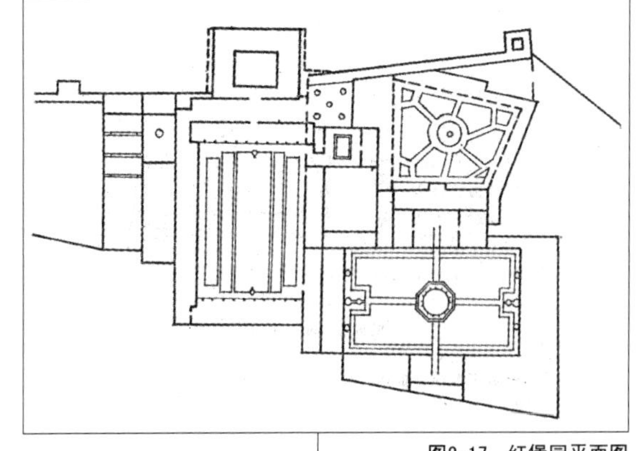
图2-17　红堡园平面图

纹样丰富，与花木明暗对比很强烈，在欧洲独具风格。园庭内不置草坪花坛，而代之以五色石子铺地，斑斓洁净十分透亮。园丁园在红堡园东南200米处，在内容和形式上，两者极为相似，方正的园庭中按图案形式布置，尤其用五色石子铺地，纹样更加美观。15世纪末，阿拉伯统治被推翻之后，西班牙造园转向意大利和英、法风格。

**(5) 法兰西园林**

15～16世纪，法国和意大利曾发生三次大规模的战争。意大利文艺复兴时期的文化，特别是意大利建筑师和文艺复兴期间的建筑形式传入了法国。

①城堡园

16世纪时，法兰西贵族和封建领主都有自己的领地，中间建有领主城堡，佃户经营周围的土地。领主不仅收租税，还掌管司法治安等地方政权，实际上是小独立王国。城堡如同小宫殿，城堡和庄园结合在一起，周围多是森林式栽植，并且尽量利用河流或湖泊造成宽阔的水景。法兰西多广阔的平原地带，森林茂密，水草丰盛，贵族或领主具有狩猎游玩的传统。狩猎地常常开出直线道路，有纵横或放射状组成的道路系统，这样既方便游猎也可成为良好的透景线。文艺复兴时期以前的法兰西庄园是城堡式的，在地形、理水或植树等方面都比意大利简朴得多（图2-18）。

图2-18　欧洲领主城堡图

16世纪以后，法兰西宫庭建筑中心由劳来河沿岸迁移到巴黎附近。巴黎附近地区一时出现了很多新的宫邸和庄园，贵族们更加追求穷欢极乐的宴舞声歌新生活方式，而古典式的城堡建筑就无太大必要了。意大利文艺复兴式的庄园被接受过来，形成平地几何式庄园。

②凡尔赛宫苑

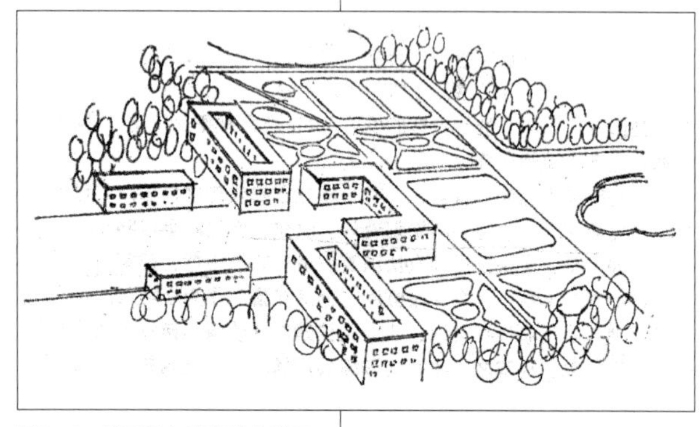

图2-19　法国凡尔赛宫苑鸟瞰图

17世纪后半叶，法王路易十三战胜各个封建诸侯统一了法兰西全国，并且远征欧洲大陆。到路易十四时（1661～1715年）夺取将近一百块领土，建立起君主专治的联邦国家。法国成了生产和贸易大国，开始有了与英国争夺世界霸权的能力。此时法兰西帝国处于极盛时期。路易十四为了表示他至尊无上的权威，建立了凡尔赛宫苑（图2-19、图2-20）。凡尔赛宫苑是西方造园史上最光辉的成就。由勒诺特大师设计建造，勒诺特是一位富有广泛绘画和园林艺术知识的建筑师。凡尔赛宫原是路易十三的狩猎场，只有一座三合院式砖砌猎庄，在巴黎西南。1661年路易十四决定在此建宫苑，历经不断规划设计、改建、增建，至1758年路易十五时期才最后完成，共历时90余年。主要设计师有法国著名造园家勒诺特、建筑师勒沃、学院派古典主义建筑代表孟萨等。路易十四有意保留原三合院式猎庄作为全宫区的中心，将墙面改为大理石，称“大理石院”。勒沃在其南、西、北扩建，延长南北两翼，成为御院。御院前建辅助房、铁栅，为前院。前院之前建为扇形练兵广场，广场上筑三条放射形大道。1678～1688年，孟萨设计凡尔赛宫南北两翼，总长度达402米。南翼为王子、亲王住处，北翼为中央政府办公处、教堂、剧院等。宫内有陈列厅，很宽阔；有大理石大楼梯、壁画与各种雕像。中央西南为宫中主大厅（称镜廊），宫西为勒诺特设计、建造的花园，面积约6.7平方千米。园分南、北、中三部分。南、北两部分都为绣花式花坛，再南为橘园、人工湖；北面花坛由密林包围，景色幽雅，有一条林荫路向北穿过密林，尽头为大水池、海神喷泉。园中央开一对水池。3千米长的中轴向西穿过林园，达小林园、大林园（古称十二丛林），穿小林园的称王家大道，中央设草地，两侧排雕刻。道东为池，池内立阿波罗母亲塑像；道西端池内立阿波罗驾车冲出水面的塑像。两组塑像象征路易十四“太阳王”与表明王家大道歌颂太阳神的主题。中轴线进入大林园后与大运河相接，大运河为十字形，两条水渠成十字相交构成，纵长1500米，横长1013米，宽为120米，使空间具有更为开阔的意境。大运河南端为动物园，北端为特里阿农殿。因由勒诺特设计，建造，故称此园为勒诺特艺术园林，为欧洲造园的典范，一些国家争相模仿。

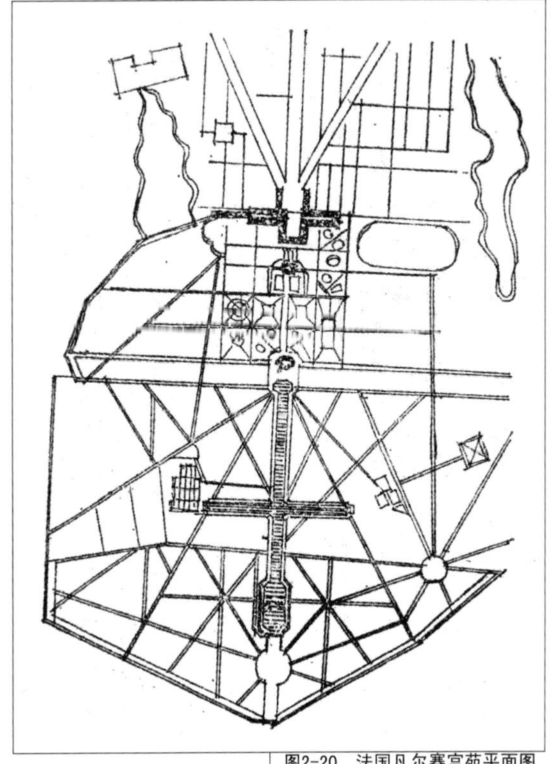

图2-20　法国凡尔赛宫苑平面图

1670年，路易十四在大运河横臂北端为其贵妇蒙泰斯潘建一中国茶室，小巧别致，室内装饰，陈设均按中国传统样式布置，开外国引进中式建筑风格之先例。

凡尔赛宫苑是法国古典建筑与山水、丛林相结合的规模宏大的一座宫苑园林，在欧洲影响很大。一些国家纷纷效法，但多为生搬硬套，反成了庸俗怪异、华而不实、不伦不类的东西，幸好此风为时不长即销声匿迹。可见艺术的借鉴是必要的，而模仿是无出路的，借鉴只是为了创造出新的成果。

(6) 英国园林

英格兰是海洋包围的岛国，气候潮湿，国土基本平坦或缓丘地带多。古代英国长期受意大利政治、文化的影响，受罗马教皇的严格控制。但其地理条件得天独厚，民族传统观念较稳固，有其自己的审美传统与兴趣、观念，尤其对大自然的热爱与追求，形成了英国独特的园林风格。17世纪之前，英国造园主要模仿意大利的别墅、庄园，园林多为封闭的环境，构成古典城堡式的官邸，以防御功能为主。14世纪起，英国所建庄园转向了追求大自然风景形式。17世纪，英国模仿法国凡尔赛宫苑，将官邸庄园改建为法国式的整形苑园。18世纪，英国工业与商业发达，成为世界强国，其造园吸取中国园林、绘画与欧洲风景画的特色，探求本国的新园林形式，出现了自然风景园。

①英格兰传统庄园

英国从14世纪开始，改变了古典城堡式庄园而成与自然结合的新庄园，对其后园林传统影响深远。新庄园基本上分布在两处：一是庄园主的领地内丘阜南坡之上，一是城市近郊。前者称“杜特式”庄园，利用丘阜起伏的地形与稀疏的树林、绿茵草地，以及河流或湖沼，构成秀丽、开阔的自然景观，在显朗处布置建筑群，使其处于疏林、草地之中。这类庄园，一般称为“疏林草地风光”，概括其自然风景的特色。庄园的细部处理，也极尽自然格调。

城市近郊庄园，外围设隔离高墙，但高度以利借景为宜。园中央或轴线上筑一土山，称“台丘”，有的台丘上建亭。台丘一般为多层，设台阶，盘曲蹬道相通。园中也常设模仿意大利、法国的绿丛植坛、花坛，并以黄杨等植篱围，植坛、花坛组成几何图案，或修剪成各种样式。

②英格兰整形园

17世纪60年代起，英国模仿法国凡尔赛宫苑，刻意追求几何图形的整齐植坛，而使造园如现了明显的人工雕饰，破坏了自然景观，丧失了自己优秀的园林传统。如伊丽莎白皇家宫苑、汉普顿园、却特斯园等。这些园一律将树木灌丛修剪成各种建筑物形状、鸟兽物像、模纹花坛等，而乔木、树丛、绿地的自然形态却遭严重破坏。培根在其《论园苑》中指出：这些园林充满了人为意味，只可供孩子们玩赏。1685年，外交官W·坦普尔在《论伊壁鸠鲁式的园林》一文中说：“完全不规则的中国园林可能比其他形式的园林更美。”18世纪初，作家J·艾迪生也指出：“我们英国的园林师不是顺应自然，而是喜欢尽量违背自然。”“每一棵树上都有刀剪的痕迹”。英国的教训，实为后世之鉴，也为英国自然风景园的出现创造了条件。

③英格兰的自然风景园

18世纪英国产业革命使其成为世界上头号工业大国，国土面貌大为改观，人们更为重视自然保护，热爱自然。当时英国生物学家也大力提倡造林，文学家、画家发表了较多颂扬自然园林的作品，并出现了浪漫主义思潮，而且庄园主们对刻板的整形园也感厌倦，加上受中国园林等的启迪，英国园林师注意了从自然风景中汲取营养，逐渐形成了自然风景园的新风格。

园林师W·肯特在园林设计中大量运用自然手法，改造了白金汉郡的斯托乌府邸园。园中有形状自然的河流、湖泊，起伏的草地，自然生长的树木，弯曲的小径。其后，他的助手L.布朗又加以彻底改造，除去一切规则式痕迹，全园呈现出牧歌式的自然景色。此园一成，人们为之耳目一新，争相效法，形成了“自然风景学派”，自然风景园相继出现。

18世纪末，布朗的继承者雷普顿改进了风景园的设计。他将原有庄园的林荫路、台地保留下来，高耸建筑物前布置整形的树冠，如圆形、扁圆形树冠，使建筑线条与树形相互映衬。运用花坛、棚架、栅栏、台阶作为建筑物向自然环境的过渡，把自然风景作为各种装饰性布置的背景。这样做迎合了一些庄园主对传统庄园的怀念，而且将自然景观与人工整形景观结合起来，可说也是一种艺术综合的表现。但他的处理艺术并不理想，正如有人指出的：走进园中看不到生动、惊异的东西。

图2-21　英国庄园景观

1757年、1772年，英国建筑师、园林师W·钱伯斯利用他到中国考察所得，先后出版了《中国建筑设计》《东方造园泛论》两本著作，主张英国园林中要引进中国情调的建筑小品。受他的影响，英国出现了英中园林，但与中国造园风格结合得并不理想，并未达到一种自然、和谐的完美境界，与中国的自然山水园相距甚远。

### 2.3.4 日本古代园林

日本早期园林是为防御、防灾或实用而建的宫苑，周围开濠筑城，内掘池建岛，宫殿为主体，其间列植树木。而后学习中国汉唐宫苑，加强了游观设置，以观赏游乐为主要设景、布局原则，创造了崇尚自然的朴素园林特色。

（1）日本古代宫苑

日本8世纪的《古事记》和《日本书记》中记述了日本900余年间古代传说、神话和皇室诸事等，也反映了有关宫苑园庭的一些情况。如在3～4世纪时，孝照天皇建有掖上池心宫、崇神天皇建有矶城瑞篱宫、乐仁天皇建有缠向珠城宫及正大皇建有紫篱宫、武烈天皇建有泊濑列城宫。这些宫苑外围开濠沟或筑土城环绕周边，只留可供进出的桥或门，内中有列植的灌木和用植物材料编制的墙篱，宫苑里都开有泉池，以作游赏和养殖。

6世纪中叶，佛教东渡到日本，钦明天皇的宫苑中开始筑有须弥山，以应佛国仙境之说，一池中架设吴桥以仿中国苑园的特点。6世纪末，推古天皇受佛教的启发，在宫苑的河边池畔或寺院之间，除筑须弥山外，还广布石造，一时间山石成为造园的主件。这是模仿中国汉代以来“一池三山”的做法，从皇家宫苑遍及各个贵族私宅庭园之中。

日本古代的宫苑园庭全面接受了中国汉唐以来的宫苑风格，多在水上做文章，掘池以象征海洋，起岛以象征仙境，布石植篱瀑布细流以点化自然，并将亭阁、滨台（钓殿）置于湖畔绿荫之下以享人间美景。奈良时代的后期即天平时代，圣武天皇的平城宫内南苑西池宫、松林苑、鸟池塘等苑园都具有这个特点。

8世纪末（794年），恒武天皇迁都平安京后，充分利用本地的天然池塘、涌泉、丘陵、山川、树木及石材等优良条件，进行广泛的造园活动。建筑物仿唐制，苑园以汉代上林苑为楷模，建神泉苑。另外还建有嵯峨院（大觉寺）。平安时代近400年期间，日本把“一池三山”的格局进一步发展成为具有自己特点的“水石庭”，而且总结了前代造园经验，写出了日本第一部造庭法秘传书，取名为《作庭记》。较全面地论述了庭园形态类形，立石方法、缩景表现、水景题材、山水意匠以及石事、树事、泉事、杂事等。这个时期的造园还是尽量表现自然，呈现不规则状态，建筑布局也不要求左右对称，寝殿之前都有南池，并有礼拜广庭，池中设数岛，其中最大的岛称为中岛，庭前近水处架设石桥或平桥。到平安时代（794～1192年）后期，“一池三山”式的水石庭布局有明确的定式，池中三岛，池后假山设泷及溪流，各种石组（泷石、遗水石、岛式石）分布都有定位，草木种植都有定法，而且说明中指出处理手法及利弊关系等（图2-22）。

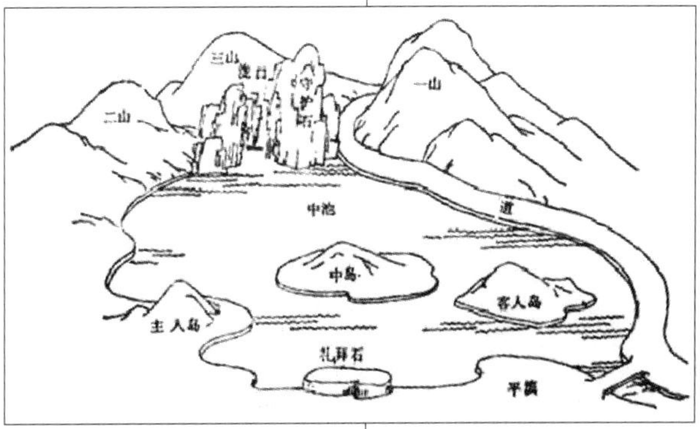

图2-22 日本作庭图

（2）日本中期的寺园，枯山水及茶庭

幕府时期（1338～1573年）是将军执政，特别重视佛教的作用。佛教推行净土真宗和宿命轮回的精神境界，深受幕府和御人的崇敬，此时从中国宋朝传入的禅宗思想更受欢迎，所以大兴寺院造园之风。14～15世纪的日本，幕府御人家花园和禅宗寺院庭园比前代又有新的演变。中国宋代饮茶风气传入日本之后，在日本形成茶道。封建上层人家以茶道仪式为清高之举，茶道和禅宗净土结合之后更带有一种神秘色彩。根据茶道净上的环境要求，造庭形式出现了茶庭的创作。

随着幕府、禅宗和茶道的发展，造庭又一度形成高峰，适应这种形势的需要，造庭师和造庭书籍不断涌现，并且在造庭式样上也有所创新。日本造园史里最著名的梦窗国师创造了许多名园，例如西方寺、临川寺、天龙寺等。梦窗国师是枯山水式庭园的先驱，他所做的庭园具有广大的水池，曲折多变的池岸，池面呈“心”字形，从置单石发展迭组石，还进一步叠成假山设有泷石，植树远近大小与山水建筑相配合，利用夸张和缩写的手法创造出残山剩水形式的枯山水风格。

室町时代（1338～1573年）到桃山时代（1573～1600年），日本茶庭逐渐遍及各地，成为一种新式园林，同时也产生了许多流派。此时又出一本《嵯峨流庭古法秘传》之书，书中有“地割法”、“庭坪地形取图”等内容，对水池、山岛等都确定了位置和比例。并标明水池居中而呈“心”字形，池后为守护石及泷，守护石前右为主人岛，前左为客人岛，池中心为中岛，池前为礼拜石和平滨。室町时代后期由于贸易发达财政富裕，促使此间产生了“金阁”、“银阁”式庭园。特别是鹿苑寺金阁和慈照寺银阁最为出名。

枯山水式庭园以京都龙安寺方丈南庭、大仙院方丈北东庭最为著名。寺园内以白沙和拳石象征海洋波涛和岛屿。龙安寺方丈庭园全用白沙敷设，其掇石五处共15块（分为五、二、三、二、三），将白沙绕石耙出波纹状，以此想象海中山岛。

**（3）日本后期的茶庭及离宫书院式庭园**

室町末期至桃山初期，日本国内处于群雄割据的乱世局面，豪强诸侯争雄夺势各据一方，建造高大而坚固的城堡以作防御，建造宏伟华丽的宅邸庭园以作享受。因此武士家的书院式庭园竞相兴胜。比较突出的有两条城、安士城、聚乐第、大坂城、伏见城等，其中主题仍以蓬莱山水或枯山水为主流。石组多用大块石料，借以形成宏大凝重的气派。树木多整形修剪，还把成片的植物修剪成自由起伏的不规则状态，使总体构成大书院、大石组的特点。

茶庭形式到了桃山时代则更加兴盛起来。茶道仪式从上层社会已普及到一般民间，成为社会生活中的流行风尚。权臣富户有大的宅园，一般富户有小的庭院。宅园庭院以居室和茶室相属相分，与茶室相对的庭园即是茶园。茶庭是自然式的宅园，截取自然美景的一个片断再现茶庭之中，以供人们举行茶道仪式时在茶室里边向外欣赏，更有利于凝思默想以助雅兴。茶道往往把茶、画和庭三者合起来品赏，更辅有石灯笼。洗手钵和飞石敷石等陈设，增加了幽雅的气息，甚至阶苔生露、翠草洗尘，有如禅宗净土的妙境。这些都成为桃山江户时代茶庭园的特点。此期茶庭造园家首推小堀远州，由他建立的这一流派后来称为远州派。

图2-23　桂离宫庭园

江户时代开始兴盛起来的离宫书院式庭园也是独具民族风格的一种形式，这种形式的代表作品是桂离宫庭园（图2-23）。桂离宫庭园的中心有个大水池，池心有三岛，并且有桥相连。园中道路曲折回环联系各处，池岸曲绕。山岛有亭，水边有桥，轩阁庭院有树木掩映，石灯笼、蹲配石组布置其间。花草树木极其丰富多彩。桂离宫廷园内的主要建筑古书院、中书院和新书院等三大组建筑群排列自然，错落有致。类似桂离宫的还有蓬莱园、小石川后乐园、纪洲公西园（赤坂离官）、飞大久保侯的乐寿园（旧芝离宫）、滨御殿等。

日本庭园受中国苑园的启发，形成东方系的自然山水园，而日本庭园的发展变化又根据本国的地理环境、社会历史和民族感情创造出了独特的日本风格。日本庭园的传统风格具有悠久的历史，后来逐渐形成规范化。日本庭园对世界造园活动也产生了很大的影响，直到明治维新以后才随着西方文化的输入，开始有了新的转折，增添了西式造园的形式和技艺。

### 2.3.5 外国近代、现代园林绿化

外国近代、现代园林沿着公园、私园两条线发展，而以城市公园、私园为主体，并且与城市绿化、生态平衡、环境保护逐渐结合起来，扩大了传统园林学的范围，提出了一些新的造园理论艺术。园林规划、设计与建造也与城市总体规划、建设紧密结合起来，并纳入其中，园林绿化业获得了空前规模的迅速发展。

**（1）公园的出现与发展**

公园是公众游观、娱乐的一种园，也是城市公共绿地的一种类型。最早的公园多由政府将私园收为公有而对外开放形成的。西方从17世纪开始，英国就将贵族私园开辟为公园，如伦敦的海德公园；欧洲其他国家也相继仿效，公园遂普遍成为一种园林形式。19世纪中叶，欧洲及美国、日本开始规划设计与建造公园，标志近代公园的产生。如19世纪50年代美国纽约的中央公园，70年代日本大阪市的住吉公园，美国的黄石国家公园等。

现代世界各国公园，除开辟新园、古典园林、宫苑外，主要是由国家在城市或市郊、名胜区等专门建造的国家公园或自然保护区。美国1872年建立的黄石国家公园是世界上第一座国家公园，面积为89万公顷以上，开辟了保护自然环境、满足公众游观需要的新途径。而后世界各国相继效法，建立国家公园。有些国家还制定了自然公园法令，以保证国土绿化与城市美化。国家公园一般都选天然状态下具有独特代表性自然环境的地区进行规划、建造，以保护自然生态系统、自然地貌的原始状态。其功能多种多样，有科学研究、科学普及教育的，有公众旅游、观赏大自然奇景的等。目前，全世界已有100多个国家建立了各具特色的国家公园1200多座。美国有48座，日本有27座，加拿大有31座，法国有7000个自然保护区、3500个风景保护区，英国有131个自然保护区、25个风景名胜区，坦桑尼亚有7座国家动物园、11个野生动物保护区等。

**（2）城市绿地**

城市绿地指公园、林荫路、街心花园、绿岛、广场草坪、赛场或游乐场、居住区小公园、居住环境及工矿区等，统称为城市园林绿地系统。

西方产业革命后，随着工业的发展，工业国家的城市人口不断增加，工业对城市环境、交通对城市环境的污染日益严重，1858年美国建立纽约中央公园后，多方面的专家纷

纷从事改造城市环境的活动，把发展城市园林绿地作为改造城市物质环境的手段。1892年，美国风景建筑师F.L.奥姆斯特德编制了波士顿城市园林绿地系统方案，将公园、滨河绿地、林荫道连接为绿地系统。而后一些国家也相继重视公共绿地的建设，国家公园就是其中规模最大的一项建设工程。近几十年来，各国新建城市或改造老城，都把绿地系统规划纳入城市总体规划之中，并且制定了绿地率、绿地规范一类的标准，以确保城市有适宜的绿色环境。

(3) 私园的新发展

西方资产阶级为追求物质、文化享受，比过去的剥削者更重视园林建设，而且除继承园林传统外，特别注重园林的色彩与造型，造景讲究自然活泼，丰富多彩。随着自然科学技术的发展，通过驯化、繁育良种、人工育种、无性繁殖等方法不断涌现出适应性强，应用广泛的园林植物，为园林绿化建设提供了取之不尽的资源，也促进了以花卉、植物为主的私园迅速发展，产生了近现代诸多专类花园，如芍药园、蔷薇园、百合园、大丽花园、玫瑰园及植物园等。

私园以大资本家、富豪者为多，有的大资本家、富豪拥有多处或多座私园，在城市里建有华贵富丽的宅馆与花园，或工厂、宾馆的园林绿地，在郊外选风景区建别墅，甚至于异乡建休养别馆。英国19世纪后，私人的自然风景园发展较快，而且不再是单色调的绿色深浅变化，而注重建植华丽色彩的花坛栽植新鲜花木，建筑造型、色彩也富有变化，舒适美观。除花坛外，私园多铺开阔草地，周植各种形态的灌木丛，边隅以花丛点缀；另有露浴池、球场、饰瓶、雕塑之类。英国的这类私园是近现代西方私园的典型，对欧美各国影响极大；欧美私园基本仿英国建造。

现代城市中、小资产者与富裕市民也掀起建小庭园的热潮。以花木或花丛、小峰石、花坛、小水池及盆花、盆景装饰庭院，改善与美化住宅小环境。这类园虽小，无定格，但也不乏精品，而且人数众多，普及面广，交流频繁，对园林绿化的发展具有不可忽视的促进作用。

总之，东西方民族对自然的观察和概括方法不同，以及工程条件、自然风景资源、风俗习惯、审美观念之差异，加上文化技术发展阶段的不同，因此而形成了园林风格之差异，但又因东西方造园均取材于自然，使之也有共同之处，因此才保持了东西方园林艺术的多样与统一。

**思考题**

1. 中国古典园林按其历史背景又分为哪几种类型？
2. 中国写意山水园有何特色？对中国园林的发展产生了怎样的影响？
3. 日本古代园林分哪几个阶段？与中国园林有何相同点和不同点？

# 3

# 园林景观的构成要素

园林景观的构成要素很多，本书主要从地形、水体、园林植物、园林建筑与小品、园路、园桥等几个方面进行论述。

# 3.1 地形

地形或称地貌，是地表的起伏变化，也就是地表的外观。园林主要由丰富的植物、变化的地形、迷人的水景、精巧的建筑、流畅的道路等园林元素构成，地形在其中发挥着基础性的作用，其他所有的园林要素都是承载在地形之上，与地形共同协作，营造出宜人的环境。因此地形可以看成是园林的骨架。

## 3.1.1 地形的类别

地形可以通过各种途径加以归类和评估，例如从规模、形态、坡度、地质构造等。从地形的规模大小来看可分为：大地形、小地形、微地形。

大地形是指大规模的地形变化。从风景区、大范围的土地范围来讲，地形的变化是复杂多样的，包含高山、高原、盆地、草原、平地等大规模的地形变化。

小地形是指小规模、小幅度的地形变化，例如土丘、台地、斜坡、平地或因台阶、坡道引起的变化的地形。

规模小且起伏最小的地形叫“微地形”，它主要指草地的微弱起伏。

下面主要从地形的形态来进行分类，根据其是规则形还是自然形可分为：自然式地形、规则式地形。

### (1) 自然式地形

自然式地形在园林设计当中常见的形式有：自然式的凹地形、山谷、坡地、凸地形、山脊和平坦地形等类型。

①凹地形

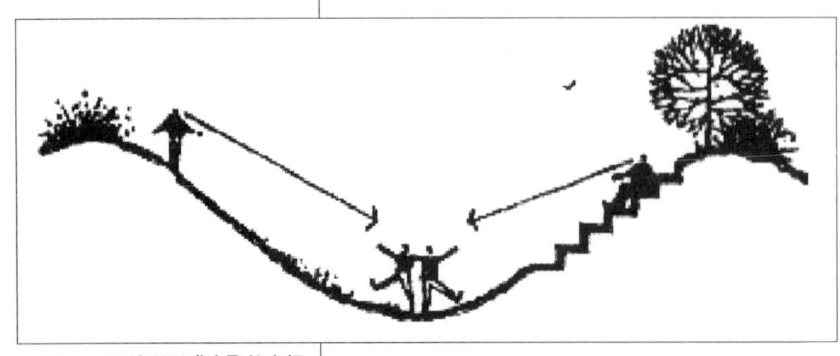

图3-1 凹地形形成内聚的空间

就是中间低，四周高的洼地。它给人隐蔽、私密、内向等感觉（图3-1），人们的视线容易集中在空间之内，因而这种地形往往是理想的观演区，底层是表演者的舞台，而四周的斜坡是很好的观众场地。

凹地具有一些不好的特点，比如容易积水、比较潮湿。

②凸地形

凸地形的表现形式有山峰、山丘、山包等。它具有抗拒重力而代表权力和力量的特征。它是一种正向实体，同时是一种负向的空间。处于凸地形的顶部，会得到外向性的视野，又有一种心理上的优越感，所以古人才有“会当凌绝顶，一览众山小”的豪迈。

另一方面，如果人从低处向高处看凸地形，容易产生一种仰止的心理，因此，凸地形在景观中可以作为焦点或者起支配地位的要素，我们经常看到很多较重要的建筑物往往被放置于凸地形的顶端。

③山谷

两山之间狭窄低凹的地方称为山谷。山谷一般只有来自两个方向的围合，因此具有一定的方向性和开放性。其谷底线是山体的排水线所在地，容易形成自然的溪流，暴雨时易形成洪水，因此，如果要在山谷进行开发，不宜在谷底，只宜在山谷两侧的斜坡上。

④山脊

山脊与凸地形较为相似，最主要的差异是山脊是线状的，两者在设计上具有很多的相似点。山脊的独特之处是它的动势感和导向性，加上视野开阔，人们很容易被山脊吸引而沿着山脊移动。因而山脊线很受设计师重视，道路、建筑往往会沿山脊线布局。

⑤斜坡

是指具有一定倾斜坡度的地形。由于地表是倾斜的，它给人极强的方向性。如果斜坡的视野开阔，人们喜欢在此静躺、远眺、遐想。

由于人的视域的特征，斜坡又是一个很好的展示景物的地方（图3-2）。

图3-2　斜坡是一个很好的展示景物的地方

如果斜坡的坡度很大，则会给人一种不稳定感。一般而言，斜坡的坡度最大不能超过2∶1，否则就要采取必要的工程措施。再者，坡度过大时对人的活动及交通都有很大的影响，这时应该设置台阶。

⑥平坦地形

指地表基本上与水平面平行的地形。但是室外环境中没有所谓的真正平地，大都因为需要保持一定的排水坡度而有轻微的倾斜。

这种地形没有明显的高差变化，视线不受遮挡，给人一种开阔空旷的感觉。另一方面，它具有与地球引力效应相均衡的特性，给人极强的稳定感，是理想的站立、聚会、坐卧、休息的场所。

一些水平线要素特征明显的物体很容易与平坦的地形相协调，处理得好，还能提高和增加该地形的观赏特性。相反，垂直线要素特征明显的物体会成为突出的视觉焦点。

### （2）规则式地形

规则式地形在园林设计当中常见的形式有规则的下沉式广场、上升式台地、平地和台阶等类型。

①下沉式广场

图3-3 下沉式广场

下沉式广场（图3-3）是通过踏步将高度降低，从而形成四周高中央低的广场。这样的话，既能增加空间的变化，又能起到限制人的活动的作用，还能够为周围的空间提供一个居高临下的视觉条件。

②上升式台地

有时候景观设计师通过踏步将地形做成上升式的台地，其灵感大概是来源于美妙的乡村梯田景观（如图3-4）。

图3-4 令人惊叹的梯田景观

由于有一定的高度，上升台能像雕塑一样矗立在场地中成为一景。上升式台地的形状有半圆形、半椭圆形、条带形、正方形、多边形等形式。

③台阶

台阶一般在有高差的地方出现，当然也有可能是斜坡。它既能满足功能上的要求，也具有比较好的美学效果。特别是在一些滨水地带，这种台阶是水域和陆域面的边缘地段，

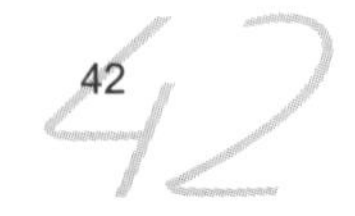

非常能够吸引人去休息和停留（图3-5）。

④平地

规则式地形中的平地与自然式地形的平地有一些差别。自然式地形的平坦地形多是草坪。规则式平坦地形多是指硬质场地内的平坦地，这种地形在城市广场出现得比较多，有利于开展较大型的活动或者聚会。

图3-5 滨水地段的台阶非常吸引人停留

### 3.1.2 地形的功能

地形在园林设计中的主要功能有如下几种。

#### （1）分隔空间

可以通过地形的高差变化来对空间进行分隔。例如，在一平地上进行设计时，为了增加空间的变化，设计师往往通过地形的高低处理，将一大空间分隔成若干个小空间。

#### （2）改善小气候

从风的角度而言，可以通过地形的处理来阻挡或引导风向。凸面地形、脊地或土丘等，可用来阻挡冬季强大的寒风。在我国，冬季大部分地区为北风或西北风，为了能防风，通常把西北面或北部处理成堆山（图3-6），而为了引导夏季凉爽的东南风，可通过地形的处理在东南面形成谷状风道，或者在南部营造湖池，这样夏季就可利用水体降温（图3-7）。

图3-6 北面堆山

图3-7 南面挖池

从日照、稳定的角度来看，地形产生地表形态的丰富变化，形成了不同方位的坡地。不同角度的坡地其接受太阳辐射、日照长短都不同，其温度差异也很大。例如对于北半球来说，南坡所受的日照要比北坡充分，其平均温度也较高；而在南半球，则情况正好相反。

#### （3）组织排水

园林场地的排水最好是依靠地表排水，因此通过巧妙的坡度变化来组织排水的话，将会以最少的人力、财力达到最好的效果。较好的地形设计，是在暴雨季节，大量的雨水也不会在场地内产生淤积。从排水的角度来考虑，地形的最小坡度不应该小于5‰。

#### （4）引导视线

人们的视线总是沿着最小阻力的方向通往开敞空间。可以通过地形的处理对人的视野进行限定，从而使视线停留在某一特定焦点上。如图3-8所示，长沙烈士公园为了突出纪念碑运用的就是这种手法。

图3-8 引导视线

（5）增加绿化面积

显然对于同一块底面面积相同的基地来说，起伏的地形所形成的表面积比平地的会更大。因此在现代城市用地非常紧张的环境下，在进行城市园林景观建设时，加大地形的处理量会十分有效地增加绿地面积。并且由于地形所产生的不同坡度特征的场地，为不同习性的植物提供了生存空间，丰富了人工群落生物的多样性，从而可以加强人工群落的稳定性。

（6）美学功能

在园林设计创作中，有些设计师通过对地形进行艺术处理，使地形自身成为一个景观。再如，一些山丘常常被用来作为空间构图的背景。如图3-9所示，颐和园内的佛香阁、排云殿等建筑群就是依托万寿山而建。它是借助自然山体的大型尺度和向上收分的外轮廓线给人一种雄伟、高大、坚实、向上和永恒的感觉。

（7）游憩功能

例如，平坦的地形适合开展大型的户外活动；缓坡大草坪可供游人休憩，享受阳光的沐浴；幽深的峡谷为游人提供世外桃源的享受；高地又是观景的好场所。

另外，地形可以起到控制游览速度与游览路线的作用，它通过地形的变化，影响行人和车辆运行的方向、速度和节奏。

图3-9 山体成为建筑的背景

# 3.2 水体

从人们的生产、生活来看，水是必需品之一；从城市的发展来看，最早的城镇建筑依水系而发展，商业贸易依水系而繁荣，至今水仍是决定一个城市发展的重要因素。

在园林设计当中，水凭借其特殊的魅力成为非常重要的一个要素。人们需要利用水来做饭、洗衣服。人们需要水，就像需要空气、阳光、食物和栖身之地一样。

## 3.2.1 水的美学特征

水体本身具有以下几种美学特征：

(1) 形态美

水本身没有形态，它的形态由容纳它的器物所决定，因而它可以呈现千变万化的形态，而不同形态的水体给人的审美感受也不同，如方形的水体给人感觉是规规矩矩，而自然形的水体给人的感觉是生动无拘（图3-10）。

图3-10 自然形水面

(2) 动静美

水又有动水和静水之分，在自然界中，河流、溪流、瀑布表现为动态的美，动态的水让人思绪纷飞，而湖泊、池等则表现为静态的美，静态的水很容易让人平静而陷入沉思。

(3) 水声美

河流、溪流产生的潺潺流水声，让人感到平和舒畅，而瀑布的轰鸣声则使人感到情绪澎湃。

(4) 色泽美

水体本身是无色的，它的色彩靠映射天空的颜色，通常呈现天空的蓝色，清晨或傍晚时分，会呈现彩霞的橙色，而当微风吹起时，则又波光粼粼。

(5) 触感美

水通常给人以冰凉、柔润的触感美，让人舒服之极。

(6) 倒影美

水面能镜像岸边的景物形成倒影，虚幻的倒影更加增添水体的清彻灵动美（图3-11）。

图3-11　漓江水体中的倒影

### 3.2.2 水的内涵文化

水的内涵文化是指水体本身被人们赋予的文化内涵。它有以下7种类型：

①洁性。亦可称神圣性，是由于帝王们向往神仙世界化用而来，把水面当作天上瑶池，布置于御花园、皇宫中，如南朝建康的玄武湖、元大都的太液池、清圆明园的福海。

②智性。是文学艺术家所提倡的，即“智者乐水”，把水当成陶冶情操之物，如有时将水当成镜子或故意弄得曲折，有时听水声，有时观鱼，观荷水面可大可小，可宽可细，富诗情画意，此布置见于众多园林景观设计中。

③仁性。亦可称德性，大都为儒家所提倡。也是智性表现的一种。认为水是五行之始，天赋之物，具有广大的仁义。所以，常常将水规则地布置在宫殿、学宫、孔庙、辟雍等地方，皇家花园中的水体有时也布置得很规整，如北京故宫内外金水河、辟雍水池，御花园水池。

④灵性。是宗教或风水学家的看法。寺庙中的放生池、莲花池即是此种手法。在陵墓规划中，水体是极重要的灵性之物，所谓“葬者，乘生气也，界水而止”是以水（河道）为界的。

⑤才性。是工程技术家的看法。也有一些艺术家很欣赏水的功利性。唐代柳宗元在永州筑构一座别墅，即引泉水到院里，筑小土坝成湖，是水才性的表现。

⑥柔性。也是智性的一种。大多是文学家、画家、哲学政治家的理解，柔性并不排斥波澜壮阔和白浪滔天，如绍兴的兰亭曲水流觞。

⑦宏性。是相对柔性而言。也是智性或洁性的一种。大都是借依自然大水体的壮丽景色为城市或建筑物作烘托，如大观楼借用“五百里滇池奔来眼底”、岳阳楼依托洞庭湖、黄鹤楼依托长江等。这种宏性水体要求建筑物高耸、气势不凡。

### 3.2.3 水体的功能

（1）美学功能

前面已经分析了水具有形态美、动静美、水声美、色泽美、触感美、倒影美。水体就是凭借它的这些美学特征在景观当中发挥着重要的美学作用。

（2）改善环境

水体有改善环境的重要功能。水对微气候有一定的调节功能，水体达到一定数量、占据一定空间时，由于水体的辐射性质、热容量和导热率不同于陆地，从而改变了水面与大气间的热交换和水分交换，使水域附近气温变化和缓、湿度增加，导致水域附近局部小气候变得更加宜人，更加适合某些植物的生长。通常在水边和汇水域中，植被更为茂密，而湖岸、河流边界和湿地往往一起形成了鸟类和动物的自然食物资源和栖息地（图3-12）。

水体还可以用来隔离噪音，例如瀑布的轰鸣声就可以用来掩盖周围噪杂的噪声。

另外，自然界各种水体本身都有一定的自净能力，即进入水体中的污染物质的浓度，将随时间和空间的变化自然降低。

（3）提供娱乐条件

水体还可以为娱乐活动和体育竞赛提供场所，如划船、龙舟比赛（图3-13）、游泳、垂钓、漂流、冲浪等（图3-14）。

图3-12　滨水地带的生物具有多样性的特征

图3-13　传统文化型——龙舟比赛

图3-14　水上运动型——冲浪

### 3.2.4 园林景观设计中的水景

（1）平静的水体

依据容体的特性和形状可分为规则式水池和自然式水池。

①规则式水池

是指水池边缘轮廓分明（图3-15），如圆形、方形、三角形和矩形等典型的纯几何图形，或者这些基本几何形的结合而形成的水池。在西方的古典园林中，规则式水池居多，例如凡尔赛宫的水池（图3-16）。

图3-15　规则式水池

图3-16　凡尔赛宫中规则式水池

②自然式水池

静止水的第二种类型是自然式水池（图3-17）。与规则式水池相比，它的岸线是比较自然的。中国的传统私家园林的水景基本上是自然式水池，如图3-18为苏州拙政园水景。

图3-17　自然式水池

图3-18　拙政园自然式水池

（2）流水

溪流是指水被限制在有坡度较小的渠道中，由于重力作用而形成的流水（图3-19）。溪流最好是作为一种动态因素，来表现其运动性、方向性和活泼性。

图3-19　溪流

在进行流水的设计时，应该根据设计的目的，以及与周围环境的关系，来考虑怎样利用水来创造不同的效果。流水的特征，取决于水的流量、河床的大小和坡度以及河底和驳岸的性质。

要形成较湍急的流水，就得改变河床前后的宽窄，加大河床的坡度，或河床用粗糙的材料建造，如卵石或毛石，这些因素阻碍了水流的畅通，使水流撞击或绕流这些障碍，从而形成了湍流、波浪和声响。

（3）瀑布

瀑布是流水从高处突然落下而形成的。瀑布的观赏效果比流水更丰富多彩，因而常作为环境布局的视线焦点。

瀑布可以分为三类：自由落瀑布、叠落瀑布、滑落瀑布。

①自由落瀑布

顾名思义，这种瀑布是不间断地从一个高度落到另一高度（图3-20）。其瀑布的特性取决于水的流量、流速、高差以及瀑布口边的情况。各种不同情况的结合能产生不同的外貌和声响。

在设计自由落瀑布时，要特别研究瀑布的落水边沿才能达到所预期的效果，特别是当水量较少的情况下，边沿的不同产生的效果也就不同。完全光滑平整的边沿，瀑布就宛如一匹平滑无皱的透明薄纱，垂落而下。边沿粗糙时水会集中于某些凹点上，使得瀑布产生皱折。当边沿变得非常粗糙而无规律时，阻碍了水流的连续，便产生了白色的水花。

自由落瀑布在设计中例子很多，如赖特设计的流水别墅等。

有一种很有意思的瀑布叫做水墙瀑布。顾名思义是由瀑布形成的墙面。通常用泵将水打上墙体的顶部，而后水沿墙形成连续的帘幕从上往下挂落，这种在垂面上产生的光声效果是十分吸引人的。

②叠落瀑布

瀑布的第二种类型是叠落瀑布，是在瀑布的高低层中添加一些平面，这些障碍物好像瀑布中的逗号，使瀑布产生短暂的停

图3-20 自由落瀑布

图3-21 叠落瀑布

留和间隔。叠落瀑布产生的声光效果，比一般的瀑布更丰富多变，更引人注目。控制水的流量、叠落的高度和承水面，能创造出许多有趣味和丰富多彩的观赏效果。合理的叠落瀑布应模仿自然界溪流中的叠落（图3-21），要显得自然。

③滑落瀑布

水沿着一斜坡流下，这是第三种瀑布类型。这种瀑布类似于流水，其差别在于较少的水滚动在较陡的斜坡上。对于少量的水从斜坡上流下，其观赏效果在于阳光照在其表面上显示出的湿润和光的闪耀，水量过大其情况就不同了。斜坡表面所使用的材料影响着瀑布的表面。在瀑布斜坡的底部由于瀑布的冲击而会产生涡流或水花。滑落瀑布与自由落瀑布和叠落瀑布相比趋向于平静和缓。

### （4）喷泉

在园林景观设计中，水的第四种类型是喷泉（图3-22）。喷泉是利用压力，使水从喷嘴喷向空中，经过对喷嘴的处理，可以形成各种造型。而且可以湿润周围空气，减少尘埃，降低气温。喷泉的细小水珠同空气分子撞击，能产生大量的负氧离子。因此喷泉有益于改善城市面貌，提高环境质量。

喷泉大体上可分为以下几类：普通装饰型喷泉、与雕塑结合的喷泉、水雕塑、自控喷泉。

图3-22　喷泉

# 3.3 园林植物

植物是一种特殊的造景要素，最大的特点是具有生命，能生长。它种类极多，从世界范围看植物超过30万种，它们遍布世界各个地区，与地质地貌等共同构成了地球千差万别的外表。它有很多种类型，常绿、落叶、针叶、阔叶、乔木、灌木、草本。植物大小、形状、质感、花及叶的季节性变化各具特征。因此，植物能够造就丰富多彩、富于变化、迷人的景观。

植物还有很多其他的功能作用，如涵养水源、保持水土、吸尘滞埃、构建生态群落、建造空间、限制视线等。

尽管植物有如此多的优点，但许多外行和平庸的设计人员却仅仅将其视为一种装饰物，结果，植物在园林设计中，往往被当作完善工程的最后因素。这是一种无知、狭隘的思想表现。

一个优秀的设计师应该要熟练掌握植物的生态习性、观赏特性以及它的各种功能，只有这样才能充分发挥它的价值。

植物景观牵涉的内容太多，需要一个系统的学习。鉴于本书是作为初学者的参考用书，本节主要从植物的大小、形状、色彩三个方面介绍植物的观赏特性，以及针对其特性的利用和设计原则。因为一个设计出来的景观，植物的观赏特征是非常重要的。任何一个赏景者对于植物的第一印象便是对其外貌的反应。如果该设计形式不美观，那它将极不受欢迎。

## 3.3.1 植物的大小

由于植物的大小在形成空间布局起着重要的作用，因此，植物的大小是在设计之初就要考虑的。

植物按大小可分为大中型乔木、小乔木、灌木、地被植物四类。

不同大小的植物在植物空间营造中也起着不同的作用。如乔木多是做上层覆盖，灌木多是用作立面“墙”，而地被植物则是多做底。

**(1) 大中型乔木**

大中型乔木在高度一般在6米以上，因

图3-23 大中型乔木

其体量大，而成为空间中的显著要素，能构成环境空间的基本结构和骨架（图3-23）。常见大中型植物有香樟、榕树、银杏、鹅掌楸、枫香、合欢、悬铃木等。

（2）小乔木

高度通常为4～6米（图3-24）。因其很多分枝是在人的视平线上，如果人的视线透过树干和树叶看景的话 ，能形成一种若隐若现的效果。常见的该类植物有樱花、玉兰、龙爪槐等。

图3-24　小乔木

图3-25　高灌木

（3）灌木

灌木依照高度可分为高灌木、中灌木、低灌木。

高灌木最大高度可达3～4米。由于高灌木通常分枝点低、枝叶繁密，它能够创造较围合的空间（图3-25），如珊瑚树经常修剪成绿篱做空间围合之用。

中灌木通常高度在1～2米，这些植物的分枝点通常贴地而起。也能起到较好的限制或分隔空间的作用，另外，视觉上起到较好的衔接上层乔木和下层矮灌木、地被植物的作用（图3-26）。

矮灌木是高度较小的植物，一般不超过1米（图3-27）。但是其最低高度必须在30厘米以上，低于这一高度的植物，一般都按地被植物对待。矮灌木的功能基本上与中灌木相同。常见的矮灌木有栀子、月季、小叶女贞等。

图3-26　中灌木

图3-27　矮灌木

（4）地被植物

是指低矮、爬蔓的植物，其高度一般不超过40厘米（图3-28）。它能起到暗示空间边界的作用。在园林设计时，主要用它来做底层的覆盖。此外，还可以利用一些彩叶的、开花的地被植物来烘托主景。常见的地被植物有麦冬、紫鸭趾草、白车轴草等。

图3-28　地被植物

## 3.3.2 植物的形状

植物的形状简称树形，是指植物整体的外在形象。常见的树形有：笔形、球形、尖塔形、水平展开形、垂枝形等。

（1）笔形

大多主干明显且直立向上，形态显得高而窄。其常见植物有杨树、圆柏、紫杉等。

由于其形态具有向上的指向性（图3-29），引导视线向上，在垂直面上有主导作用。当与较低矮的圆球形或展开形植物一起搭配时，对比会非常强烈，因而使用时要谨慎。

图3-29 笔形

（2）球形

该类植物具有明显的圆球形或近圆球形形状。如榕树、桂花、紫荆、泡桐等。

圆球形植物在引导视线方面无倾向性。因此在整个构图中，圆球形植物不会破坏设计的统一性。这也使该类植物在植物群中起到了调和作用，将其他类型统一起来（图3-30）。

图3-30 球形

（3）尖塔形

底部明显大，整个树形从底部开始逐渐向上收缩，最后在顶部形成尖头。如雪松（图3-31）、云杉、龙柏等。

尖塔形植物的尖头非常引人注意，加上总体轮廓非常分明和特殊，常在植物造景中作为视觉景观的重点，特别是与较矮的圆球形植物对比搭配时常常取得意想不到的效果。欧洲常见该类型植物与尖塔形的建筑物或尖耸的山巅相呼应，大片的黑色森林在同样尖尖的雪山下，气势壮阔、令人陶醉。

图3-31 尖塔形

图3-32 强调水平方向的种植

（4）水平展开形

水平展开形植物的枝条具有明显的水平方向生长的习性，因此，具有一种水平方向上的稳定感、宽阔感和外延感。如二乔玉兰、铺地柏都属该类型。

由于它可以引导视线在水平方向上流动，因此该类植物常用于在水平方向上联系其他植物，或者通过植物的列植也能获得这种效果（图3-32）。相反地，水平展开形植物与笔形及尖塔形植物的垂直方向能形成强烈的对比效果。

图3-33 悬垂形

（5）垂枝形

垂枝形植物的枝条具有明显的悬垂或下弯的习性。这类植物有垂柳、龙爪槐等（图3-33）等。这类植物能将人的视线引向地面，与引导视线向上的圆锥形正好相反。这类植物种在水岸边效果极佳，当柔软的枝条被风吹拂，配合水面起伏的涟漪，非常具有美感，让人思绪纷飞。或者种在地面较高处，这样能充分体现其下垂的枝条。

（6）其他形

植物还有很多其他特殊的形状，例如钟形、馒头形、芭蕉形、龙枝形等，它们也各有自己的应用特点。

### 3.3.3 植物的色彩

色彩对人的视觉冲击力是很大的，人们往往在很远的地方就注意到或被植物的色彩所吸引。每个人对色彩的偏爱以及对色彩的反应有所差异，但大多数人对于颜色的心理反应是相同的。比如，明亮的色彩让人感到欢快，而柔和的色调则有助于使人平静和放松，而深暗的色彩则让人感到沉闷。植物的色彩主要通过树叶、花、果实、枝条以及树皮等来表现。

树叶在植物的所有器官中所占面积最大，因此也很大地影响了植物的整体色彩。树叶的主要色彩是绿色，但绿色中也存在色差和变化，如嫩绿、浅绿、黄绿、蓝绿、墨绿、浓绿、暗绿等，不同绿色植物搭配可形成微妙的色差。深浓的绿色因有收缩感、拉近感，常用作背景或底层，而浅淡的绿色有扩张感、漂离感，常布置在前或上层。各种不同色调的绿色重复出现既有微妙的变化也能很好地达到统一。

植物除了绿叶类外，还有秋色叶类（如图3-34）、双色叶类、斑色叶类等。这使植物景观更加丰富与绚丽。

果实与枝条、树皮在园林景观设计植物配置中的应用常常会收到意想不到的效果。如满枝红果或者白色的树皮常使人得到意外的惊喜（图3-35）。

但在具体植物造景的色彩搭配中，花朵、果实的色彩和秋色叶虽然颜色绚烂丰富，但因其寿命不长，因此在植物配置时要以植物在一年中占据大部分时间的夏、冬季为主来考虑色彩，如果只依据花色、果色或秋色是极不明智的。

图3-34　秋色叶植物

在植物园林景观设计中基本上要用到两种色彩类型。一种是背景色或者叫基本色，是整个植物景观的底色，起柔化剂作用，以调和景色，它在景色中应该是一致的、均匀的。第二种是重点色，用于突出景观场地的某种特质。

同时植物色彩本身所具有的表情也是我们必须考虑的。如不同色彩的植物具有不同的轻重感、冷暖感、兴奋与沉静感、远近感、明暗感、疲劳感、面积感等，这都可以在心理上影响观赏者对色彩的感受。

植物的冷暖还能影响人对于空间的感觉，暖色调如红色、黄色、橙色等有趋近感，而冷色调如蓝色、绿色则会有退后感。

植物的色彩在空间中能发挥众多功能，足以影响设计的统一性、多样性及空间的情调和感受。植物的色彩与其他特性一样，不能孤立地而是要与整个空间场地中其他造景要素综合考虑，相互配合运用，以达到设计的目的。

图3-35　白桦林

# 3.4 园林建筑与小品

从我国园林来看，不论古典园林还是近代园林，园林建筑都是园林中的重要组成部分。一般常见的园林建筑有亭、廊、水榭、舫、塔、楼、茶室等。它们在园林布局、组景、赏景、生活服务等方面发挥着重要的功能。

园林小品也是园林中的重要组成部分，它们虽然不像园林建筑那样有着举足轻重的地位，但是也起到重要的点缀作用，如景门、景墙、景窗、园桌、园椅、园凳、园灯、栏杆、标志牌、果皮箱以及雕塑等。它们凭借其巧妙的构思、精致的造型起到烘托气氛、加深意境、丰富景观等作用。

图3-36　颐和园廓如亭

## 3.4.1 园林建筑之亭廊榭舫花架

下面简略介绍亭、廊、榭、舫、花架五种园林建筑。

图3-37　苏州拙政园荷风四面亭

（1）亭

亭：“亭者，停也。人所停集也。”——亭是供人们停留聚集的地方。“随意合宜则制”，意为可以按照设计意图并适应地形来建造。其适应范围极广，是园林里应用最多的建筑形式。

①亭的功能

亭一方面可点缀园林景色、构成园景，另一方面是游人休息、遮阳避雨、观景的场所。

②亭的造型

亭的造型多样，从屋顶的形式来看有单檐、重檐、三重檐、攒尖顶、硬山顶、歇山顶、卷棚顶等；从亭子的平面形状来看有圆亭、方亭、三角亭、五角亭、六角亭、扇亭等。

在中国的古典园林中，北方皇家园林的亭子多浑厚敦实（图3-36）。而江南私家园林中的亭子多轻盈小巧（图3-37）。

亭既可单独设置，亦可组合成群（图3-38）。

图3-38　肇庆七星岩五龙亭

③亭的位置选择

要从功能出发，明确造亭的目的，再根据具体的基地环境，因地制宜的布置。

总之，既要做到亭的位置与环境协调统一，又要做到建亭之处有景可赏，而且，从其他地方来看，它又是一个主要的景点。

图3-39 平地建亭

图3-40 小山建亭

a.平地建亭

要结合其他园林要素来布置，如石头、植物、树丛等（图3-39）。位置可在路边、道路的交叉口上，林荫之间。

b.山上建亭

对于不同高度的山，亭的位置选择有所不同。

如果在小山（5～7米高）上建亭，亭宜建在山顶（图3-40），可以丰富山体的轮廓，增加山体的高度。有一点需注意，亭不宜建在小山的中心线上，应有所偏离，这样在构图上才能显得不呆板。

图3-41 长沙岳麓山爱晚亭

如果在大山上建亭，可建在山腰（图3-41所示为长沙岳麓山爱晚亭）、山脊、山顶。建在山腰主要是供游人休息和起引导游览的作用，建在山脊、山顶则视线开阔，以便游人四处览景。

c.临水建亭

水边设亭有多种形式，或一边临水、或多边临水、或四面临水。一方面是为了观赏水面的景色，另一方面也可丰富水景效果。如果在小水面设亭，一般应尽量贴近水面（图3-42），如果在大水面建亭，宜建在高台，这样视野会更广阔。

图3-42 临水建亭

（2）廊

《园冶》对廊有过精辟的概述："廊者，庑（堂前所接卷棚）出一步也，宜曲且长则胜。"——廊是从庑前走一步的建筑物。要建得弯曲而且长。"或蟠山腰，或穷水际，通花渡壑，蜿蜒无尽。"——意为或绕山腰，或沿水边，通过花丛，渡过溪壑。随意曲折，仿佛没有尽头。

①廊的功能

廊一方面可以划分园林空间，另一方面又成为空间联系的一个重要手段。它通常布置在两个建筑物或两个观赏点之间，具有遮风避雨、联系交通的实用功能。

如果我们把整个园林作为一个"面"来看，那么，亭、榭、轩、舫等建筑物在园林中可视作"点"，而廊这类建筑则可视作"线"。通过这些"线"的联络，把各分散的"点"连系成一个有机的整体。

此外，廊还有展览的功能，可在廊的墙面上展出一些书画、篆刻等艺术品。

②廊的造型

廊依位置分可分为平地廊（图3-43）、爬山廊（图3-44）、水上廊（图3-45）；依结构形式分可分为空廊（两面为柱子）、半廊（一面柱子一面墙）、复廊（两面为柱子、中间为漏花墙分隔）；依平面形式分可分为直廊、曲廊、回廊（图3-46）等。

图3-43　平地廊

图3-44　爬山廊

图3-45　水上廊

图3-46　回廊

(3) 榭

“榭者，藉也。藉景而成者也。或水边，或花畔，制亦随态。”——榭字含有凭借、依靠的意思。是凭借风景而形成的，或在水边，或在花旁，形式灵活多变。

现在，我们一般把“榭”看作是一种临水的建筑物，所以也称“水榭”（图3-47）。它的基本形式是在水边架起一个平台，平台一半伸入水中，一半架立于岸边，平面四周以低平的栏杆相围绕，然后在平台上建起一个木构的单体建筑物，其临水一侧特别开敞，成为人们在水边的一个重要休息场所。

图3-47　水榭

(4) 舫

舫是依照船的造型在园林湖泊中建造起来的一种船形建筑物，亦名“不系舟”。如苏州拙政园的“香洲”（图3-48）、北京颐和园的清晏舫（图3-49）等。舫的前半部多三面临水，船首一侧常设有平桥与岸相连，仿跳板之意。通常下部船体用石建，上部船舱则多木结构。它可供人们在内游玩饮宴，观赏水景，身临其中，颇有乘船荡漾于水中之感。

图3-48　苏州拙政园的香洲

(5) 花架

在棚架旁边种植攀缘植物便可形成花架，又是人们的避荫之所（图3-50）。花架在园林景观设计中往往具有亭、廊的作用，作长线布置时，就像游廊一样能发挥空间的脉络作用。

图3-49　颐和园的清晏舫

图3-50　花架

图3-51 木质椅子

图3-52 石质凳、桌

### 3.4.2 园林小品

#### (1) 园凳、园椅、园桌

园凳、园椅（图3-51）主要供人小憩、观景之用。一般布置树荫下、水池边、路旁、广场边，应具有较好的景观视野。

有时园凳会结合园桌一起布置（图3-52），这样人们可以借此进行玩牌、下棋等休闲活动。

园凳、园椅、园桌应该坚固舒适、造型美观，与周围环境协调。

#### (2) 园墙、门洞、漏窗

①园墙

包括围墙（图3-53）、景墙（图3-54）、屏壁等。它们一方面可以用于防护、分隔空间、引导视线，另一方面可以丰富景观。园墙的形式很多，有高矮、曲直、虚实、光滑与粗糙、有檐与无檐等区别。

图3-53 围墙

图3-54 景墙

图3-55 几何形门洞

②门洞

门洞具有导游、指示、装饰作用。一个好的园门往往给人以“引人入胜”、“别有洞天”的感觉。园门形式多样，有几何形（图3-55）、仿生形（图3-56）、特殊形（图3-57）等。通常在门后置以山石、芭蕉、翠竹等构成优美的园林框景。

图3-56 仿生形门洞

图3-57 特殊形门洞

③窗

窗一般有空窗、漏窗或两者结合三种形式。空窗是指不装花格的窗洞，通常借其形成框景，其后常设置石峰、竹丛、芭蕉之类，通过空窗就可形成一幅幅绝妙的图画（图3-58）；漏窗是指有花格的窗口，花格是用砖、瓦、木、预制混凝土小块等构成，形式灵活多样，通常借其形成漏景（图3-59）。结合形窗是既有空的部分又有漏的部分（图3-60）。

图3-58 空窗

图3-59 漏窗

图3-60 结合形

（3）雕塑

雕塑是指用各种可塑材料（如石膏、树脂、黏土等）或可雕、可刻的硬质材料（如木材、石头、金属、玉块、玛瑙、铝、玻璃钢、砂岩、铜等），创造出具有一定空间的可视、可触的艺术形象。在人类还处于旧石器时代时，就出现了原始石雕、骨雕等。

雕塑的基本形式有圆雕（图3-61）、浮雕（图3-62）和透雕（镂空雕）（图3-63）。

雕塑不仅具有艺术化的形象，而且可以陶冶人们的情操，有助于表现园林设计的主题。

园林雕塑应与周边环境相协调，要有统一的构思，使雕塑成为园林环境中一个有机的组成部分。雕塑的平面位置、体量大小、色彩、质感等方面都要置于园林环境中进行全面的考虑。

图3-61 圆雕

图3-62 浮雕

图3-63 透雕

（4）其他小品

园林中小品还有很多其他类型，例如园灯、标识牌、展览栏、栏杆、垃圾桶等。类型如此之多，这需要我们以整体性的思维在满足功能的前提下巧妙的设计和布置。

# 3.5 园路

园路，即园林中的道路，它是园林设计中不可缺少的构成要素。它通过其交通网络形成园林的骨架，它引导人们游览，是联系景区和景点的纽带。此外，园路优美的线型、类型多样的铺装形式也可构成园景。

图3-64 主要道路

图3-65 次要道路

## 3.5.1 园路的类型

（1）按照其使用功能划分

一般园林景观绿地的园路可以分为：

①主要道路

应能够联系全园各个景区或景点。如果是大型园区，须考虑消防、游览、生产、救护等车辆的通行（图3-64），宽度应为4～6米。主路还应尽可能的布置成环状。

②次要道路

对主路起辅助作用，沟通各景点、建筑。宽度应依照游人的数量来考虑，次路的宽度一般为2～4米（图3-65）。

图3-66 游步道

③游步道

是供人们漫步游赏的小路（图3-66），经常是深入到山间、水际、林中、花丛中。一般要使三人能并行，其宽度为1.8米左右，要使两人能并行，其宽度为1.2米左右。

④异型路

指步石、汀步（图3-67）、台阶、磴道等，一般布置在草地、水面、山体上。形式灵活多样。

图3-67 汀步

图3-68　整体路面

（2）按照其使用材料划分

园路则可以分为以下四类：

①整体路面

是指用水泥混凝土或沥青混凝土进行统铺的地面。它平整、耐压、耐磨，是用于通行车辆或人流集中的公园主路（图3-68）。

图3-69　块料路面

②块料铺地

是指用各种天然块料或各种预制混凝土块料铺的地面。可以利用铺装块的特征来形成各种形式的铺装图案（图3-69）。

图3-70　碎料路面

③碎料铺地

用各种卵石、碎石等拼砌形成美丽的纹样的地面。它主要用于庭院和各种游憩、散步的小路，既经济、美丽，又富有装饰性（图3-70）。

④简易路面

由煤屑、三合土等组成的路面，多用于临时性或过渡性路面。

## 3.5.2 园路的功能

（1）联系景点，引导游览

一个大型园区常常有各个功能的景区，这就需要道路的组织将各个不同的景区、景点联系成一个整体。它就像一个无声的导游引导人游览。

（2）疏导

道路设计时应考虑到人流的分布、集散和疏导。对于一些大型园区中重要建筑或有消防需求的人流会聚的建筑，特别要注意消防通道的设计与联系，一般而言，消防通道的宽度至少是4米。

图3-71 铺装也能成景

(3) 构成园林景观

园路类型多样的路面铺装形式(图3-71)、优美的线形(图3-72)也是一种可赏景观。

图3-72 园路优美的线形

### 3.5.3 园路的布局原则

(1) 功能性原则

园林道路的布局要从其使用功能出发,综合考虑,统一规划,做到主次分明,有明确的方向性和指引性。

(2) 因景得路

园路与景相通,要根据景点与景点之间的位置关系,合理安排道路的走向。

(3) 因地制宜

要根据地形、地貌、景点的特点来布置,不可强行挖山填湖来筑路。

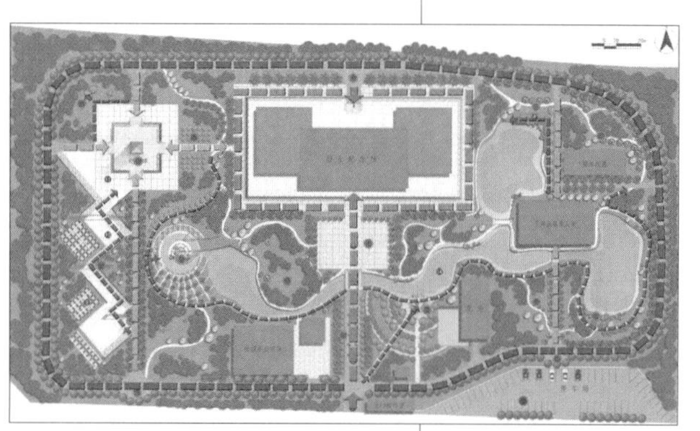

图3-73 园路应考虑回环性

(4) 回环性

园林中的路多为四通八达的环行路,游人从任何一点出发都能遍游全园,不用走回头路,如图3-73所示为某公园的交通组织平面图,其道路系统组织得较合理。

(5) 多样性

园林道路的形式应该是多种多样的。在人流集聚的地方或在庭院内,路可以转化为场地;在林间或草坪中,路可以转化为步石或休息岛;遇到建筑,路可以转化为"廊";遇山地,路可以转化为盘山道、磴道、石级;遇水面,路可以转化为桥、堤、汀步等。

# 3.6 园桥

## 3.6.1 园桥概述

园桥是用于行人与轻便车体跨越沟渠、水体及其他凹形障碍的构筑物。它具备点缀环境，为园林增加趣味的装饰作用。

园桥一般造型别致、材质精细，和周围景观有机结合，既有园路的特征，又有园林建筑小品的特色。如图3-74所示为广西壮族自治区三江县的侗族程阳风雨桥，是侗族地区规模最大的风雨桥，其建造艺术令人叹为观止。

园桥形式多样，有木桥、石桥、吊桥、亭桥等，这大大丰富了园林的审美意趣。

图3-74　侗族程阳风雨桥

## 3.6.2 园桥分类

(1) 从材质上进行分类

①木桥：木桥以木材为原料，是最早的桥梁形式，它给人以自然感、原始感、亲近感（图3-75）。有一点要注意：木材易被腐蚀，使用年限有限，这就需要进行防腐处理。

图3-75　木桥

②石桥：是指用石块来砌筑的桥。在园林中，窄的水面通常采用单块的条石来联系两岸，如果是大水面，通常采用石拱桥，如泉州洛阳桥（图3-76）、苏州宝带桥（图3-77）等都是大型石拱桥的佳作。

图3-76　泉州洛阳桥

图3-77　苏州宝带桥

③竹桥和藤桥：主要见于南方，尤其是西南地区。竹桥（图3-78）和藤桥（图3-79）很有自然的野趣，但是，人走在其上会有荡漾，缺乏安全性。

图3-78　竹桥

图3-79　藤桥

④钢桥：钢材强度高，很能体现结构之美，通常用作大跨径桥（图3-80）。

⑤钢筋混凝土桥：是以钢筋、水泥、石头为材质建造的桥（图3-81），工艺相当简单，但景观效果不及天然材料。

图3-80 钢桥

图3-81 钢筋混凝土桥

（2）从样式上进行分类

①平桥：是最简洁的形式，多平行且紧贴水面，有时为了组景的需求，常对平桥作一些平面上的曲折处理，形成平曲桥。这样，人行曲桥之上，随桥曲折，可从各个角度欣赏风景（图3-82）。

图3-82 平曲桥

②拱桥：拱桥（图3-83）既方便沟通水上交通，又不会妨碍陆上游览。如图3-84北京颐和园玉带桥，曲线优美，堪称一绝。

图3-83 拱桥

图3-84 颐和园玉带桥

③亭桥和廊桥：亭桥（图3-85）和廊桥（图3-86）均属于一种复合形体，即将在桥上建亭或建廊，它可以满足人们雨天遮风避雨、凭桥赏景的的需要。且其形体更为突出，造型更为美观。

图3-85　扬州瘦西湖亭桥

图3-86　小飞虹廊桥

④栈桥（道）：栈桥是驾于水面上（图3-87）、沙地上或植被上的栈道。它既方便游人赏景，又起到保护生态环境的作用（图3-88）。

图3-87　木栈道

图3-88　起保护生态环境的木栈道

## 思考题

1. 结合学过的构成知识，谈一谈该如何利用构成知识设计园林元素？
2. 结合环境心理学、人体工程学的知识，谈一谈该如何设计人性化的园林元素？
3. 请思考什么是地域特色？该如何来结合地域特色营造园林？

# 4

# 园林景观的美学特征

# 4.1 园林景观艺术的特点

园林景观艺术在我国的历史源远流长，是伴随着诗歌、绘画艺术而发展的，具有诗情画意的内涵，我国人民又有着崇尚自然、热爱山水的传统风尚，所以又具有师法自然的艺术特征。它通过典型形象反映现实、表达作者的思想感情和审美情趣，并以其特有的艺术魅力影响着人们的情绪、陶冶人们的情操、提高人们的文化素养。园林景观艺术是对环境加以艺术处理的理论与技巧，是一种艺术形象与物质环境的结合，因而园林景观艺术有其自身的特点。

**(1) 园林景观艺术是与科学相结合的艺术**

园林景观是与功能相结合的艺术形成，所以在规划设计时，首先要求综合考虑其多种功能，对服务对象、环境容量、地形、地貌、土壤、水源及其周围的环境等进行周密地调查研究，方能着手规划设计。园林建筑、道路、桥梁、挖湖堆山、给排水工程以及照明系统等都必须严格地按工程技术去要求设计施工，才能保证工程质量。植物因其种类不同，其生态习性、生长发育规律以及群落演替过程等各异，只有按其习性、因地制宜、适地适树地予以利用，加上科学管理，才能达到生长健壮和枝繁叶茂的效果，这是植物造景艺术的基础。综上所述，一个优秀的园林景观，从规划设计、施工到养护管理，无一不是依靠科学，只有依靠科学，园林景观艺术才能尽善尽美。因而说园林景观艺术是与科学相结合的艺术。

**(2) 园林景观艺术是有生命的艺术**

构成园林景观的主要要素是植物。利用植物的形态、色彩和芳香等作为造景艺术的主题，并结合植物的季相变化构成绚丽的园林景观。植物是有生命的，因而园林景观艺术也具有了生命的特征，它不像绘画与雕塑艺术那样追求抓住瞬间形象的凝固不变，而是随岁月流逝，不断变化着自身的形体以及因植物间相互消长而不断变化着园林景观空间的艺术形象，因而园林景观艺术是有生命的艺术。

**(3) 园林景观艺术是与功能相结合的艺术**

在考虑园林景观艺术性的同时，要顾及其环境效益、社会效益和经济效益等各方面的因素要求，做到艺术性与功能性的高度统一。

**(4) 园林景观艺术是融会多种艺术于一体的综合艺术**

园林景观是融文学、绘画、建筑、雕塑、书法、工艺美术等艺术门类于自然的一种独特艺术形式。它们为了充分体现园林的艺术性而在各自的位置上发挥着作用。各门艺术形式的综合，必须彼此互相渗透与交融，形成一个既适合于新的条件，又能够统辖全局的总的艺术规则，从而体现出综合艺术的本质特征。

从上面列举的四个特点可以看出，园林景观艺术不是任何一种艺术都可以替代的，任何一位大师都不能完美地单独完成造园任务。有人说造园家如同乐队指挥或戏剧的导演，他虽然不一定是个高明的演奏家或演员，但他是一个乐队的灵魂，戏剧的统帅；他虽不一定是一个高明的画家、诗人或建筑师等，但他能运用造园艺术原理及其他各种艺术的和科学的知识统筹规划，把各个艺术角色安排在相对适宜的位置，使之互相协调，从而提高其整体艺术水平。因此，园林艺术设计效果的实现，是要靠多方面的艺术人才和工程技术人员，通力协作才能完成的。

园林景观艺术的上述特征，决定了这门艺术反映现实和反作用于现实的特殊性。一般来说，园林艺术不反映生活和自然中丑的东西，而反映的自然形象是经过提炼的、令人心旷神怡的部分。古典园林中的景物，尽管在思想上有虚假的自我标榜和封建意识的反映，但它的艺术形象通过愉悦感官，能引起心理上和情绪上的美感和喜悦，正所谓“始于悦目，夺目而归于动心”。

大自然没有阶级性，自然美的艺术表现会引起不同阶级共同的美感。园林景观艺术虽然能表现一定的思想主题，但其在反映现实方面较模糊，不可能具体地说明事物，因此它的思想教育作用远不能和小说、戏剧、电影相比，但它能给人以积极的情绪上的感染和精神与文化上的陶冶作用，有利于身心健康和精神文明建设。

由于上述特点，决定了园林景观设计的思想内容和表现形式互相适应的幅度较大。同样一种形式，可容纳较广泛的思想内容。如中国的传统园林既包含玄学，也可容纳道教、佛教、文人和士大夫的思想意识。自然山水园林形式既可表现帝王或封建文人思想主题，也可为社会主义精神文明建设服务。但是这并不意味着它不反映社会现实，也不意味着它的形式和内容可以脱节。园林景观艺术形式是在特定历史条件下政治、经济、文化以及科学技术的产物，它必然带有那个时代的精神风貌和审美情趣等。今天，无论是我国的社会制度，还是时代潮流，都发生了根本的变化，生产关系和政治制度的巨大变革以及新的生产力极大地推动了社会进步和文明发展，带来了人们生活方式、心理特征、审美情趣和思想感情的深刻变化，它一定和旧的园林景观艺术形式发生矛盾，一种适应社会主义新时代的园林艺术形式，必将在实践中发展并完善起来。

总之，园林景观艺术主要研究园林创作的艺术理论，其中包括园林景观艺术作品的内容和形式、园林景观设计的艺术构思和总体布局、园景创造的各种手法、形式美构图的各种原理在园林中的运用等。

# 4.2 园林景观艺术美及其属性

## 4.2.1 园林景观艺术美的概念

所谓园林景观艺术美是指应用天然形态的物质材料，依照美的规律来改造、改善或创造环境，使之更自然、更美丽、更符合时代社会审美要求的一种艺术创造活动。艺术是生活的反映，生活是艺术的源泉。这决定了园林景观艺术有其明显的客观性。从某种意义上说，园林景观艺术美是一种自然与人工、现实与艺术相结合的，融合着哲学、心理学、伦理学、文学、美术、音乐等于一体的综合性艺术美。园林景观艺术美源于自然美，又高于自然美。正如歌德所说："既是自然的，又是超自然的。"

园林景观艺术是一种实用与审美相结合的艺术，其审美功能往往超过了它的实用功能，目的大多是以游赏为主的。

园林景观美具有诸多方面的特征，大致归纳如下：

①园林景观美从其内容与形式统一的风格上，反映出时代民族的特性，从而使园林景观艺术美呈现出多样性。

②园林景观美不仅包括树石、山水、草花、亭榭等物质因素，还包括人文、历史、文化等社会因素，是一种高级的综合性的艺术美。

③园林景观艺术审美具有阶段性

总之，园林景观艺术美处处存在。正如罗丹所说，世界上"美是到处都有的，对于我们的眼睛，不是缺少美，而是缺少发现"。

## 4.2.2 园林景观艺术美的来源

### (1) 园林景观艺术美来自发现与观察

世界是美的，美到处都存在着，生活也是美的，它和真与善的结合是人类社会努力寻求的目标。这些丰富的美的内容，始终不断地等待我们去发现。宗白华先生说："如果在你的心中找不到美，那么，你就没有地方可以发现美的踪迹。"自然美是客观而存在的，不以人的意志为转移，这个客观存在只有引起自己的美感，然后才有兴致进行模仿或再现，最后才有可能引起别人的美感景观艺术。因此主观上找到并发现美是十分重要的因素。

发现园林景观艺术美，首先要认识那些组成园林景观艺术美的内容，科学地分析它的结构、形象、组成部分和时间的变化等等，从中得到丰富的启示。越是深入地认识、越是忘我，就越能从中得到真实的美感，这也是不断地从实践中收获美感的过程。属于园林景观

艺术美的内容有:

①植物。是构成园林景观艺术美的主要角色,它的种类繁多,有木本的、有草本的,木本中又有观花的、观叶的、观果的、观枝干的各种乔木和灌木。草本中有大量的花卉和草坪植物。一年四季呈现出各种奇丽的色彩和香味,表现出各种体形和线条。植物美的贡献是享用不尽的。

②动物。有驯兽、鸣禽、飞蝶、游鱼、莺歌报春、归雁知秋、鸠唤雨、马嘶风等,穿插于安静的大自然中,为自然界增添了生气。

③建筑。古代帝王园林、私家园林和寺观园林,建筑物占了很大比重,其中类别很多,变化丰富,积累着我国建筑的传统艺术及地方风格,独具匠心并在世界上享有盛名。如古为今用,虽然现代景观设计中的建筑的比重需要大量地减少,但对各式建筑的单体仍要仔细观察和研究它的功能、艺术效果、位置、比例关系,与四周自然美的结合等等。近代园林建筑也如雨后春笋出现在许多城市园林景观设计中,今后如何古为今用或推陈出新,正亟待我们去深入地研究。

④山水。自然界的山峦、峭壁、悬崖、涧壑、坡矶、成峰成岭,有坎有坦,变化万千。

园林景观设计师要“胸中有丘壑,刻意模仿自然山水才有可能”,《园冶》中提出“有真为假,做假成真”所以必须熟悉大自然的真山真水,认真观察才能重现这个天然之趣。

水面或称水体,自然界大到江河湖海,小至池沼溪涧都是美的来源,是园林景观设计中不可或缺的内容。《园冶》中指出“疏源之去由,察水之来历”,园林景观设计师要“疏”要“察”,了解水体的造型和水源的情况,造假如真才能得到水的园林景观艺术美。同时水生植物、鱼类的饲养都会使水体更具生气。

实际上园林景观艺术美的内容远不止以上四方面内容。正如王羲之在《兰亭序》中所云:“仰观宇宙之大,俯察品类之盛,所以游目骋怀,足以极视听之娱,信可乐也。”他的“仰观”与“俯察”是在宇宙和品类中发现与观察到视听的美感所在,他找到了,故而随之得到了审美的乐趣,感到“信可乐也”。

**(2)园林景观艺术美是在观察后的认识**

园林景观艺术美的内容充满了对自然物的利用,只有将科学与艺术相结合,才能达到较高的艺术效果并创造出美的境界,这正是园林景观艺术与其他艺术迥然不同的地方。

科学实践可以帮助人们发现自然美的真与善,例如牡丹和芍药本是药用植物,现在是人们喜爱的观赏植物;番茄和马铃薯,本是观花赏果的观赏植物,也成为人类的重要食品。世界上几十万种高等植物,如果没有科学的发现和引种培育,怎能会有今天的缤纷世界?科学帮助我们认识自然规律,也帮助我们理解一些很普通的自然现象。

前人有许多观察与认识的经验,他们虽然不一定是科学家,但是对于自然界的观察精心而细致。画家的观察要“潜移默化”记在心里加以融合之后才能“绘形如生”(刘勰),甚至“与造化争神奇”(黄子久)也就是超越自然美的表现。至于园林家的观察与认识要比诗人和画家更广泛、细致,也更为科学,“目寄心期”成为再现自然的依据。事物往往是“相辅相成”或“相反相成”的,园林景观艺术美能够引人入胜,很多是在相形之下产生相异的结果,所以要认识大自然中的虚与实、动与静、明与暗、大与小、孤与群、寒与暑、形与神、远与近、繁与简、俯与仰、浓与淡……十分复杂的变化和差异，体会玩味个中奥妙，即所谓"外师造化，拜自然为师"是十分重要的认识过程。认识以后，园林景观设计师要像其他艺术家那样推敲、提炼、取舍，结合生活与社会，创造出现代人所喜爱的美景。同时决不能搞自然主义，也不能机械地生搬硬套。

（3）园林景观艺术美来自于创作者所营造的意境

中国美学思想中有一种西方所没有的"意境"之说，它最先是从诗与画的创作而来。什么是意境？本是只可意会不可言传的，有人认为意境是内在的含蓄与外在表现（如诗、画、造园）之间的桥梁，这种解释可以试用在园林景观艺术美的创作中并加以引申。自然是一切美的源泉，是艺术的范本，上面谈了许多发现、观察、认识的过程，最后总要通过设计者与施工管理者的运筹，其中必然存在创作者的主观感受，并在创作的过程中很自然地传达了他的心灵与情感，借景传情，成为物质与精神相结合的美感对象——园林景观风景。这个成品既有创作者个人的情意，又有借这些造园景物表达他情意的境地。这种意与境的结合比诗歌的创作更形象化，比绘画创作更富有立体感。园林景观艺术美的"意境"就是这样形成的。

必须加以说明的是，创作者的意境会不会引起欣赏者相同或相近的意境，这确实是一件很难预料的事，其中有时间和空间的不断变化，也有欣赏者复杂的欣赏水平的体现。当然，自然景物的语言是不具备任何标题的，一切附带着情感的体会都是在自然景物中夹杂了人文的景物，如寺庙、屏联、雕像等，引导欣赏者进入某些既定的标题，这样往往将园林景观艺术美事先就定下了意境的范畴，自然美在这里反而成了次要的配景。真正的园林景观艺术美应当像欣赏"无标题音乐"那样，由你的情感在自然美中驰骋和想象。

列宁说过："物质的抽象，自然规律的抽象，价值的抽象以及其他等等，一句话，一切科学的抽象，都更深刻、更正确、更完全地反映着自然。"园林景观设计就是为了充分地反映自然，所以需要科学的抽象。

### 4.2.3 园林景观艺术美的属性表现

园林景观艺术美的表现要素是众多的。如主题形式美、造园意境美、章法韵律美，以及植物、材料、色彩、光、点、线、面等。

（1）主题形式美

这种主题的形式美，往往反映了各类不同园林景观艺术的各自特征。

园林景观设计主题的形式美，渗透着种种社会环境等客观因素，同时也强烈地反映了设计者的表现意图。或象征权威，或造成宗教气氛，或具有幽静闲适、典雅等多方面的倾向。主题的形式美与造园者的爱好、智力、包含力、创造力，甚至造园者的人格因素、审美理想、审美素养是有密切联系的。

（2）造园意境美

中国古典园林景观的最大特征之一，便是意境的创造。园林中的山水、花木、建筑、盆景，都能给人以美的感受。当造园者把自己的情趣意向倾注于园林之中，运用不同材料的色、质、形，统一平衡、和谐、连续、重现、对比、韵律变化等美学规律，剪取自然界的四季、昼夜、光影、虫兽、鸟类等混合成听觉、视觉、嗅觉、触觉等等结合的效果，唤起人们的共鸣，联想与感动，才产生了意境。

中国古典园林受诗画影响很大。中国园林景观的意境是按自然山水的内在规律，用写意的方法创造出来的，是"外师造化，中得心源"的结果。

（3）章法与韵律

我们说，园林景观是一种"静"的艺术，这是相对其他艺术门类而言的，而园林景观设计中的韵律使园林空间充满了生机勃勃的动势，从而表现出园林景观艺术中生动的章法，表现出园林景观空间内在的自然秩序，反映了自然科学的内在合理性和自然美。

人们喜爱空间，空间因其规模大小及内在秩序的不同而在审美效应上存在着较大的差异。园林景观艺术中一直有"草七分，石三分"的说法，这便是处理韵律的一种手法。组成空间的生动的韵律和章法能赐予园林景观艺术以生气与活跃感，并且可以创造出园林景观的远景、中景和近景，更加深了园林景观艺术内涵的广度和深度。

总之，园林景观艺术综合了各种艺术手段，它包括建筑、园艺、雕塑、工艺美术、人文环境等综合艺术。园林景观艺术美的表现要素是多方面的，除以上方面之外，还有以功能为主的园内游泳池、运动场等，供休憩玩赏的草坪、雕塑、凉亭、长椅等等。只有依照审美法则，按照审美规律去构建，才能达到令人满意的种种美的艺术效果。

### 4.2.4 园林景观艺术美及其属性的创造

人工模仿自然美是一个创造的过程，而不是照抄。英国的纽拜（Newby）提到过："世界上发生了可观的人为变化，现在的风景基本上都是人造的了。"这句话指英国土地的狭窄情况。诚然是如此，中国的旧城改造、公共绿地紧张的现状导致了大部分的人造风景，所以园林景观艺术美的创造也就成为城市建设的当务之急。

下面提一些创造的途径，并加以议论：

（1）地形变化创造的园林景观艺术美

世界造园家都承认，地势起伏可以表现出崇高之美，我国的诗与画论及文学艺术的大量作品中都提到居高远眺的美感，前面提过的《兰亭序》中就有俯仰之间的乐趣。宗白华先生摘录了唐代诗圣杜甫的诗句中带有"俯"字的就有十余处，如"游目俯大江"，"层台俯风渚"，"扶杖俯沙渚"，"四顾俯层巅"，"展席俯长流"，"江缆俯鸳鸯"等。杜甫在群山赫赫的四川，俯瞰的机会很多，所以不乏俯视的感叹。

不仅如此，登高之后还有远瞩的美感，在有限中望到无限，心情是十分激动多感的。如"落日登高屿，悠然望远山"（储光羲）等。所以有人说诗人、画家最爱登山，他们的感触不同，登高以后借题发挥、抒发逸气是最好的题材了。所以园林景观中要提供登山俯仰的条件，一定十分受人欢迎。

有山即有谷，低处的风景也是意趣横生，谷地生态条件好，适于植物繁衍，常形容为“空谷幽兰”、“悬葛垂萝”并不夸张。如果有瀑布高悬，更是静谷传声热闹起来了，如袁牧写的《飞泉亭》一文，就描述了那里的古松、飞泉，休息亭，亭中有人下棋、吟诗、饮茶，同时可以听到水声、棋声、松声、鸟声、吟诗声等，这个山谷的风景是十分耐人寻味的。

自然界的高山幽谷在城市附近却十分少有，为了创造这种情趣的山景，人工造山自古有之，两千多年前袁广汉就堆置石山，历代帝王都嗜爱堆山，画家论山的文章也很多。例如，“主峰最宜高耸，客山须是奔趋”、“侧山川之形势，度地土之广远，审峰嶂之疏密，识云烟之蒙昧”、“结岭挑之土堆，高低观之多致”等等，画山与堆山道理有些相近，值得园林景观设计师借鉴。

关于园林中是否适宜堆山，造园家李渔认为，“盈亩累丈的山如果堆得跟真山无异是十分少见的”，他还说：“幽斋磊石，原非得已。不能置身岩下与木石居，故以一卷代山，一勺代水，所谓无聊之极致也。”《园冶》中也说：“园中掇山，非士大夫好事者不为也。”这两位古代造园的名家对园中造山，均持有异议，地形美虽是增加园林景观艺术美的途径，但堆置得满意的并不多见，所以得失如何是要慎重考虑的。

既然如此，造山增加园林景观艺术美的途径，最好是尽量利用真山，既经济又自然。如颐和园即利用原有的瓮山，南京雨花台烈士公园，北京的香山公园，清凉山公园，贵阳的黔灵公园，广州越秀山公园、黄花岗烈士公园、白云山公园等不少成功的实例。这些公共绿地利用了自然山水，风景秀美而且景观效果良好，同时节约了大量投资。

宋徽宗在开封平原上挑土堆山，建造“艮岳”，自南方运来大量的石料及树木以点缀山景，劳民伤财，最后加速了北宋的灭亡。

总之，地形有起伏是一种园林景观艺术美，如果能有天然的地形变化当然最为理想，如果人工创造地形美则要慎重考虑。

#### （2）水景创造的园林景观艺术美

水面有大小，名称也很不统一，但都能在园林景观艺术中给人以美感，尤其是水景引起的美感有许多同一性，现归纳说明如下：

①水面不拘大小和深浅均能产生倒影，与四周的景物毫无保留地相映成趣，倒影为虚境，景物为实境，形成了虚实的对比。

②水面平坦与岸边的景物如亭、台、楼、榭等园林建筑，形成了体形、线条、方向的对比。

③水中可以种植各种水生植物，滋养鱼虾，显出水的生气，欣赏水景的美感可以产生一种“羡鱼之情”，想到传说中的“龙宫”、“蛟宫”那样一个不可进入的世界，形成生活和情感的对比。

④水的形态变化多样，园林景观艺术中可以充分利用这种多变性增加美感。水景的美是园林景观艺术美中不可少的创造源泉，动赏、静赏皆享用不尽。中国古典园林景观无论南北，或帝王、或私人都善于利用水景为中心。综观国内大小名园，如颐和园、北京三海、承德避暑山庄等，无不是如此，被毁的圆明园及大部分私家园林，几乎都是一泓池水居中

或稍偏曲，已成为惯例。水面作为中心景物的手法，在西方造园家看来，恰像西方园林中安排草坪一样，但效果上各自成趣，水面的艺术性与变化性均要胜过草坪。

游人如果细观水的动静，结合水边的景物，联系一些水上的活动，确有言传不尽的意趣。例如：一叶扁舟穿行于拱桥的侧影之中，石渚激起的涟漪、鱼儿啃着浮水的莲荷、垂钓者凝视着浮动的浮标、堤上川流不息的车水马龙等，这些动与静交织的画面，如果没有水面是无从欣赏的。

### (3) 植物创造的园林景观艺术美

园林植物的多样性为园林景观艺术美提供了多样性。这些丰富多彩的园林植物创造出园林景观艺术美的多样性，正满足了人类生活与喜好的多样性，因此园林植物与人类的生活之间的关系是密不可分的。

园林植物对园林景观艺术美的贡献一般为两个步骤，首先是向游人呈现出视觉的美感，其次才是嗅觉。艺术心理学家认为视觉最容易引起美感，而眼睛对色彩最为敏感，其次是体形和线条等。根据这些情况，赏心悦目的植物，除去特殊的癖好之外，最受欢迎的是色彩动人，其次才是香气宜人，然后才是体形美、线条美等。因此园林植物的栽培与选育者也一直围绕着这些喜好或嗜好而忙忙碌碌，为满足园林景观艺术美的要求而努力。

中国传统的园林植物配植手法有两个特点，一是种类不多，内容都是传统喜爱的植物；二是古朴淡雅，追求画意色彩偏宁静。这类的植物景观，在古代的诗、画、园中屡见不鲜。

至于传统的配植手法有两种。一种是整齐对称的。中国“丽”字的繁体是两个鹿并列，证明我国古代的审美观念相当重视整齐排比的形式。古园林中也有实例，如寺院、殿堂、陵墓、官员的住宅门口，大都是成对成行列植的，用银杏、桧柏、槐树、榉树等，以此来表示庄严肃穆。另一种配植方法是采取自然式的，这是古典园林中最常见、流行最广的方式。前面多次提到的诗情画意就是指这种自然式的效果。简单地归纳一下，古典园林的植物美是这样体现的：

①保留自然滋长的野生植物，形成颇有野趣而古朴的“杂树参天和草木掩映”之容。

②成片林植，具有郁郁苍苍的林相，竹林、松林比较常用，其他高大乔木选山坡、山顶单种成片，形成“崇山茂林之幽”。

③果树又可以赏花的如桃、李、杏、梅、石榴之类栽于堂前，或成片绕屋，有蹊径可通最有意趣。所谓“桃李成蹊”之貌。

④园内四周种藤本植物，如紫藤、蔷薇、薜荔、木香等种类，形成“围墙隐约于萝间”的景色，更为自然。

⑤水池边上种柳，浅水处种芦苇、鸢尾、菖蒲之类，湿地种木芙蓉，要有“柳暗花明”之趣。

⑥庭院需庇荫，常点缀落叶大乔木，数量不需多，形成“槐荫当庭”、“梧荫匝地”的庭荫。廊边、窗前种芭蕉或棕竹，室内会觉得清翠幽雅。

⑦花台高于地面，设在堂前对面的影壁之下，或沿山脚，其中种些年年有花果可赏的多年生植物，如牡丹、芍药、玉簪、百合、晚香玉、兰花、绣墩草（又称书带草）、南天竹、鸢

尾之类，与园主人的生活比较接近，形成“对景莳花”之乐。

以上只是概括的列出一些习以为常的布置方式，而且这些实景如今在江南古典园林中还可以寻到踪迹。由于近年引种一些进口花卉或雪松之类，古朴自然的景色有的已经不复存在了。

传统的园林景观艺术美是由传统喜好的植物与传统的布置手法互相结合而来，以上仅介绍了一点轮廓。今后的园林景观设计究竟如何适应密集的城市人口的需要，以及晚近传入的西方园林如何做到“洋为中用”将是所有园林景观设计师和工作者迫切需要解决的问题。

这里还要探讨一下园林景观艺术美的植物美怎样才能发挥出来。下面总结出十项注意事项：

①要为植物提供足够的空间，让其充分地生长，尽量表现出可能表现的体形美、色彩美。采取密植方式或以建筑物代替的办法，是违反园林景观设计艺术原则的。

②要提供足够的条件满足植物的生长，如土壤、肥料、水分三个基本需要适合植物的要求，才能生机勃勃显出植物的健壮美。

③要了解该种植物原产地的情况，它的生态条件、伴生的其他植物，园林景观设计者不能单纯为了追求艺术性而种植不适合的种类或组成不适合的组合。

④不要随便动用刀、剪、斧、锯，让植物自然地生长。人工整形修剪的植物，美学家认为是“活的建筑材料”如同砖瓦一样，完全失去了原有的自然趣味。

⑤要以当地的气候与人的户外生活需要为准，决定庇荫乔木的选择。人们需要阳光的时候落叶，需要庇荫的时候发叶是基本要求；终年炎热的城市才大量种植常绿树。违反这个原则会严重地脱离人的生活。

⑥树木之外更需要开阔的草坪和地被植物的修饰。园林景观越接近自然，越使人愉快。自然界的植物景观是简朴的，所以有“简单即是美”的原则。

⑦要以乔灌木为主体发挥园林景观艺术美，以达到既隽永又实用的效果。尽量少用一二年生的花草，因其寿命短，费工力。为增添色彩美也可以选一些多年生宿根草本和球根植物。

⑧植物要经常保持清洁、干净无病虫害，草地树木一尘不染的园林景观，才能使人心旷神怡，赏心悦目。

⑨植物的个体美与集体美二者比较起来，要更多的发挥植物的集体美，尤其在大面积的园林中用一种植物成片种植，不仅在功能上效果好，并且会在艺术效果上形成一种浩然浑厚的气魄。

⑩大小园林景观都是以植物的自然美而取胜的，这里不应以人工美占优势，尤其不能以大量的服务性建筑、休憩建筑或游乐设施占据植物的布置。

以上这10条是当前许多先进国家已经行之有效的经验。虽然各国有自身的民族风格与历史底蕴，遵照这几条来重视园林景观植物，并使它发挥美的效果，其结果并不损伤该国原有的传统风格。

总之，园林景观艺术美以发挥植物美为主的做法，是目前该行业在全世界的发展趋势。欧洲在文艺复兴以后这二三百年中已经放弃表现大量的人工美而趋向自然美，东方则是崇尚自然美的发源地，所以欧洲大陆乃至美洲各国都正在流行自然式的树林草地，植物美的艺术形式非常突出，这个趋势的发展肯定会符合经济大发展中我国广大人民的需要。

**（4）园林景观艺术美之园林景观建筑的体现**

中国的园林景观建筑从未央宫、阿房宫那个时代起就受着封建统治阶级的重视，此后历代王朝从未稍减。园林景观建筑的美根据宗白华先生的分析，具备着“飞动之美”。《诗经》上也曾提过“如跂斯翼”和“如翚斯飞”，意思是说建筑像野鸡（翚）飞起来一样美。如今江南园林景观建筑仍旧飞檐如翼，静势中体现着动势之感，这是早有历史了。北方的亭台因冬春风力太大，飞势稍差一些，总之不论南北，园林景观建筑看起来都显得轻快、飘逸，有动势的美（图4-1）。古典园林景观建筑的种类形式繁多，其中以亭的变化最丰富，使用也最广泛。“亭者，停也”本是供休息用的，但在园景景观中逐渐成为点缀品而被欣赏了，在性质上由实用变为雕镂彩画的艺术品，这种人工美在园林中显然与自然美形成了对立的属性。

图4-1 “如跂斯翼”（《诗经》）

古典园林景观在帝王与私人的需求之下，紧密地结合着他们的生活、朝政、游宴等，在建筑的比重上，随他们的需要而任意增添，因此建筑充斥而自然美无从发展，如亭榭的位置就有水边、水中、山腰、山顶、林间、路角、桥上、廊间、依墙等，到处设计了建筑，以至《园冶》中也无法归纳而不得不承认这个事实：“安亭有式，基立无凭”、“宜亭斯亭”、“宜榭斯榭”，就是说到处都可以建了。数量之多令人难以赞许。当时的客观条件与主观需要显然存在着矛盾，江南一带的古典园林景观很多均建在城池之内，在有限的空间内发展大量的景观建筑，局促的情况可以想象到。时到今日如果倍加赞赏，以江南园林的情况来断言“建筑是园林的主角”是失去时代背景、失去客观分析的论点。

综上所述，讨论园林景观艺术美及其属性，首先需要了解园林景观艺术在我国的现实情况下的意义，尤其是其社会性和群众性是我国新园林景观艺术的特点。

园林景观艺术首先需要发现与观察，观察的目标是园林景观艺术美的四个主要内容即：植物、动物、山水和建筑。观察要重视科学，拜自然为师。熟悉这些内容之后，还要摸索意境，从古诗中品味诗情，从山水画中觅求画意，从名山大川的游览中索取素材，为当代园林景观艺术找寻美的来源。

园林景观艺术美的创造，来自四个方面：地形的变化、水景的真意、植物的传统喜好与主角作用的发挥，建筑为园林景观服务。江南古典园林景观中建筑过分拥塞，对此应有正确的分析与认识。城市园林的远景，在经济大发展的形势下，需要善于利用山、水、植物和建筑创造出园林景观艺术美，应该是：开朗、淡雅、朴实，充满自然美的园林景观，才符合广大人民的需要。

# 4.3 园林景观的色彩

园林景观是一个绚丽多彩的世界，在园林景观诸多造景因素中，色彩是最引人注目的，给人的感受也是最为深刻的。园林景观色彩作用于人的视觉器官，引起情感反应。色彩的作用多种多样并赋予环境以性格：冷色创造宁静安逸的环境，暖色则给人以喧闹热烈的感觉。色彩有一种特殊的心理联想，其不同的运用形成了不同的园林景观风格：西方园林景观色彩强调浓重艳丽，风格热烈外放；东方园林景观色彩偏重朴素合宜，风格恬淡雅致，隽永内敛。了解色彩的心理联想及象征，在园林景观设计中科学、合理、艺术的应用色彩，有助于创造出符合人们心理的、在情调上有特色的、能满足人们精神生活需要的色彩斑斓、赏心悦目的生活空间场所。

## 4.3.1 园林景观色彩的识别和感觉

色彩是光作用于人视觉神经所产生的一种感觉。不同的色彩是由于光线的波长不同，以及光线被物体吸收和反射后给人以不同的视觉刺激产生的结果。色彩的识别与比较，用色相、明度和纯度为尺度，称为色彩三要素。色彩三要素的组合搭配，使园林景观呈现出绚烂多姿的效果，给人以不同的视觉、情调、心理、情感感受。色彩只有靠知觉感知才能传达情感。园林景观设计中要透过色彩的知觉，利用色彩来创造优美、舒适、宜人的景观环境。园林景观色彩通过色彩不同属性的组合搭配，可以给人以温暖与寒冷感、兴奋与冷静感、前进与后退感、华丽与朴素感、明朗与阴郁感、强与弱感、面积感、方向感等不同的感觉效果。

## 4.3.2 园林景观色彩的种类

(1) 自然色彩

园林景观中的山石、水体、土壤、植物、动物等的颜色及蓝天白云，属于自然色彩。

①山石：具有特殊色泽或形状的裸岩、山石，色彩种类很多，有灰白、润白、肉红、棕红、褐红、土红、棕黄、浅绿、青灰、棕黑等，它们都是复色，在色相、明度、纯度上与园林环境的基色——绿色都有不同程度的对比，园林景观中巧以利用，达到既醒目又协调的感官效果。

②水体：水本来无色，但能运用光源色和环境色的影响，使其产生不同的颜色，同时还与水质的洁净度有关，具有动感。通过水可以反映天光行云和岸边景物，如同透过一层透明薄膜，更显旖旎动人（见图4-2）。园林景观设计中对水体善加利用如人造瀑布、喷泉、溢泉、水池、溪流等配上各色灯光可形成绚丽多彩的园林景观效果。

③土壤：土壤颜色的形成较为复杂，有黑色、白色、红色、黄色、青色，不同土壤的颜色在这五种颜色中过渡。土壤在园林景观设计中绝大部分被植被、建筑所覆盖，仅有少部分裸露在外。裸露的土壤如土质园路、空地、树下等，也是园林景观色彩的构成部分。

图4-2 环境色彩下的水景

④植物：园林景观色彩主要来自植物，植物的绿色是园林景观色彩的基色。植物叶、花、果、干的色彩多彩多姿，同时又有季相变化，是营造园林景观艺术美的重要表现素材。在叶、花、果、干四个部位应最先考虑叶色的安排，因为它在一年中维持的时间较长和较稳定。常绿树叶浓密厚重，一般认为过多种植会带来阴森、颓丧、悲哀的气氛。很多落叶树的叶子在阳光透射下形成光影闪烁、斑驳陆离的效果，落叶呈现的嫩黄色显得活泼轻快，可成为园林景观中的一景。园林景观植物配置要尽量避免一季开花、一季萧瑟、一枯一荣的现象，注意分层排列或以宿根花卉合理配置，或自由混栽不同花期，以弥补各自不足（图4-3）。

图4-3 色彩缤纷的植物景观

⑤动物：园林景观中的动物色彩，如鱼翔浅底、鸳鸯戏水、白毛浮绿水、鸟儿漫步采食，不仅形象生动，而且给园林景观环境增添生机。动物本身的色彩较稳定，但它们在园林景观中的位置却无法固定，任其自由活动，可以活跃景色，平添园林景观的生气。

（2）人工色彩

园林景观设计中还有一类色彩构景要素，如建筑物、构筑物、道路、广场、雕像、园林小品、灯具、座椅等的色彩均属于人工色彩。这类色彩在园林景观设计中所占比重不大，但其地位却举足轻重。园林景观中主题建筑物的色彩、造型和位置三者相结合，能起到画龙点睛的作用，其中尤以色彩最令人瞩目，同时色彩也能起到装饰和锦上添花的作用。

### 4.3.3 园林景观的配色艺术

当园林景观构图已经形成，在色彩的搭配应用上主要以色相为依据，辅以明度、纯度、色调的变化进行艺术处理。首先依据主题思想、内容的特点、构想的效果，特别是表现因素等，决定主色或重点色是冷色还是暖色、是华丽色还是朴素色、是兴奋色还是冷静色、是柔和色还是强烈色等。之后根据需要，按照同类色相、邻近色相、对比色相以及多色相的配色方案，以达到不同的配色效果。

（1）同类色相配色

相同色相的颜色，主要靠明度的深浅变化来构成色彩搭配，给人以稳定、柔和、统一、幽雅、朴素的感觉。园林景观的空间是多色彩构成的，不存在单色的园林景观，但不同的风景小品，如花坛、花带或花地内，只种植同一色相的花卉，当盛花期到来时，绿叶被花朵淹没，其效果会比多色花坛或花带更引人注目。成片的绿地，道路两旁的郁金香，田野里出现的大

图4-4　同类色相配色

图4-5　邻近色相配色

面积的油菜花，枫树成熟时的漫山红遍，这些同一颜色大面积出现时，所呈现的景象十分壮观，令人赞叹。在同色相配色中，如果色彩明度差太小，会使色彩效果显得单调、呆滞，并产生阴沉、不调和的感觉。所以宜在明度、纯度变化上作长距离配置，才会有活泼的感觉，富于情趣（图4-4）。

（2）邻近色相配色

在色环上色距很近的颜色相配，得到类似且调和的颜色，如红与橙，黄与绿。一般情况下，大部分邻近色的配色效果都给人以和谐、甘美、清雅的享受，很容易产生柔和、浪漫、唯美、共鸣和文质彬彬的视觉感受，如花卉中的半枝莲，在盛花期有红、洋红、黄、金黄、金红以及白色等花色，异常艳丽，却又十分协调。观叶植物叶色变化丰富，多为邻近色，利用其深浅明暗的色调，可以组成细致调和有深厚意境的景观。在园林景观设计中邻近色的处理应用是大量的，富于变化的，能使不同环境之间的色彩自然过渡，容易取得协调生动的景观效果（图4-5）。

（3）对比色相配色

俗语说：红花还要绿叶衬。对比色相颜色差异大，能产生强烈的对比，易使环境形成明显、华丽、明朗、爽快、活跃的情感效果，强调了环境的表现力和动态感。如果对比色都属于高纯度的颜色，对比会显得非常强烈，刺眼而炫目，使人有种不舒服、不和谐的感觉，因而在园林景观设计中应用不多。较多地是选用邻补色对比，用明度和纯度加以调和，缓解其强烈的冲突。同一个园林景观空间里，对比应有主次之分，这样能协调整体的视觉感受，并突出色彩带给人的视觉冲击。如万绿丛中一点红，就比相等面积的绿或红更能给人以美感。对比色的处理在植物配置中最典型的例子是：桃红柳绿、绿叶红花，能取得明快而烂漫的对比效果。对比色也常用于要求提高游人注意力和给游人以深刻印象的场合。有时为了强调重点，常运用对比色，会使主次分明，效果显著（图4-6）。

图4-6　对比色相配色

（4）多色相配色

图4-7 多色相配色

园林景观是多彩的世界，多色相配色在园林景观中用得比较广泛。多色处理的典型是色块的镶嵌应用，即以大小不同的色块镶嵌起来，如暗绿色的密林、黄绿色的草坪、金黄色的花地、红白相间的花坛和闪光的水面等组织在一起。将不同色彩的植物镶嵌在草坪上、护坡上、花坛中都能起到良好的效果。渐层也是多色处理的一种常用方法，即某一色相由浅到深，由明到暗或相反的变化，给人以柔和、宁静的感受，或由一种色相逐渐转变为另一种色相，甚至转变为对比色相，显得既调和又生动。在具体配色时，应把色相变化过程划分成若干个色阶，取其相间1～2个色阶的颜色搭配在一起，不宜取相隔太近或太远的，太近了渐层不明显，太远了又失去渐层的意义。渐层配色方法适用于园林景观中花坛布置、建筑以及园林景观空间色彩转换。多色处理极富变化，要根据园林景观本身的性质、环境和要求进行艺术配置，尤以植物的配置最为重要。为营造花期不尽相同而又有季相变化的景观时，可利用牡丹、棣棠、木槿、月季、锦带花、黄刺玫等；营造春华秋实景观时，可利用玫瑰、牡丹、金银木、香荚迷等；营造四季花景时，可利用广玉兰与牡丹、山茶、荷花、睡莲等配置，会出现春天牡丹怒放、炎夏荷花盛开、仲夏玉兰飘香、隆冬山茶吐艳的迷人效果。在植物选择上，或雄伟挺拔、或姿态优美、或绚丽多彩、或有芳香艳美的花朵、或有秀丽的叶形、或具艳丽奇特的果实、或四季常青，观赏特色各不相同，既有乔木又有灌木、草本类，既有花木类又有果木类，既要考虑色彩的协调又要注意不同时令的衔接（图4-7）。

### 4.3.4 园林景观空间色彩构图艺术

（1）园林景观色彩构图法则

①均衡性法则：是指多种园林景观色彩所形成的一种视觉和心理上的平衡感与稳定感。让色彩在感觉上有生命、有律动、有呼应的协调的动态平衡。均衡与园林景观色彩的许多特性的利用有着很大的关系，如色相的比较、面积的大小、位置的远近、明度的高低、纯度的变化等，都是求得均衡的重要条件。

②律动的法则：律动的特性是有方向性、有动感、有顺序、有组织，景循境出。律动能让人看到有序的变化，使人感到生机，从而增添游兴。

③强调的法则：园林景观或其某一局部，必然有一主题或重心，如“万绿丛中一点

红”，就能够突出表现“红”。主题或重心的表现是园林景观设计的精髓之所在，主题必须鲜明，起到主导作用，而陪衬的背景不可喧宾夺主。

④比例的法则：园林景观色彩各部分量的比例关系也是其构图要考虑的重要因素。如构成园林景观色彩各部分的上下、多少、大小、内外、高低、左右等，以及色相、冷暖、面积、明度、纯度等的搭配，保持一定的比例可以给人一种舒服、顺眼的美感。

⑤反复的法则：反复是将同样的色彩重复使用，以达到强调和加深印象的作用。反复可以是单一色彩，也可以是组合方式或系统方式变化的反复，以避免构图出现单调、呆滞的效果。色彩的反复可以在广场、草地等大面积或较长的绿化带上应用。

⑥渐进或晕退的法则：渐进是将色彩的纯度、明度、色相等按比例的次第变化，使色彩呈现一系列的秩序性延展，呈现出流动的韵律美感，轻柔而典雅。晕退则是把色彩的浓度、明度、纯度或色相做均匀的晕染而推进色彩的变化，与渐进有异曲同工之妙。渐进或晕退可用于广场、道路景观、建筑物、花卉摆放等场所。

**（2）园林景观构图要考虑的主要因素**

①园林景观的性质、环境和景观要求：不同性质、环境和景观要求的园林，在色彩的应用上是不同的，要呈现出不同的特色，只有将三者巧妙结合方能和谐而完美。这个特色主要是通过景物的布置和色彩的表现来实现的，在进行园林景观色彩构图时，必须将两者结合起来考虑。公园类园林景观设计，应以自然景观为主，基本色彩多为淡雅而自然的色调，不用或少用对比强烈的色彩。所用色彩素材主要是天然色彩材料。陵园类园林景观则要显得庄重、肃穆，布局方式多为规整，普遍栽植常绿的针叶树，色彩的应用上要突出表现陵墓的悲情、沉重感。街道、居民小区的园林绿化，在种植绿色植物改善环境的同时，还要考虑到人们休闲、娱乐的需求，要用到能营造轻松、明快、和谐、洁净、安逸、柔美等视觉效果的配色方案。

②游客对象：不同情况下，人们的心理需要是不同的。在寒冷的地方，暖色调能使人感到温暖，在喜庆的节日和文化活动娱乐场所也宜用暖色调，能使人感到热烈和兴奋。冷色调能使人感到清爽而宁静，在炎热的地方人们喜欢冷色调，在宁静的环境中也宜用冷色调。在园林景观设计中既要有热烈欢快的场所，亦要有幽深安静的环境来满足游人的不同心理需求，使空间富于动静的变化。

③确定主调、基调和配调：因游人在园林景观中是处于动态观赏的状态，景物需要不断的变化，在色彩上应找出贯穿在变换的景物中的主体色调，以便使整个园林景物统一起来。所以在园林景观的色彩构图中，要确定主调、基调和配调。主调、基调一般贯穿于整个园林景观空间，配调则有一定变化；主调要突出，基调、配调则起烘云托月、相得益彰的作用；基调取决于自然，地面一般以植被的绿色为基调，在构图中重要的是选择主色调和配色调。主调因所选对象不同，有的色彩基本不变，如武夷山的“丹霞赤壁”、云南的“石林”等无生命的山石、建筑物，不会或很少发生变化；而有生命的植物色彩，如花、叶、果等往往随着季相变化而变化。配调对主调起陪衬或烘托的作用，因而色彩的配调主要从以下两个方面考虑： ①用邻近色从正面强调主色调，对主色调起辅助作用；②用对比色从反面衬托主色调，使主色调由于对比而得到加强。

### 4.3.5 园林景观色彩设计的特殊性

不同于建筑、服装、工业产品等的色彩设计，植物是园林景观设计中的主要造景元素，所以在大部分园林景观中尤其是城市公园、绿地中都是以绿色为基调色的，而建筑、小品、铺装、水体等景观元素的色彩是作为点缀色而出现的。但在一些以硬质铺装为主的广场和主要的休息活动场地，铺装、水体、建筑、小品等所承载的色彩在园林景观色彩构成中发挥着主要的作用，而植物色彩的作用则退居其次。但不管是以绿色为主基调，还是以其他颜色为主基调，园林景观色彩设计都要遵循色彩学的基本原理，运用色彩的对比和调和规律，以创造和谐、优美的色彩为目标。

### 4.3.6 对园林景观色彩设计的几点建议

通过以上分析，我们可以看出园林景观中的色彩设计最重要的就是把园林景观中的天空、水体、山石、植物、建筑、小品、铺装等色彩的物质载体进行组合，以期得到理想中的色彩配置方案。但在按照色彩的设计原则进行色彩设计时往往要考虑多方面的因素，如色彩的心理、生理感知，光线的变化、气候的因子，场地的地理特色、气候因素，材料的特性，民族与国家的风俗和偏好、文化宗教的影响等等。此外还要考虑使用中的场地性质对于色彩的要求，使用者的兴趣，爱好等。更重要的是，色彩设计本身就带有设计者很强的主观意愿，在很大程度上是设计师个人意志的体现。

由此我们可以看出，园林景观中的色彩设计是由多方面的因素决定的，既受到来自客观的自然因素的限制，又有来自于主观的影响。想要总结其一般规律相对来说比较困难，但不管限制的因素有多大，色彩设计终归属于造型艺术的一种，它的最终目的就是要使整体色彩协调统一，实现视觉上的美感。通过对园林景观色彩设计一般规律的总结，对园林景观艺术工作者提出几点建议：

①园林景观的配色，首先必须使环境的整体色调统一起来。若要统一，色彩必须有主次之分，这样就产生了如何处理园林景观中支配色的问题。支配色虽然不一定在任何时候都必须和周围环境取得一致的调和，但却必须保持某种调和的关系。支配色对色相、明度都要考虑。广场、公园、绿地中，从整体来看都是以深浅不同的绿色植物组合作为支配色的，其他的景观元素的色彩（建筑外墙、铺地、水体、小品等）一般都是穿插其间作为点缀色而出现的。但在一些主要活动场所，植物材料的比重可以有所降低，其他的硬质元素的数量增大，这时从局部来看，绿色就会成为背景色和点缀色，而其他的景观元素的色彩成为支配色。住宅、商业、工厂、学校、展览等各类建筑周围的广场、绿地一般面积不会太大，尤其是对于一些面积较小的场地，设计师更加可以发挥色彩的平面或立体的造型能力，突破绿色的限制，像绘画一样自由地组织色彩（当面积较大时，还是要以绿色为主）。但这并不是说绿色就不可以成为支配色，而是把植物和其他的景观元素放在同样重要的地位来布置园林景观的色彩构图，究竟哪一种色彩处于支配地位是由设计所追求

的色彩效果决定的，这时从整体来看，我们往往要考虑周围建筑的色彩，使用与其调和的色彩作为支配色。

②不管是绿色作为支配色还是其他色彩作为支配色，在研究色彩的组合时，应尽量从大面积和大单元来考虑。例如当一块场地以绿色为基调色时，那我们可以先考虑使中间道路的颜色和绿色取得调和，再逐步深化其他景观元素的色彩以取得对比与调和，接着还要深入考虑不同深浅的绿色是否有对比、整体是否调和、整体是否有冷暖、设色面积是否合适、铺地的颜色是否丰富、明度和彩度是否符合场地气氛、是否还要加入其他的花卉颜色等。总而言之，园林景观色彩设计不管追求的风格怎样，从开始到结束都要贯彻对比和调和的设计原则，满足人眼视觉平衡的要求。当然在不断深入的刻画过程中，也要考虑其他因素发挥的作用，如光、材质、心理、生理、气候、文化等。园林景观色彩设计其实同绘画一样，是一个不断深化、不断比较的过程。我们做设计时应准备多个方案，利用草图多进行比较分析，从多个方案中选取最合适的一个。

③在园林景观中，我们可以利用色彩的造型能力，使景观小品或建筑成为视线的焦点或成为景观的标识，但不管这样的装饰色彩多么的优美，前提都需要与周围的环境相互协调。但经过观察表明，这样的装饰色从整体的色彩调和来看，都有过度的情况，因此我们在选择其色彩时，务必谨慎。

如果说“逻辑”是设计的“脚”，那我们可以说“感知”是景观设计的“翅膀”。色彩作为自然界最敏感的元素，是那样的变幻莫测和难以控制，却又是那样的容易感受到它的存在，正是由于它的多样性，为我们对它的探知蒙上了一层神秘而理想的面纱。我们应最大可能地放飞“感知”的翅膀，使色彩向人们释放它全部的魅力。

### 思考题

1. 园林景观艺术的特点是什么？
2. 园林景观艺术美的主要来源在何处？其基本属性表现是什么？
3. 园林景观色彩构图法则有哪些？
4. 结合所学知识谈谈色彩在园林景观设计中的应用。

# 5

# 园林景观设计构图的艺术法则

所谓“构图”即组合、联系、布局的意思。园林景观构图是组合园林物质要素，园林景观内容美与形式美取得高度统一的创作技法。园林景观的内容是构成形式美的依据。

# 5.1 多样与统一

把众多的事物通过某种关系放在一起，获得和谐的效果，这就是多样统一。多样与统一是辨证统一的关系，任何艺术如音乐、绘画等都存在这种关系。其主要意义是要求在艺术形式的多样化中，寻求内在的和谐统一，既显示形式美的独立性，又具有艺术的整体性。多样而不统一必然杂乱无章，统一而无变化，则单调呆板。多样与统一是艺术领域最概括、最本质的原则，是园林景观艺术设计构图的基本法则。园林景观构图的多样统一主要表现在主与从、调和与对比、节奏与韵律、联系与分隔等方面。

## 5.1.1 主与从

在艺术创造中，一般都应该考虑到一些既有区别又有联系的各个部分之间的主从关系，并且常常把这种关系加以强调，以取得显著的宾主分明、井然有序的艺术效果。园林景观布局中也有主体与从属部分的主要部分或主体与从属体，一般都是由功能使用要求决定的，从平面布局上看，主要部分常成为全园的主要布局中心，次要部分成为次要的布局中心，次要布局中心既有相对独立性，又要从属主要布局中心，彼此互相联系，互相呼应，相得益彰。

一般缺乏联系的园林景观各个局部是不存在主从关系的，所以取得主要与从属两个部分之间的内在联系，是处理主从关系的前提，但是相互之间的内在联系只是主从关系的一个方面，而两者之间的差异则是更重要的一面。适当处理二者的差异可以使主次分明、主体突出。因此在园林景观布局中，以呼应取得联系和以衬托突显差异，就成为处理主从关系不可分割的两方面。

关于主从关系的处理，大致有以下两种方法：

**(1) 组织轴线，分清主次**

在园林景观布局中，尤其在规则式园林景观设计中，常常运用轴线来安排各个组成部分的相对位置，形成它们之间一定的主从关系。一般是把主要部分放在主轴线上（图5-1），从属部分放在轴线两侧和副轴线上，形成主次分明的局势。在自然式园林景观设计中，主要部分常放在全园重心位置或无形的轴线上，而并非形成明显的轴线。

图5-1　主景（广场上的水体）在主轴线上

（2）互相衬托，突出主体

在园林景观设计布局中，常用的突出主体的对比手法是体量大小、高低。某些园林景观建筑各部分的体量，由于功能要求不同，往往有高有低、有大有小。在布局上利用这种差异并加以强调，可以获得主次分明、主体突出的效果。

再一种常见的突出主体的对比手法是形象上的对比。在一定条件下，如一个高大体量景物、一些曲线、一个比较复杂的轮廓、突出的色彩和艺术修饰等，都可以引起人们的注意。

## 5.1.2 调和与对比

构图中各种景物之间的比较，总有差异大小之别。差异小的即共性多于差异性，称之为调和；差异大的，差异性大于共性，甚至大到对立的程度，称之为对比。但须注意的是对比与调和只存在于同一性质的差异之间，如体量大小、空间开敞与封闭、线条的曲与直、颜色的冷与暖、光线的明与暗、材料质感的粗糙与光滑等，而不同性质的差异之间不存在调和与对比，如体量大小与颜色冷暖是不能比较的。

（1）调和

调和本身就意味着统一。调和手法广泛应用于建筑、绘画、装潢的色彩构图中，采取同一色调的冷色或暖色，用以表现某种持定的情调和气氛，十分耐人寻味。在建筑渲染图中，采用类似的色调与柔和的光影，表现建筑物所具有沉静和优雅的气氛。这种画法擅长捕捉环境中的空气感，适于表达清晨或黄昏时刻雾气迷离的景象，引起人们联想的意境。

图5-2 山石与沙色彩的调和

调和手法在园林景观设计中的应用，主要是通过构景要素中的岩石、水体、建筑和植物等风格和色调的一致而获得的。尤其当园林景观设计的主体是植物，尽管各种植物在形态、体量以及色泽上有千差万别，但从总体上看，它们之间的共性多于差异性，在绿色这个基调上得到了统一。总之，凡用调和手法取得统一的构图，易达到含蓄与幽雅的美（图5-2）。

（2）对比

在造型艺术构图中，把两个完全对立的事物作比较，叫做对比。凡把两个相反的事物组合在一起的关系，称为对比关系。通过对比而使对立着的双方达到相辅相成、相得益彰的艺术效果，这便达到了构图上的统一。对比是造型艺术构图中最基本的手法，所有的长宽、高低、大小、形象、光影、明暗、浓淡、深浅、虚实、疏密、动静、曲直、刚柔、方向等等的量感到质感，都是从对比中得来的。

①形象对比

园林景观设计布局中构成园林景物的线、面、体和空间之间常具有各种不同的形状，在布局中采用类似形状易取得调和，而采用差异显著的形状，则易取得对比。如园林景观中的建筑与植物、植物与园路、植物中的乔木与灌木、地形地貌中的山与水等均可形成形象对比（图5-3）。

图5-3 建筑与植物、建筑的窗框构成的形象对比

图5-4　山石的体量对比

图5-5　曲桥方向对比

②体量对比

把体量大小不同的物体，如两块体量相同的山石，放在一起进行比较，则大者愈显其大，小者愈显其小（图5-4）。但是把两个体量相同的物体分别放在两个大小不同的空间内进行比较，能予人以不同的量感。把一块置于开阔的草坪上，而把另一块置于闭合的天井里，则前者会感其小，而后者会感其大，这是由于对比而产生的“大中见小和小中见大”的道理，这种大小的感觉原本是相对的。

③方向对比

园林景观设计中，常常运用垂直与水平方向进行对比，以丰富园林景物的形象。如山与水形成立面上方向的对比，建筑组合上横向、纵向的处理使空间造型产生方向上的对比，水面上曲桥产生不同方向的对比等（图5-5），方向对比取得和谐的关键是均衡。

④空间开闭对比

在空间处理上，大园的开敞明朗与小园的封闭幽静形成对比。如颐和园中苏州河的河道由东向西，随万寿山后山脚曲折蜿蜒，河道时窄时宽，两岸古树参天，影响到空间时开时合、时收时放，交替向前通向昆明湖。合者，空间幽静深透；开者，空间宽敞明朗；在前后空间大小的对比中，景观效果由于对比而彼此得到加强。最后来到昆明湖，则更感空间之宏大，湖面之宽阔，水波之浩渺，使游赏者的情绪由最初的沉静转为兴奋。这种对比手法在园林景观空间的处理上是变化无穷的。

⑤明暗的对比

光线的强弱形成空间明暗对比，会加强景物的立体感和空间变化。“明”给人以开朗活跃的感受，“暗”给人以幽深与沉静的感受。一般来说，对比强烈的空间景物易使人振奋，对比弱的空间景物易使人宁静。游人从暗处看明处，景物愈显瑰丽；从明处看暗处则景物愈显深邃。明暗对比手法在空间开合收放的对比中也表现得十分明显。林木森森的闭合空间显得幽暗，由草坪或水体构成的开敞空间则显得明朗。明暗对比手法，在古典园林景观设计中应用较为普遍。如苏州留园和无锡蠡园的入口处理，都是先经过一段狭小而幽暗的弄堂和山洞，然后进入主庭院，深感其特别明快开朗，有“山重水复疑无路，柳暗花明又一村”之感。

⑥虚实对比

虚给人以轻松，实给人以厚重。山水对比，山是实，水是虚；建筑与庭院对比，则建筑是实，庭院是虚；建筑四壁是实，内部空间是虚；墙是实，门窗是虚；岸上的景物是实，水中倒影是虚。由于虚实的对比，使景物坚实而有力度，空灵而又生动。园林景观设计十分重视布置空间，以达到“实中有虚，虚中有实，虚实相生”的目的。例如圆明园九洲的“上下天光”，用水来衬托庭院扩大空间感，以虚代实（图5-6）。

图5-6　水池与四周景物的虚实对比

⑦色彩对比

色彩的对比与调和包括色相和明度的对比与调和。色相的对比是指相对的两个补色（如红与绿，黄与紫）产生对比效果；色相的调和是指相邻近的色如红与橙、橙与黄等。颜色的深浅叫明度，黑是深，白是浅，深浅变化即黑到白之间变化。一种色相中明度的变化是调和的效果。园林景观设计中色彩的对比与调和是指在色相与明度上，只要差异明显就可产生对比的效果，差异近似就产生调和效果。利用色彩对比关系可引人注日，如“万绿丛中一点红”（图5-7）。

图5-7 植物之间存在的色彩对比

⑧质感对比

在园林景观绿地中，可利用植物与建筑、道路、广场、山石、水体等不同材料的质感，形成对比，增强艺术效果，即使植物之间也因树种不同，因粗糙与光洁、厚实与透明的不同，产生质感差异。利用材料质感的对比，可构成雄厚、轻巧、庄严、活泼的效果，或产生人工胜自然的不同艺术效果（图5-8）。

图5-8 质感对比

⑨动静对比

六朝诗人王籍《入若耶溪》诗里说：“蝉噪林愈静，鸟鸣山更幽。”诗中的“噪”和“静”、“鸣”和“幽”都是自相矛盾的两个方面，然而，林荫深处有蝉的“噪”声，却更增添环境几分寂静之感，山谷之中有鸟啼鸣，亦增了环境幽邃的气氛。人们在夜深人静的时候，听到秒钟的滴答声，更表明了四周的万籁俱寂。广州山庄旅社有一处三叠泉，水声打破了山庄的幽静。滴水传声，清新悦耳，正是这水声的动反衬着环境的静。因此，在庭院中处理几处滴水，能把庭院空间提高到诗一般的境界。这就是动静对比（图5-9）。

图5-9 动静对比

调和与对比的区别就在于差异的大小，前者是量变，后者是质变，因而就成了矛盾的对立面，各以对方的存在为自己存在的前提，因而在园林景观艺术构图中，如果只有调和，没有对比，则构图欠生动；如果过分强调对比而忽略了调和，又难达到静谧安逸的效果。所以调和与对比在园林景观构图中是达到统一的两个对立面，作为矛盾的结构，强调的是对立因素之间的渗透与协调，而不是对立的排斥与冲突。对比与调和的统一从本质上讲，是人类社会和自然界一切事物运动的发展规律，是对立统一规律在园林艺术构图中的体现。

### 5.1.3 节奏与韵律

韵律原是指诗歌中的声韵和节律。在诗歌中音的高低、轻重以及长短的组合，匀称的间歇或停顿，一定地位上相同音色的反复出现以及句末或行末用同韵同调都构成韵律，它加强了诗歌的音乐性和节奏感。节奏是音乐术语，音响运动的轻重缓急形成节奏，其中节拍强弱或长短交替出现而合乎一定的规律。节奏为旋律的骨干，也是乐曲结构的基本因素。韵律与节奏有其相同之处，也有不同之处。相同之处是它们都能使人产生对音响的美感，不同之处是韵律是一种有规律的变化，重复是产生韵律的前提，简单有力、刚柔并济而节奏变化复杂，通过强烈的节奏，能使人产生高山流水的意境。节律是节奏与韵律所引起美感的总称。

在园林景观中，处处都有节奏与韵律的体现。如行道树、花带、台阶、蹬道、柱廊、围栅等都具有简单的节律感。复杂一些的如地形地貌、林冠线、林缘线、水岸线、园路等的高低起伏和曲折变化，还有静水中的涟漪，飞瀑的轰鸣，溪流的低语，空间的开合收放和相互渗透与空间流动，景观的疏密虚实与藏露隐显等都能使人产生一种有声与无声交织在一起的节律感。

（1）简单韵律

由同种因素等距反复出现的连续构图，如等距的行道树，等高等距的长廊，等高等宽的登山道，爬山墙等。

图5-10　台阶踏步与平台形成的交替韵律

（2）交替韵律

由两种以上因素交替等距反复出现的连续构图。如行道树用一株桃树一株柳树反复交替的栽植，两种不同花坛的等距交替排列，登山道一段踏步与一段平面交替（图5-10）；　又如园路的铺装，用卵石、片石、水泥、板、砖瓦等组成纵横交错的各种花纹图案，连续交替出现。交替韵律设计得宜，能引人入胜。

图5-11　桥孔形成的渐变韵律

（3）渐变韵律

渐变的韵律是指园林景观设计布局连续重复的组成部分，在某方面作规则的逐渐增加或减少所产生的韵律，如体积的大小、色彩的浓淡、质感的粗细等。渐变韵律也常在各组成分之间有不同程度或繁简上的变化。园林景观设计中在山体的处理上，建筑的体形上，经常应用从下而上愈变愈小。如桥孔逐渐变大和变小等（图5-11）。

（4）起伏曲折韵律

由一种或几种因素在形象上出现较有规律的起伏曲折变化所产生的韵律。如连续布置的山丘、建筑、树木、道路、花径等，可有起伏曲折变化，并遵循一定的节奏规律，自然林带的天际线也是一种起伏曲折的韵律的体现。

图5-12　植物配置形成的拟态韵律

（5）拟态韵律

既有相同因素又有不同因素反复出现的连续构图，如花坛的外形相同，但花坛内种的花草种类、布置又各不相同（图5-12）；漏景的窗框一样，漏窗的花饰又各不相同等。

总之，韵律与节奏本身是一种变化，也是连续景观达到统一的手法之一。

### 5.1.4 联系与分隔

分隔就是因功能或者艺术要求将整体划分为若干局部，联系却是因功能或艺术要求把若干局部组成一个整体。园林景观绿地都是由若干功能使用要求不同的空间或者局部组成的，它们之间都存在必要的联系与分隔，一个园林景观建筑的室内与庭院之间也存在联系与分隔的问题。

园林景观设计布局中的联系与分隔是组织不同材料、局部、体形、空间，使它们成为一个完美的整体的手段，也是园林景观设计布局中取得统一与变化的手段之一。

园林景观设计布局的联系与分隔表现在以下两个方面：

**（1）园林景物的体形和空间组合的联系与分隔**

园林景物的体形和空间组合的联系与分隔，主要取决于功能使用的要求，以及建立在此基础上的园林景观艺术布局的要求，为了取得联系的效果，常在有关的园林景物与空间之间安排一定的轴线和对应的关系，形成互为对景或呼应，一般利用园林景观中的树木、土丘、道路、台阶、挡土墙、水面、栏杆、桥、花架、廊、建筑门、窗等作为联系与分隔的构件。

园林景观建筑室内外之间的联系与分隔，要看不同功能要求而定。大部分要求既有分隔又有联系，常运用门、窗、空廊、花架、水、山石等建筑处理把建筑引入庭院，有时也把室外绿地有意识地引入室内，丰富室内景观。

**（2）立面景观上的联系与分隔**

立面景观上的联系与分隔，也是为了达到立面景观完整的目的。有些园林景物由于使用功能要求不同，形成性格完全不同的部分，容易造成不完整的效果，如在自然的山形下面建造建筑，若不考虑两者之间立面景观上的联系与分隔，往往显得很生硬。有时为了取得一定的艺术效果，可以强调分隔或者强调联系。

联系与分隔是求得完美统一的园林景观布局整体的重要手段之一。

主与从、节奏与韵律、对比与调和、联系与分隔都是园林景观设计布局中统一与变化的手段，也是统一与变化在园林景观设计布局中各方面的表现。在这些手段中，调和、主从、联系常作为变化中求统一的手段，而对比、重点、分隔则更多地作为统一中求变化的手段。

# 5.2 比例与尺度

## 5.2.1 比例

在人类的审美活动中，客观景象与人的心理经验形成一定的逻辑关系，给人以美感，这就是比例。比例是满足人们理智与眼睛要求的特征，它出自数学，表示数值不同而比值相等的关系。

古希腊数学家、哲学家毕达哥拉斯把数当作世界的本源，认为“万物都是数”，“数是一切事物的本质，整个有规定的宇宙组织，就是数以及数的关系的和谐系统”。基于这种哲学观点，他认为美是数的关系表现，美是数的比例构成的。在几何学上，他发明“黄金分割”比（1∶0.618）。文艺复兴时期的艺术家发现，人体结构从身高的各线段比、身宽的各线段比、两手平举的各线段之比都符合黄金分割律，因此认为人是生物界最美的，人即美，美即人。他们寻求艺术的几何比例基础，按黄金分割塑造人物形象。近代西方人运用“黄金分割面型”作为审美标准。文艺复兴时代的艺术家们同古希腊人一样，认为黄金分割是建筑不可违反的。但是也有人怀疑黄金分割是否是美的唯一比例，事实上除黄金分割以外的比例也有是美的。例如现代许多高层建筑长与宽之比就不符合黄金分割的比例，但它们的造型不可否认是美的。现在还出现了探求美的比例的新的数比关系，如等差数列比、等比数列比及按波纳奇数列比等。随着时代的演进，人们的审美观念及审美习惯都在发生变化。万物的本源不是数，那怕是黄金分割也不应看作是永恒不变的形式美的比例，更不应该将艺术纳入纯数学的推导。

图5-13 西安大雁塔高宽比例谐调

还是造型艺术都有比例，决定比例的因素很多。对于园林景观来说，比例是受工程技术、材料、功能要求、艺术传统、社会思想意识等因素影响的。园林景观主要由植物、建筑、园路、山石水体等因素构成的，比例体现在园林景观上具有和谐美好的关系，其中既有景物本身各部分之间的比例关系，也有景物之间、局部与整体之间的比例关系，这些关系难以用精确的数字来表达，而是人们感觉上和经验上的审美概念（图5-13）。

## 5.2.2 尺度

和比例密切相关的另一个特性是尺度。尺度是指人与物的对比关系。比例只能表明各种对比要素之间的相对数比关系，不涉及对比要素的真实尺寸，仿佛照片的放大和缩小一样，缺乏真实的尺度感。因而，在相同比率的情况下，对比要素可以有不同的具体数值。

为了研究建筑的整体与局部给人以视觉上的大小印象和其真实尺寸之间的关系，通常采取不变因素与可变因素进行对比，从其比例关系中衬托出可变因素的真实大小。这个“不变因素”就是“人”，因为人是具有众所周知的真实尺寸的，而且尺寸变化不大。以“人”为“标尺”是易于为人们所接受的。古希腊哲学家苏格拉底说：“能思维的人是万物的尺度。”例如，人们通常不用尺子而用人的几围来量度古树名木树干的周长。又如在野外摄影，为了要说明所摄对象 （树、石、塔、碑等）的真实大小，常常旁立一人为标尺，使读者马上能判断出对象有几人高的真实大小来。这种以人为标尺的比例关系就是“尺度”。生活中许多构件或要素与人有密切的关系，如栏杆、扶手、窗台、踏步、桌子以及板凳等。根据使用功能要求，它们基本上保持不变的尺寸，所以在建筑构图上也常常将它们作为“辅助标尺”来使用。园林景观构图的尺度是以人的身高和使用活动所需要的空间为视觉感知的量度标准的。

一般情况下，对比要素给予人们的视觉尺寸与其真实尺寸之间的关系是一致的，这就是正常尺度（自然尺度），这时景物的局部及整体之间与人形成一种合乎常情的比例关系，或形成常情的空间，或形成常情的外观。任何一个景物在其不同的环境中，应有不同的尺度，在特定的环境中应有特定的尺度。如在这个环境中景物成功的尺度，当搬到另一个环境中时，就未必成功。要形成一个完美的空间造型艺术，任何一个景物在它所处的环境中都必须有良好的比例与尺度，亦即是指景物本身与景物之间有良好的比例关系的同时，景物在其所处的环境中要有合适的尺度。比例寄于良好的尺度之中，景物恰当的尺度也需要有良好的比例来体现。比例与尺度原是不能分离的，所以人们常把它们混为一谈。所谓“尺度”在西方认为是十分微妙而难以捉摸的原则，其中包含着比例关系，也包含着协调、匀称和平衡的审美要求。如我国江南私宅园林，由于面积小，传统上的布置无论是树木还是建筑或其他装饰小品都是小型的，使人感到亲切合宜（图5-14）。美国华盛顿国会大厦前的水池、草地、大乔木、纪念碑等都是大型的，使人感到宏伟。这两种不同的感觉都是所采用的比例和尺度恰当而形成的。在园林景观设计中从局部到整体、从个体到群体到环境，从近期到远期，相互之间的比例关系与客观所需要的尺度能否恰当地结合起来，是园林景观艺术设计成败的关键。

图5-14 苏州园林精巧的园亭、山石、水体等构成小尺度空间

# 5.3 均衡与稳定

## 5.3.1 均衡

均衡是视觉艺术的特性之一，是在艺术构图中达到多样统一必须解决的问题。自然界凡属静止的物体都要遵循力学原则，以平衡的状态存在，不平衡的物体或造景使人产生躁乱和不稳定感，亦即危险感。在园林景观中的景物一般都要求赏心悦目，使人心旷神怡，所以无论供静观或动观，在艺术构图上都要求达到均衡。均衡能促成安定、防止不安和混乱，给景物外观以魅力和统一。构图上的均衡虽与力学上的平衡的科学含义一致，但纯属于感觉上的。均衡有对称和非对称均衡两种类型，现分述如下：

（1）对称均衡

其特点是一定有一条轴线，且景物在轴线的两边作对称布置。如果布置的景物从形象、色彩、质地以及分量上完全相同，如同镜面反映一般，称为绝对对称。如果布置的景物在总体上是一致的，而在某些局部却存在着差异的称为拟对称。最典型的例子如寺院门口的一对石狮子，初看是一致的，细看却有雌雄之别。凡是由对称布置所产生的均衡就称为对称均衡。对称均衡在人们心理上产生理性、严谨和稳定感。在园林景观构图上这种对称布置的手法是用来陪衬主题的，如果处理恰当，会使主题突出、井然有序。如法国凡尔赛公园那样，显示出由对称布置所产生的非凡的美，成为千古佳作。但如果不分场合，不顾功能要求，一味追求对称性，有时反而流于平庸和呆板。英国著名艺术家荷加兹说：“整齐、一致或对称只有在它们能用来表示适宜性时，才能取悦于人”。如果没有对称功能要求与工程条件的，就不要强求对称，以免造成削足适履之弊（图5-15）。

图5-15　对称均衡

（2）不对称均衡

自然界中除了日、月、人和动物外，绝大多数的景物是以不对称均衡存在的。尤其我国传统园林景观都是模山范水，景观都以不对称均衡的状态存在。在景物不对称的情况下取得均衡，其原理与力学上的杠杆平衡原理颇有相似之处。一个小小的秤砣可以与一个重量比它大得多的物体取得平衡，这个平衡中心就是支点。调节秤砣与支点的距离可以取得与物体重量的平衡。所以说在园林景观布局上，重量感大的物体离均衡中心近，重量感小的物体离均衡中心远，二者因而取得均衡。中国园林景观中假山的堆叠、树桩盆景和山石盆景的景物布置等等也都是不对称均衡。不对称均衡构图的美学价值，大大超过对称均衡构图的美学价值，可以起到移步换景的效果。不过在园林景观构图中，要综合衡量各构成要素的虚实、色彩、质感、疏密、线条、体形、数量等等给人产生的体量感觉，切忌单纯考虑平面构图，还要考虑立面构图，要努力培养对景物的多维空间的想象力，用立面图、鸟瞰

图以及模型来核实对创作的判断力。

所有景物小至微型盆景，大至整个绿地以及风景区的布局，都可采用不对称均衡布置，它在人们心理上产生偏感性的自由灵活，它予人以轻松活泼的美感，充满着动势，故又可称为动态平衡（图5-16）。

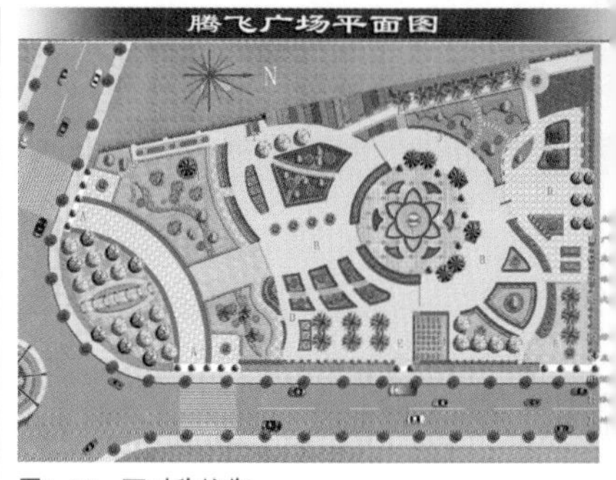

图5-16 不对称均衡

### 5.3.2 稳定

自然界的物体由于受地心引力的作用，为了维持自身的稳定，靠近地面的部分往往大而重，而在上面的部分则小而轻，例如，山、土坡等。从这些物理现象中，人们就产生了重心靠下，地面积大可以获得稳定感的概念。园林景观布局中稳定的概念，是指园林景观建筑、山石和园林植物等上大下小所呈现的轻重感的关系而言。

在园林景观设计布局上，往往在体量上采用下面大，向上逐渐缩小的方法来取得稳定坚固感，我国古典园林景观中的高层建筑如颐和园的佛香阁、西安的大雁塔等，都是通过建筑体量上由底部较大而向上逐渐递减缩小，使重心尽可能降低，以取得结实稳定的感觉。另外在园林景观建筑和山石处理上也常利用材料、质地所给人的不同的重量感来获得稳定感。如园林景观建筑的基部墙面多用粗石和深色的表面处理，而上层部分采用较光滑或色彩较浅的材料。在带石的土山上，也往往把山石设置在山麓部分而给人以稳重感。

## 5.4 比拟与联想

联想、象征是艺术创作中常常运用的手法。园林景观艺术不能直接描写或者刻画生活中的人物与事件的具体形象，因此比拟联想手法的运用，就显得更为重要。人们对于园林景观形象的感受与体会，常常与对一定事物的美好形象的联想有关，比拟联想到的东西，比园林景观本身深远、广阔、丰富得多，给园林景观增添了无数的情趣。园林景观构图中经常运用的比拟联想有如下几个方面。

### 5.4.1 自然风景产生的联想

概括祖国名山大川，模拟自然山水风景，创造“咫尺山林”的意境，使人有“真山真水”的感受，若处理得当，使人面对着园林的小山小水产生“一峰则太华千寻，一勺则江湖万里”的联想，这是以人力巧夺天工的“弄假成真”。

我国园林景观设计在模拟自然山水手法上有独到之处，善于综合运用空间组织、比例尺度、色彩质感、视觉感受等，使一石有一峰的感觉，使散置的山石有平岗山峦的感觉，使池水有不尽之意，犹如国画“意到笔未到”，给人联想无穷。

### 5.4.2 植物产生的联想

运用植物的姿态、特性和我国传统，赋予这些植物拟人化的品格，给人以不同感染，产生比拟和联想。如“松、竹、梅”有“岁寒三友”之称，“梅兰竹菊”有“四君子”之称。另外，柳象征强健灵活、适应环境，枫象征不怕艰难困苦、晚秋更红，荷花象征廉洁朴素、出淤泥而不染，象征欣欣向荣、大地回春等。这些园林植物，常是诗人画家吟诗作画的好题材，在园林绿地中适当运用，也会增色不少。

### 5.4.3 建筑、雕塑产生的联想

园林景观建筑、雕塑造型常与历史事件、人物故事、神话小说、动植物形象相联系，能使人产生艺术联想。如蘑菇亭、月洞门、水帘洞、天女散花等使人犹入神话世界。雕塑造型在我国现代园林中应该加以提倡，它在联想中的作用特别显著。

### 5.4.4 访古探寻产生的联想

如把传说、典故、历史事件等增添于风景中，往往可以把实景升华为意境，令人浮想联翩。又如题名、题咏、题诗等也能丰富人们的联想，提高风景游览的艺术效果。

总之，园林景观艺术是一项综合性艺术，在设计中并不是采用某一种构图手法就可以达到完善的结果，而是需要综合运用各种手法，方能达到最佳的艺术效果。

思考题

1. 在园林景观设计构图中，处理主从关系的方法有哪几种？试举例说明。
2. 举例说明拟态韵律在园林景观设计构图中的运用。
3. 为什么说“对比与调和”是园林艺术构图景观设计中一对矛盾的统一体？

# 6

# 园林赏景及造景

赏景方式与造景手法是从事园林设计工作必须掌握的重点内容，游人的赏景依赖设计师对景的营造，同样，设计师对景的营造也要重点考虑人的赏景方式，只有综合考虑、灵活运用赏景方式及造景手法才能组织出令人流连忘返的园林绿地。

# 6.1 园林赏景

## 6.1.1 赏景的视觉规律

### (1) 视点、视距、视角

通过眼睛来欣赏景观是游人赏景的主要方式。游人观景时所处的位置称为观赏点或视点。

观赏点与被观赏景物之间的距离，称为观赏视距。正常人的清晰视距为25～30米，明确看到景物细部的距离为30～50米，能识别景物的视距为250～270米，能辨认景物轮廓的视距为500米，能明确发现物体的视距为1300～2000米。

视距的角度称为视角。正常人的静观视场，垂直视角为130°，水平视角为160°。

由于人的视觉特点，不同的观赏视距、不同的视角会产生不同的艺术效果。

### (2) 最佳视角与视距

根据专家的研究，通常垂直视角为26°～30°、水平视角为45°时观景效果较好，能够获得清晰、完整的构图。

若假设：DH为垂直视角下的视距；H为景物高；h为人眼高；α为垂直视角；

DW为水平视角下的视距；W为景物宽；β为垂直视角。

则最佳视距与景观高度或宽度的关系可用下面两个公式表示：

$DH=(H-h)\mathrm{ctg}\alpha/2=\mathrm{ctg}(30/2)(H-h)=\mathrm{ctg}15(H-h)=3.7(H-h)$；

$DW=W/2\mathrm{ctg}\beta=W/2\mathrm{ctg}(45/2)=1.2W$

由于景物垂直方向的完整性对构图影响较大，若DH与DW不同时，应在保证DH的前提下适当调整以满足DW 。

### (3) 景物与在不同视距（视角）下的观赏特点

有专家研究表明，观赏景物有三个特别的视距（视角）。

①在仰角为18°时，即在3倍景物高度的视距时，是最佳的观看景物的全貌及景物与周围环境的关系的地方。

②在仰角为27°时，即在2倍景物高度的视距时，是最佳的观看景物的主体的地方。

③在仰角为45°内，即在1倍景物高度的视距内，能看清景物的局部或细部。

## 6.1.2 赏景的方式

景是用来供人游览观赏的，不同的游人会采取不同的游览观赏方式，不同的观赏方式会产生不同的观赏效果，从而给人不同的心理体验。

从动与静的角度来看，赏景可分为动态观赏与静态观赏。

### (1) 动态观赏与静态观赏

①动态观赏

是指游人在沿道路交通系统的行进过程中对景物的观赏，诸如通过步行、乘车、坐船、骑马等方式来观赏景物时，就是动态观赏。由于动态观赏主要是沿道路交通系统的行进路线进行的，因而，行进路线两侧的景观要注重整体的韵律与节奏的把握（图6-1），要注重景物的体量、天际线的设计。此外，由于步行不同于乘车、坐船这些游览方式，它的速度较慢，游人还往往会留意到景物的细节，所以，游步道两侧的景物更要注重细节的设计（图6-2），为了给人不同的视觉体验和心理感受，应在统一性的前提下注重景观的变化。

图6-1 道路两侧的景观注重整体的韵律与节奏

图6-2 游步道两侧的景物更要注重细节的设计

②静态观赏

静态观赏是指游人停留下来，对周边景物进行观赏。静态观赏多在一些休息区进行，如亭台楼阁等处。此时，游人的视点对于景物来说是相对不变的，游人所观赏的景物犹如一幅静态画面。因而，静态观赏点（多为亭台楼阁这类休息建筑、设施）往往布置在风景如画的地方，从这里看到的景物层次丰富、主景突出（图6-3），所以，静态观赏的地方往往也是摄影和绘画写生的最佳地方。

在设计景园时，要合理的组织动态观赏和静态观赏，游而无息使人精疲力竭，息而不游又失去游览意义。因此，应该注意动静结合。

图6-3 静态观赏点要形成好的构图

从视线与地平面的关系来看，赏景可分为平视、仰视、俯视观赏。

### （2）平视、仰视、俯视观赏

①平视观赏

是指以视平线与地平面基本平行的一种观赏方式，由于不用抬头或低头，较轻松自由，因而是游人最常采用的一种赏景方式，且这种方式透视感强，有较强的感染力（图6-4）。

另外，平视观赏容易形成恬静、深远、安宁的效果。很多的休疗养胜地多采用平视观赏的方式（图6-5）。

图6-4　平视观赏

图6-5　平视观赏

②仰视观赏

是指观赏者头部仰起，视线向上与地平面成一定角度。因此，与地面垂直的线产生向上的消失感，容易形成雄伟、高大、严肃、崇高的感觉。很多的纪念性建筑，为了强调主体的雄伟高大，常把视距安排在主体高度的一倍以内，通过错觉让人感到主体的高大（图6-6）。

图6-6　仰视观赏

③俯视观赏

是指景物在视点下方，观赏者视线向下与地平面成一定角度的观赏方式。因此，与地面垂直的线产生向下的消失感，容易形成深邃、惊险的效果。易产生“会当凌绝顶、一览众山小”的豪迈之情，也易让人感到胸襟开阔（图6-7）。

图6-7　俯视观赏

# 6.2 园林景观设计的造景方式

园林设计离不开造景，如面临的是美丽的自然风景，首要的就是通过造园的手法展现自然之美，或借自然之美来丰富园内景观；若是人工造景，可遵循中国传统造园的一个重要法则——“师法自然”，这就需要设计师匠心巧用、巧夺天工，从而达到虽由人作、宛自天开的效果。

常用的造景方式有以下几种。

## 6.2.1 主景与配景

景宜有主景与配景之分，主景是园林设计的重点，是视线集中的焦点，是空间构图的中心；配景对主景起重要的衬托作用，所谓“红花还得绿叶衬”正是此道理。

在设计时，为了突出重点，往往采用突出主景的方法，常用的手法有：

①主景（主体）升高（图6-8）。

②轴线焦点。即将主景置于轴线的端点或几条轴线的交点上。

③空间构图重心。即将主景置于几何中心或是构图的重心处。

④向心点。诸如水面、广场、庭院这类场所具有向心性，可把主景置于周围景观的向心点上。例如水面有岛，可将主景置于岛上。

图6-8　主景升高

## 6.2.2 层次与景深

景观就空间层次而言，有前景、中景、背景之分，没有层次，景色就显得单调，就没有景深的效果。这其实与绘画的原理相同，风景画讲究层次，造园同样也讲究层次。一般而言，层次丰富的景观显得饱满而意境深远。中国的古典园林堪称这方面的典范（图6-9）。

图6-9　丰富的层次

### 6.2.3 敞景与隔景

图6-10　敞景手法的运用

敞景即景物完全敞开，视线不受任何约束。敞景能给人以视线舒展、豁然开朗的感受，景观层次明晰，景域辽阔，容易获得景观整体形象特征，也容易激发人的情感（图6-10）。

隔景即借助一些造园要素（如建筑、墙体、绿篱、石头等）将大空间分隔成若干小空间，从而形成各具特色的小景点。隔景能达到小中见大、深远莫测的效果，能激起游人的游览兴趣。隔景有实隔、虚隔和虚实并用等处理方式。高于人眼高度的石墙、山石林木、构筑物、地形等的分隔为实隔，有完全阻隔视线、限制通过、加强私密性和强化空间领域的作用。被分隔的空间景色独立性强，彼此可无直接联系。而漏窗洞缺、空廊花架、可透视的隔断、稀疏的林木等分隔方式为虚隔。此时人的活动受到一定限制，但视线可看到一部分相邻空间景色，有相互流通和补充的延伸感，能给人以向往、探求和期待的意趣。在多数场合中，采用虚实并用的隔景手法，可获得景色情趣多变的景观感受（图6-11）。

图6-11　隔景手法的运用

### 6.2.4 借景

明代计成在《园冶》中强调“巧于因借”。就是说要通过对视线和视点的巧妙组织，把园外的景物“借”到园内可欣赏到的范围中来。借景能拓展园林空间，变有限为无限。借景因视距、视角、时间的不同而有所不同，常见的借景类型有：

#### （1）远借与近借

远借就是把园林景观远处的景物组织进来，所借物可以是山、水、树木、建筑等。如北京颐和园远借玉泉山之塔（图6-12）及西山之景。

图6-12 远借

近借就是把邻近的景色组织进来（图6-13）。周围环境是邻借的依据，周围景物只要能够利用成景的都可以借用。

（2）仰借与俯借

仰借是利用仰视借取的园外景观，以借高景物为主，如北京的北海港景山（图6-14）。

俯借是指利用居高临下俯视观赏园外景物，登高四望，四周景物尽收眼底。可供所借景物很多，如江湖原野、湖光倒影等（图6-15）。

（3）因时而借

是指借时间的周期变化，利用气象的不同来造景。如春借绿柳、夏借荷池、秋借枫红、冬借飞雪；朝借晨霭、暮借晚霞、夜借星月。如图6-16所示西湖十景之一的"断桥残雪"就是很好的应时而借的实例。

（4）因味而借

主要是指借植物的芳香，很多植物的花具芳香，如含笑、玉兰、桂花等植物。设计时可借植物的芳香来表达匠心和意境。

图6-13 近借

图6-14 仰借

图6-15 俯借

图6-16 应时而借

### 6.2.5 框景与漏景

框景就是利用窗框、门框、洞口、树枝等形成的框，来观赏另一空间的景物。由于景框的限定作用，人的注意力会高度集中在其框中画面内，有很强的艺术感染力（图6 17）。

漏景是在框景的基础上发展而来，不同的是漏景是利用窗棂、屏风、隔断、树枝的半遮半掩来造景。框景所形成的景清楚、明晰，漏景则显得含蓄（图6-18）。

图6-17 框景手法的运用

图6-18 漏景手法的运用

### 6.2.6 对景

即两景点相对而设，通常在重要的观赏点有意识地组织景物，形成各种对景。其重要的特点：此处是观赏彼处景点的最佳点，彼处亦是观赏此处景点的最佳点。

如留园的明瑟楼（图6-19）与可亭（图6-20）就互为对景，明瑟楼是观赏可亭的绝佳地点，同理，可亭也是观赏明瑟楼的绝佳位置。

图6-19 从可亭看明瑟楼

图6-20 从明瑟楼看可亭

### 6.2.7 障景

障景即是那些能抑制视线、引导空间转变方向的屏障景物。起着“欲扬先抑，欲露先藏”的作用。像建筑、山石、树丛、照壁等可以用来作为障景。如图6-21就是利用山石结合植物的屏障景物。

图6-21 障景

### 6.2.8 夹景

夹景就是利用建筑、山石、围墙、树丛、树列形成较封闭的狭长空间，从而突出空间端部的景物。夹景所形成的景观透视感强，富有感染力（图6-22）。

图6-22 夹景

### 6.2.9 点景

即在景点入口处、道路转折处、水中、池旁、建筑旁，利用山石、雕塑、植物等成景，增加景观趣味（图6-23、图6-24）。

图6-23 点景——石头

图6-24 点景——枯枝与石头的组合

### 6.2.10 题咏

中国的古典园林常结合场所的特征，对景观进行意境深远、诗意浓厚的题咏，其形式多为楹联匾额（图6-25）、石刻等形式。

图6-25 园林题咏

如济南大明湖亭所题的“四面荷花三面柳，一城山色半城湖”，沧浪亭的石柱联“清风明月本无价，近水远山皆有情”，等等。

这些诗文不仅本身具有很高的文学价值、书法艺术价值，而且还能起到概括、烘托园林主题、渲染整体效果，暗示景观特色、启发联想，激发感情，引导游人领悟意境，提高美感格调的作用，往往成为园林景点的点睛之笔。

# 6.3 园林空间及其形式处理

对于空间，老子说得很妙："埏埴以为器，当其无，有器之用。凿户牖以为室，当其无，有室之用。故有之以为利，无之以为用。"意思是说：糅合陶土做成器皿，有了器具中空的地方，才发挥了器皿的作用。开凿门窗建造房屋，有了门窗四壁内的空虚部分，才发挥了房屋的作用，所以，"有"给人便利，"无"发挥了它的作用。

对于建筑空间而言，它是由地板、墙壁、天花板三个要素所限定的。而对于室外的园林空间这一类外部空间而言，由于缺少了天花板这一要素，它大多时候是由地面和"墙壁"（建筑的外墙、起伏的地形、绿篱、景墙、树丛发挥着墙壁的作用）这两个要素所限定的，或由地面这一要素单独界定的，当然，也有三个要素共同限定的空间，例如植物的树冠很大时，就发挥着天花板的作用。

图6-26　由地毯界定出的空间

估计大家都有这样的体会，我们在日常生活中，经常无意识的在创造空间。例如：一家人在户外的草地上享受温暖的太阳，当你铺上一张毯子时，一下子就从自然当中界定出一块属于你家庭的空间（图6-26），收掉毯子时，属于你家庭的这种空间感便消失了；再如：一群观众围住一个表演乐器的人，那么便产生了以表演者为中心，以观众为边界的观演空间，当表演结束观众散去，这个观演空间也就消失了。

园林设计的核心就是利用各种造园要素，在满足功能要求、审美要求的基础上，配合四季的变化、昼夜的更替以及雨露霜雪等气候条件去创造适宜的空间，再结合空间内特有的物质要素，去构成具有特定意义的园林场所（这又回到了绪论中所提到的场所的概念），从而达到满足人们不同的休闲需求的目的。

## 6.3.1 园林空间的类型

### （1）据空间的开敞或围合程度来看

根据空间的封闭或开敞程度来看，园林空间可分为开敞空间、围合空间、半开敞半围合空间、覆盖空间、封闭空间（或者从空间的开放或私密程度来看，园林空间可分为开放空间、私密空间、半开放半私密空间）。

①开敞空间

在空间内，人可以较自由的活动，人的视线可以较自由的延展到远处，空间基本上是敞开的，不被周边的物体所遮挡（若是被外围物体所遮挡这种情况，空间的宽度或长度达到外围物体高度的3倍以上）。

这种空间往往给人开阔明朗的感觉，人们往往喜欢在这类空间中（图6-27、图6-28）进行聚会、集散、表演、交谈、健身等活动。

图6-27 开敞空间

图6-28 开敞空间

②围合空间

指四周被围合，顶部开敞的空间。这类空间有两大特征：一方面，内部人的视线被周围物体遮挡，视线不易分散，容易安定情绪；另一方面，外部视线不易进入，人的行为不易受到干扰（图6-29）。

图6-29 围合空间

图6-30 半开敞半围合空间

③半开敞半围合空间

这类空间的特征介于开敞空间和封闭空间之间，表现为某些方位是开敞性的，某些方位又是围合的（图6-30）。

从行为心理学角度来看，这类空间由于有一定的围护，能够满足人的庇护的需求；同时由于某些方位是开敞的，因而又能满足瞭望的需求，所以也很受人青睐。

④覆盖空间

指顶部被遮盖，四周开敞的空间，这种空间能避免太阳的直射，起到很好的遮荫效果，同时，视线可以向四周扩散，能够很好地取得与外部其他空间的联系（图6-31）。

图6-31 覆盖空间

图6-32 封闭空间

⑤封闭空间

这类空间四周及顶部均被封闭，有极强的私密感，如图6-32所示，由于四周有建筑的墙壁，顶部被大乔木的树冠所覆盖，所以形成了极为封闭的空间。自然界当中也有这种但也有，例如，由茂密的植物形成类似于森林那样的效果，那么，顶部就可由树冠覆盖，四周则由乔木的枝叶、灌木所围合。

**（2）从边界的明确度、计划性的强弱来看**

从边界的明确度、计划性的强弱来看，园林空间可分为积极空间、消极空间、半积极半消极空间。或者说是向心空间、离心空间、半离心半向心空间。

①积极空间

是指边界明确，根据特定目的，能够满足特定功能的空间，这类空间的针对性、计划性强，它首先需要确定外围边界，然后在边界以内去整理空间秩序。因而这类空间具有较强的收敛性、向心性，是一种积极空间。

②消极空间

是指边界含糊，自然产生的，计划性弱或无计划性的空间，这类空间由于没有明确的外围边界，因而这类空间具有较强的扩散性、离心性，是一种消极空间。

③半积极半消极空间（灰空间）

这类空间的特征介于积极空间和消极空间之间，也可以说是两者之间的过渡空间，它一方面导向收敛性的、向心的积极空间，另一方面又导向扩散性的、离心的消极空间。作为过渡空间，借用生态学的一个名词，它具有边界的效应和功能。

图6-33　从边界的明确度、计划性的强弱来认识空间

下面举例来说明这三类空间。例如：一座按照预订方案规划的城市可以看作是一个积极空间，而它外围的无限延展的自然界可以看作是消极空间，而作为两者之间过渡的郊区可以看作是半积极半消极空间。再以下图（图6-33）为例，木质休息屋可以看成是积极空间，外面橘红色景墙到木屋外墙部分可以看成是半积极半消极空间（灰空间），而最外围的自然树林可以看成是消极空间。同样，图6-34所示也是这种情况。

图6-34 从边界的明确度、计划性的强弱来认识空间

但是，这种积极空间或消极空间都是相对而言的，尺度不同、参照系统不同，它的空间类型也不同。例如，某人在公园茶庄的某一茶室喝茶，对此人而言，这个茶室是积极空间，茶庄其他茶室以及茶庄的庭院是消极空间；而假设这人到茶庄的庭院漫步，那么整个茶庄就可以考虑成积极空间了，而茶庄外部的公园其他部分则成了消极空间；再假设这人到公园去休闲，那么公园就可以考虑成积极空间了，而公园外部的街道等其他部分则成了消极空间。

**（3）从其他角度来看**

按照空间的尺度分为：大空间、小空间、中等空间。

按照空间的形状来看，有细而长的空间、阔而宽的空间、高而窄的空间、凹形空间、凸形空间等等。或根据是规则形还是自然形分为：规则形空间、自然形空间、混合形空间。

### 6.3.2 功能与园林空间形式

从哲学层面上来看：内容决定形式，而功能作为人们建造园林的一个重要目的，理所当然的是构成园林内容的一个重要方面。因而，可以这么来理解：功能对于形式起着重要的决定作用。功能存在差异，空间形式也必定存在差异。换句话说，就是功能对于空间形式具有制约性。所以，在处理空间时一定要重点考虑到功能。

**（1）功能对于单个园林空间形式的制约性**

针对单个园林空间而言，功能对于空间的制约主要表现在三个方面：尺度、形状、质。

①空间的尺度

使用功能不同，所要求的尺度肯定不同，例如：一个集散的广场和一个供人沉思的静谧休闲区相比，从面积的角度来看，前者通常达到上千平方米，而后者最多几十平方米。

②空间的形状

功能对于空间的形状同样具有制约性，例如：一个纪念性的园林往往需要规则的形状，而一个儿童游乐场往往需要不规则的、自由活泼的形状。

③空间的质

所谓空间的质，涉及日照、通风、交通等条件的优劣。不同的功能对于空间的质的要求也是不同的。例如，一个晨练的空间对东侧的要求比较高，最好能有柔和的阳光从东侧进入，所以东边需敞开；而一个空间如果要避免西晒的话，需要在西侧布置高地形或种植高大的植物。如果一个空间的公共性要强，那么就需要设计成开敞空间，如果一个空间的私密性要强，那么就要设计成较封闭的空间。

**（2）功能对于多个园林空间组合形式的制约性**

针对多个园林空间的组合而言，功能对于空间的组合形式的制约性表现在哪里呢？

我们知道，很多园林是多功能的，例如公园，具有休闲、娱乐、教育、健身、运动等多种功能。为了满足不同的功能要求，就需要设计多个园林空间。那么功能对于多个园林空间组合形式是如何制约的呢？我们回到对空间起制约作用的功能，不同的功能之间存在着三种类型的关系：兼容的、不相容的、需要分隔的。例如：在公园的各功能中，运动和健身这两个功能联系紧密，可以说是兼容的，而运动和科普展览这两个功能联系不相关，甚至运动对科普展览还存在着干扰性，可以说是不相容的。因此，在组织空间时，必定应将功能上兼容的、联系紧密的空间布置在相邻位置，而功能上不兼容的、联系不紧密的空间应该远离布置。

从上述分析可知：功能联系特点对于多空间的组合形式具有制约性。因此，在处理园林空间的组合形式时，一定要重点考虑到功能联系特点。

从逻辑学的角度，根据功能联系特点，多空间的组合形式主要有以下几种（图6-35）：序列型、分枝型、中心型、网络型。

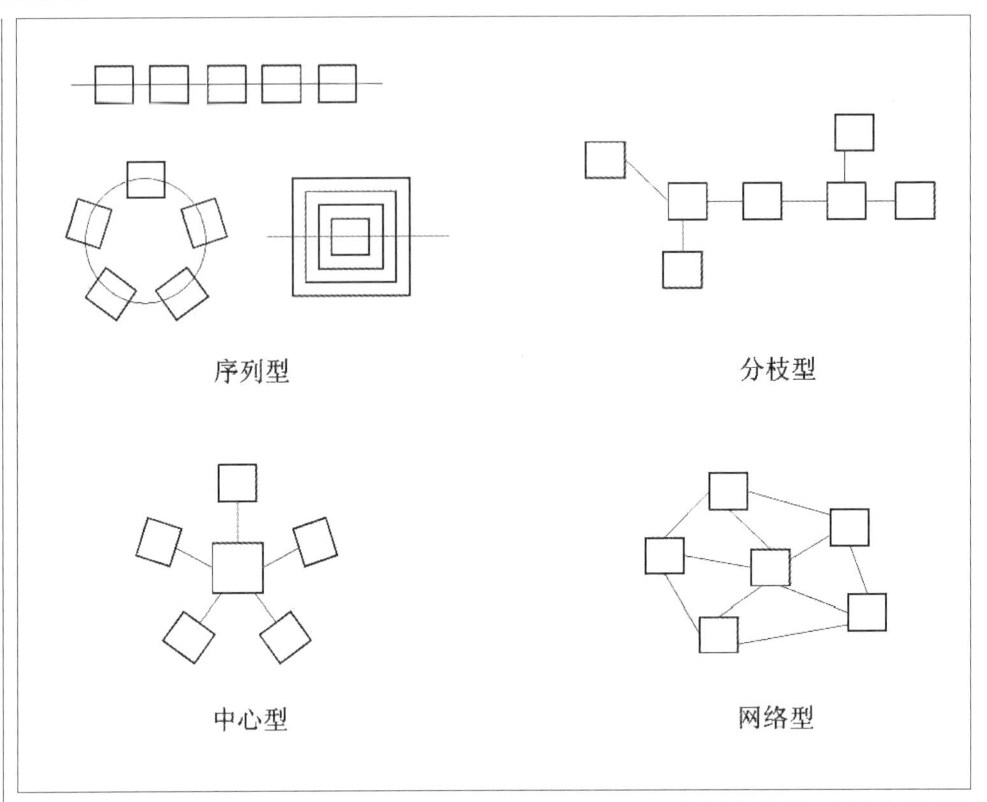


图6-35 根据功能联系特点的多空间组合形式

### 6.3.3 艺术性与园林空间形式

所谓艺术性是指事物不仅要通过其外在形式表现出美感，而且要通过它的艺术形象深刻地表现出某种思想内容，要能够给人强烈的艺术感受，使人产生感情上的共鸣。

对于园林空间而言，不仅要满足功能的要求，而且要具备美的形式和艺术感染力，以满足人们的视觉审美需求和精神感受的需求。

下面就从人的艺术性方面来探讨单个园林空间以及多个园林空间组合的形式处理。

#### (1) 单个园林空间的形式处理

①空间的尺度

针对园林空间这种外部空间的尺度设计，日本建筑师、景观设计师芦原义信根据其研究曾经提出过两个著名的假说：

第一条假说是：外部空间可采用内部空间8-10倍的尺度，称之为“one-tenth theory”。

他提出：日本式建筑四张半席的空间是小巧、宁静、亲密的空间，如果要在外部空间也获得如此的空间感受，宜将尺寸扩大到8～10倍。即长、宽都约在2.7×（8～10）＝21.6～27米范围内的外部空间被认为是较亲密、舒适的外部空间。我们可以发现这个尺度正好是人们可以互相识别对方脸部的距离。

日本式建筑八十张席房间（7.2米×18米）和一百张席房间（9米×18米）是传统的宴会大厅的俗称，这一尺度的空间是按照联欢、聚餐来考虑的。如果要在外部也获得这样的愉悦、欢快的空间氛围，宜将尺寸扩大到8～10倍，则为：

| | |
|---|---|
| 8倍八十张席房间 | 57.6米×144米 |
| 8倍一百张席房间 | 72米×144米 |
| 10倍八十张席房间 | 72米×180米 |
| 10倍一百张席房间 | 90米×180米 |

它与欧洲大型广场的平均尺度58米×140米大致相同。这可成为我们设计大型园林空间的一个尺度参照。

第二条假说是：外部空间可采用一行程为20～25米的模数，称之为外部模数假说。

20～25米是人们可以互相识别对方脸部的距离。芦原义信认为每20～25米应该要么有高差的变化，要么有材质的变化，要么有节奏的变化，等等。这种手法可以打破大空间的单调感，容易使空间生动起来。是一种使外部空间接近人的视觉尺度的一种假说。

②空间的形状

空间的形状不同，给人的感受也不同。例如，细而长的空间有深远感，让人产生向前的驱动力，诱导出一种期待和寻求的情绪（图6-36）；低而宽的空间使人产生向四周延展的感觉（图6-37）。四周高中央低的外部空间让人产生一种向心、内聚的感觉（图6-38）；四周低中央高的外部空间从远处看能吸引人的视线，能够成为环境中的焦点，但是如果置身于这样的空间中，又自然的感到一种外向性，让人产生一种向四周扩散的感觉（图6-39）。

图6-36 细而长的空间有深远感

图6-37 低而宽的空间有扩展感

图6-38 四周高中央低的外部空间有内聚的感觉

图6-39 四周高中央低的外部空间

③空间的围、透处理

从艺术性的角度来看，空间的围、透也很有讲究。如果场地某侧有优美的环境，应当采取透的方法，如果某侧视觉效果差，应当采取围的方法。通过围、透的处理能够有计划地将人的视线引向美好的风景，从而增加空间的艺术感染力。

（2）空间组合的形式处理

人们在使用园林的时候，不可能只使用一个空间而不牵涉到其他的空间。人们会沿着道路系统经过 系列的空间，因而，多空间组合的艺术感染力也显得尤为重要。多空间组合的艺术性处理可归纳成以下几个方面。

①空间的对比与变化

两个相邻的空间，在满足各自功能要求的情况下，如果通过巧妙的处理，使两者存在着强烈的对比，那么就能够显现出各自的特点，使人在心理上产生一种突变的快感。在园林设计中，常用的空间对比手法有：大小的对比、形状的对比、开敞与封闭的对比。

②空间的重复与再现

空间的重复能够得到较好的秩序，但是，如果处理不当，往往会让人感到单调乏味，但是若在重复中又考虑到变化，即将相同的空间分隔开或分散于各处，通过这种再现的手法，使重复空间不是相邻的出现，而是交替的出现，那么人们就不能一眼就看出它的重复性，而是通过回忆才能感受到空间的再现，这样也能获得较强的韵律与节奏感。

③空间的衔接与过渡

空间的衔接与过渡处理对于两个相邻的大空间显得尤为重要，如果没有衔接和过渡，往往使人感到突然。如果在两个空间之间布置一个像建筑的门廊——联系建筑内部与外部的这类过渡空间（灰空间）的话，就不会显得突然。它一方面可以起到空间的收束作用，另一方面有可以用来加强空间序列的抑扬顿挫的节奏感。

过渡性的空间可以没有具体的使用功能，相对它所衔接的两个空间要尽量小一些，应该兼具两个相邻空间的特点。

④空间的渗透与层次

空间与空间之间如果彼此没有渗透，那么人的视线就会被限制，空间的层次感就会很弱。如果空间彼此渗透，相互因借，空间的变化就多，层次感就强（图6-40）。

图6-40　空间的渗透

⑤空间的引导与暗示

受道家哲学思想的影响，中国的传统园林讲究含蓄，因而特意将一些景点布置在比较隐蔽的地方而避免一览无余，这就需要在空间处理时对人流加以引导和暗示。例如通过蜿蜒的道路、汀步（图6-41）、踏步（图6-42）、弯曲的景墙、有强烈方向性的地面铺装等处理手法。

图6-41 空间的引导与暗示

图6-42 空间的引导与暗示

⑥空间的序列与节奏

人们在欣赏园林的时候，需要一个空间接着一个空间去浏览，是一个动态的、连续的时空过程，当逐一地看到各个空间后才能形成整体的空间印象。

空间的序列和节奏实际上是针对全局的空间处理而言的，相对于上述几种手法，它是处于统筹、支配、协调的地位。

空间序列的组织就如同谱写一曲优美的乐曲或编排一部动人的戏剧。既要协调一致，又要充满变化，要有起有伏、有开有合、有收有放、有抑有扬、有高潮有低潮、有重点有一般、有发展有转折，也就是要具有鲜明的节奏感（图6-43），就得借助前面所提到的空间的对比与变化、空间的重复与再现、空间的衔接与过渡、空间的渗透与层次、空间的引导与暗示这些手法来实现。

图6-43 空间序列的组织要有节奏感

组织空间序列，离不开交通的组织，而交通有主要交通和次要交通，主要交通所联系的空间犹如多声部乐曲中的主旋律，次要交通所联系的空间犹如多声部乐曲中的和声伴奏，这样才能在空间处理上相得益彰。

借助戏剧的艺术处理手法，空间节奏的处理可用如下的方法：

起始空间——发展空间——过渡空间——高潮空间——过渡空间——收尾空间。

当然，这种处理手法是建立在满足功能的基础上。我们应该依据具体的功能、造园的目的、园林的大小等来选择空间的形式及空间节奏的处理方法。

### 思考题

1. 谈一谈在外旅游时，如何进行赏景。
2. 试结合造景的方式来分析校园景观或某一公园景观。
3. 试对某一公园进行空间分析。

# 7

# 园林景观布局

# 7.1 园林景观立意及意境营造

## 7.1.1 园林景观立意

园林景观立意是指园林景观设计的总意图，即设计思想。无论中国的帝王宫苑、私人宅园，或国外的君主宫苑、地主庄园，都反映了园主的指导思想。

### (1) 神仪在心，意在笔先

晋代顾恺之在《论画》中说："巧密于精思，神仪在心。"即绘画、造园首先要认真考虑立意，"意在笔先"。园林景观"立意"与"相地"是相辅相成的两方面。《园冶》云："相地合宜，构园得体。"这是明代计成提出的理论，他把园林景观"相地"看作是园林景观设计成败的关键。古代"相地"，即造园园址的选择，其主要含义为，园主经多次选择、比较，最后"相中"认为理想的地址。园主在选择园址的过程中，已把他的造园构思与园址的自然条件、社会状况、周边环境等诸多因素作了综合的比较、筛选。因而，不难看出相地与立意，或立意与相地是不可分割的，是园林景观设计创作过程中的前期工作。

### (2) 情因景生，景为情造

造园的关键在于造景，而造景的目的在于展示园林景观设计师对造园目的与任务的认识，激发人的思想情感等。所谓园林景观富有"诗情画意"，即造园不仅要做到景美如画，同时还要求达到情从景生、富有诗意，能触景生情。"情景名为二，而实不可离。神于诗者，妙合无垠，巧者则有情中景，景中情。"（王夫之《姜斋诗话》）苏州古典园林沧浪亭，其园内土阜最高处有一座四方亭，其上对联为"清风明月本无价，近水远山皆有情"。正是这"清风明月"和"近水远山"美景激发起诗人的情感。

可见，园林景观设计创作过程中，园址的选择，或依据基地条件来确定园林景观设计主题思想，创造园景这几个方面是不可分割的有机整体。而造园的"立意"，或称之为"构思"，最终要通过具体的园林景观设计艺术得以实现。

## 7.1.2 园林景观设计意境的概念

园林景观意境：通过园林景观的形象所反映的情意使游赏者触景生情，产生情景交融的一种艺术境界。

园林景观的意境是借助于实际景物与空间构成的，它不是一个孤立的景象，也不是一座单独的建筑或一片有限的水面，而是要境生象外，情景交融，有景外之景，这样才能够给游者更丰富的美的信息与感受。同时，中国园林景观意境与文学绘画有着密切联系，文学绘画艺术的合理运用往往能够起到画龙点睛之功效。

园林景观意境这个概念的思想渊源可以追溯到东晋时期。当时的文艺思潮是崇尚自然，出现了山水诗、山水画和山水游记。园林景观创作在这个时期也发生了转折，从以建筑为主体转向以自然山水为主体；以夸富尚奇转向以推崇文化素养的自然流露为园林景观设计的主导思想，因而产生了园林景观意境这个概念。如东晋简文帝入华林园，对随行的人说："会心处不必在远，翳然林水，便有濠濮间想"，可以说已领略到园林景观的意境了。

两晋南北朝时期的陶渊明、王羲之、谢灵运、孔稚圭，唐宋时期的王维、白居易、柳宗元、欧阳修等都是园林景观意境创作的代表人物。陶渊明用"采菊东篱下，悠然见南山"来体现恬淡的意境。山水诗人王维营建了被誉为"诗中有画，画中有诗"的辋川别业。以后元、明、清的园林景观创作大师如倪云林、计成、石涛、张涟、李渔等人都是集诗、画、园林景观设计诸多方面艺术修养于一身，发展了园林景观意境创作的传统，力创新意，作出了很大贡献。

### 7.1.3 园林景观意境的特征

园林景观设计是自然的一个空间境域，园林景观意境寄情于自然物及其综合关系之中，情生于境而又超出由之所激发的境域事物之外，给感受者以遐想的空间。当客观的自然境域与人的主观情意相统一、相激发时，才产生园林景观意境。其特征可作如下阐明：园林景观是一个真实的自然境域，其意境随着时间的变化而演替变化。这种时序的变化，园林景观设计中称"季相"变化；朝暮的变化，称"时相"变化；有生命植物的变化，称"龄相"变化；阴晴风雨霜雪烟云的变化，称"气象"变化；还有物候变化等，这些都使产生意境的条件随之不断变化。在意境的变化中，要以最佳状态而又有一定出现频率的情景为意境主题。最佳状态的出现是短暂的，但又是不朽的，即《园冶》中所谓"一鉴能为，千秋不朽"。如杭州的"平湖秋月"、"断桥残雪"，扬州的"四桥烟雨"等，只有在特定的季节、时间和特定的气候条件下，才能充分发挥其感染力。这些主题意境的最佳状态，从时间上来说虽然短暂，但受到千秋赞赏。中国园林景观设计艺术是自然环境、建筑、诗、画、楹联、雕塑等多种艺术的综合。园林景观意境来自于园林景观境域的综合艺术效果，给游赏者以情意方面的信息，唤起以往经历的记忆联想，生出物外情、景外意之感。不是所有园林景观都具备意境，更不是随时随地都具备意境，然而有意境的园林景观更耐人寻味，更能让人引起兴趣产生深刻印象。所以意境是中国千余年来园林景观设计的名师巨匠所追求的核心，也是使中国园林景观具有世界影响的内在魅力。

### 7.1.4 园林景观意境的营造

意境是指中国古代艺术创作中借助形象传达的意蕴和境界，尤其在诗词、绘画创作中，有无意境和意境的高低成了评价作品好坏的重要标准。以古代绘画而论，艺术家在其作品中，不仅要描绘客观世界有形的“物境”，而且要通过其描绘的形象表达某种思想和情感，古代人称之为“情境”，也就是意境。在古典园林景观中，同样讲究和追求意境，尤其是文人园林景观中，清风明月、浅池碧水、莲荷翠竹都是园林景观重要的构成部分。这种能让人感受到雅趣、旷远、疏朗、清新风格的园林景观成了园林景观中的上品。园主造园时，往往将某种精神追求寄托于园林景观中的景物，使观赏者在游览时能够触景生情，产生共鸣。因此，要想充分地领略园林景观艺术之美，一定要从整体意境着眼，了解其中蕴含的哲理和人生态度。

(1) 象征与比拟

孔子在《论语》中说：“仁者乐山，智者乐水。”这句话是用比拟和象征的手法，将不同形态的物体拟想为美德与智慧的化身，而这两种生命素质又代表了两种不同的人生志趣。

从这个意义上说，在园林景观中堆山开池不仅出于对自然之美的喜好，而且代表了对美德和智慧的向往与追求。秦始皇在咸阳引渭水作长池，在池中堆筑蓬莱神山以祈福，这种“水中筑岛造山”以象征仙岛神山的做法被后世争相效法。如汉朝长安城建章宫的太液池内也筑有三岛，唐长安城大明宫的太液池内筑有蓬莱山，元大都皇城内的太液池中也堆有三岛，清朝的圆明园中最大的水面福海堆有蓬岛瑶山、颐和园的昆明湖中亦堆有三座岛屿，可见后继者对山水象征意义的虔敬之心。

古人还把对儒家思想观念的重视投射到自然界的植物中。苍松遒劲强健、修竹挺拔有节、腊梅凌寒而放，它们的姿态、习性让人联想到高尚、纯洁、坚韧等精神品质。因此，中国文人将松、竹、梅称作“岁寒三友”，用以比喻高尚的人格，松、竹、梅也就成了中国诗词、绘画乃至园林景观设计中常用的载体。艺术家吟咏和描绘这些具体物象以自比，或表达对高尚品格的推崇。

(2) 追求诗情画意

园林景观的意境和风貌主要取决于园主的文化素养，这也是许多名园出自文人画家之手的原因，而著名的造园家几乎都擅于绘画，因为构园与吟诗作画有着相近的美学标准和精神追求。园林景观的建造常常出于文思，园林景观的妙趣更赖以文传，园林景观与诗文、书画彼此呼应、互相渗透、相辅相成。

自元朝以后，中国园林景观设计与绘画的关系几乎是不可分割的，造园技法与绘画技法相通，并集中运用于叠山和理水两方面。比如，叠山并不在规模上强求相似，而是遵循概括、提炼的原则，借助造石的技法来表现峰峦、绝壁、山洞等山峦形态，力求表现自然山峦的神态和意蕴。有一种做法是以土为冈，着重表现自然山峦中的局部景色，游人虽看不到完整的山峦，但能在想象中体会到群峰蔽日、层峦叠嶂的宏伟景象。这种叠山余韵悠悠，极大地拓宽了山石的表现力。而中国园林景观的水池以合乎自然为美，池岸多为自然曲折形状，岸边砌以不规整的块石，有的还种植芦荻，讲求自然情趣。数亩以上的水面，一般都有一片集中的水域，以体现镜湖烟波浩渺的气象。水面不大则以乱石为岸，并配植细竹野藤、朱鱼翠藻，虽是一泓池水，却能给人汪洋无尽的印象。

图7-1　苏州网师园殿春簃能满足文人多种文化活动的小院

园林景观不仅供人居住游赏，更寄托了园主的情趣爱好和人生追求。私家园林景观最能体现中国园林景观艺术的审美核心，又往往是文人雅士用以修心养性的处所，风格上追求淡泊宁静的闲适意味。园林景观之所以被视为一种高雅的艺术形式，也与其表现了园主良好的艺术修养和卓尔不凡的个性有关，于是对诗情画意的追求也就成了造园者最习以为常的出发点和归宿（图7-1）。而对诗词歌赋的运用只须看一看园林景观中的题咏就知道了——以典雅优美的字句形容景色，点化意境，是园林景观最好的"说明书"。好的题咏，如景点的题名、建筑上的楹联，不但能点缀堂榭、装饰门墙、丰富景观，还表达了造园者或园主人的情趣品位。

如果是在苏州园林景观中游赏，细心的游客一定会发现，即便是一个角落，也都能感受到图画美——开窗如果正对着白色的墙壁，就必有几竿竹子、几枝芭蕉点缀其间或叠以山石，以避免单调和直白。中国园林景观设计注重让粉墙的白色与整座园林景观丰富的色彩、光影、景观造型取得和谐纯净的效果，这也可以说是绘画技法在造园细节上的运用。简言之，画中寓诗情，园林景观参画意，诗情画意就成了构园的重要原则。济南大明湖有一副对联："四面荷花三面柳，一城山色半城湖"，高度概括了大明湖和济南城的景色（图7-2）。

园林景观设计师和建造者因地制宜，别出心裁地营建了许多园林景观，虽然各不相同，却在不同中有着一个共同点：游览者无论处于园林景观中的哪个点上，眼前总是一幅完美的图画。中国园林景观如此讲究近景远景的层次、亭台轩榭的布局、假山池沼的配合、花草树木的映衬，也正是为了营造诗情画意的境界。而要充分领略园林景观

图7-2　济南城中的大明湖

"入诗"、"入画"的意味，不仅要熟悉中国园林景观的常见手法和布局，还要用心体会风景背后精致、唯美的文化品位。

（3）汇集各地名胜古迹

无论是皇家园林景观还是私家园林景观，造园时引用名胜古迹是一个通用的做法，甚至同一个景点出现在不同的园林景观中，后人亦可从中挖掘出相同的文化历史底蕴。

中国的"五岳"是古时山岳的代表，山中都建有山岳庙，用以供奉和祭祀山神，亦是人类早期自然崇拜的遗存。苏州私家园林景观中常于庭前厅后立石峰五座以象征五岳，这种对山石的欣赏到清朝后期更为盛行，甚至将寸尺小石置于盆中，摆放在几案之上，使五岳胜景进入厅堂。

杭州西湖著名的十景远近闻名，圆明园内的三潭印月、平湖秋月、南屏晚钟等景点就是仿造而建。江苏镇江古刹江天寺有一座佛塔耸立于江边的金山之巅，是镇江城的标志，与其有关的白娘子为救夫君大战法海的神话故事在中国家喻户晓，这座古刹也因此而有了浓郁的人文色彩，于是在承德避暑山庄内就出现了一处仿金山的景点。

图7-3　宁寿宫花园的"曲水流觞"亭

江南一带，每逢农历三月初三人们都要去城郊游乐。著名书法家王羲之（303～361）等四十余人就曾到浙江绍兴城外兰亭，当日众人所赋诗作结集成册，王羲之为之挥笔作序，后人将诗集刻写于石碑，立于兰亭。于是，不仅绍兴兰亭成了名胜，而且在曲水上饮酒赋诗也成了世人推崇的风雅之举。取其象征意义，北京紫禁城的宁寿宫花园和承德避暑山庄就都建有"曲水流觞"亭，不过，昔日兰亭的天然流水在这里成了亭中地面上石刻的曲水渠。这些名山胜景进入园林景观，不但形成了园内的景点，而且它们所附带的文化历史内涵也被引入园林景观，给园林景观增添了人文意境（图7-3）。

（4）寺庙古刹与街市酒肆

图7-4　北海公园琼华岛

中国园林景观设计，特别是皇家园林景观中经常建有寺庙，这一方面是出于封建帝王对佛教的崇信，另一方面也是因为寺庙建筑独特的景观效果——有时寺庙可以成为一座园林景观的主要景观和风景构图中心，清寂宁静的氛围有着超凡脱俗的意境。

北海公园中的永安寺及其喇嘛塔建立在琼华岛上，颐和园的佛香阁及智慧海佛殿分别建在万寿山南面的山腰和山脊上，这些佛教景观建筑以其突出的形象和所占据的特殊地势，成为这两座皇家园林景观的标志和全园风景构图的中心（图7-4）。

与上述营造目的完全不同，颐和园后溪河上的买卖街为与世隔绝的皇室成员模拟出世俗生活的真实场景——鳞次栉比的店铺和随风摆动的各式店铺招幌，尽管都是布景式的，却表现了园主人对繁华闹市的向往（图7-5）。

园林景观的意境正是通过上述这些手段，才有了丰

图7-5 颐和园后溪河上的买卖街

富的内涵——中国园林景观不仅是融合了诗文、书法、绘画、雕刻、盆景、音乐、戏曲于一体的高度完善的古典艺术形态，而且参与构建了中国传统文化的环境与氛围。其细腻、优雅、婉约、抒情的艺术风格不仅表达了一种生活格调，还浓缩了极具东方哲学意味的中国传统艺术精神。了解了这些内涵，才能够真正领略中国古代园林景观之美。

园林景观意境是文化素养的流露，也是情意的表达，所以其创作的根本问题在于对传统文化的继承与感情素质的提高。技法只是创作的一种辅助方法，且可不断创新。融情入境的园林景观意境的创作方法，有中国自己的特色和深远的文化根源。大体可归纳为三个方面：

其一是"体物"的过程。即园林景观意境创作必须在调查研究过程中，对特定环境与景物所适宜表达的情意作详细的体察。事物形象各自具有表达个性与情意的特点，这是客观存在的现象。如人们常以古柏比将军、比坚贞；以柳丝比女性、比柔情；以花朵比儿童或美人。比、兴不当，就不能表达事物寄情的特点。不仅如此，还要体察入微，善于发现。如以石块象征坚定性格，而卵石、花石不如黄石、盘石，因其不仅在质，亦且在形。在这样的体察过程中，要心有所得，才可以开始立意设计。

其二是"比"与"兴"。这是中国先秦时代审美意识的表现手段。《文心雕龙》对比、兴的释义是："比者附也；兴者起也。""比是借他物比此物"，如"兰生幽谷，不为无人而不芳"是一个自然现象，可以比喻人的高尚品德。"兴"是借助景物以直抒情意，如"野塘春水浸，花坞夕阳迟"景中怡悦之情，油然而生。"比"与"兴"有时很难绝然划分，经常被连用，都是通过外物与景象来抒发、寄托、表现、传达情意的方法。

其三是"意匠经营"的过程。在体物的基础上立意，意境才有表达的可能。然后根据立意来规划布局，剪裁景物。园林景观意境的丰富，必须根据条件进行"因借"。计成《园冶》中的"借景"所说"取景在借"，讲的不只是构图上的借景，而且是为了丰富意境的"因借"。凡是晚钟、晓月、樵唱、渔歌等无不可借，计成认为"触情俱是"。

### （5）分割空间，以意境单元的串联营造整体园林景观意境

一个古典园林景观要在有限的空间里创造出层出不穷、含蓄不尽的意境，首先要"意在笔先"，在宏观上加以把握，将整个园林景观空间分割为大小景区乃至个体、微缩景观，

每个空间有不同的主题和风格。如承德避暑山庄的山岳区层峦叠嶂、平原区芳草嘉树、湖泊区碧波荡漾。而湖泊区又分为若干景区和景观，如西部的“长虹饮练”、“芳渚临流”；中部的“月色江声”、“金莲映日”等。仅从题名看，就丰富多彩、风貌各异。每进入一个景区，眼前就是一番风景，让人感到“方方胜景，区区殊致”。一个个独立而别致的意境单元串联成一个整体的园林景观意境。

**（6）运用诗词、匾额、楹联等的题名营造园林景观意境**

中国古典园林景观常用精练而内涵丰富的文字来点明景题，深受文人雅士的喜爱，且在民间广为传诵。如“苏堤春晓”、“平湖秋月”等，既能借物写意、借景写情，又能标出季相意识，体现时空交错感。拙政园梧竹幽居亭的匾额为“月到风来”，楹联为“暗借清风明借月，动观流水静观山”，不仅道出了波光盈盈和假山的动静对比，还借入了清风与明月，构成了虚实相生的迷人意境，充满了诗情画意。这些题名或是从诗人的名词佳句中撷来的精髓，或是从园林景观中提炼的神韵，使人能因题品景，因景品题，进入意境而神游于境外。

匾额、楹联则犹如国画中的题跋，有助于启发人的联想而获得意外的收获，置身园林景观空间中，边赏美景，边品味匾额、楹联，别有一番情趣。如因亭的位置宜于秋季赏月，有“月到天心，风来水面”之妙趣。

**（7）通过借景营造园林景观意境**

借景能有效地增加空间层次和深度，扩大空间的视觉效果，形成虚实、疏密、明暗的变化对比，丰富内容和意境，增加气氛和情趣，因而在古典园林景观中广为应用。

①借助声、形等作用于听觉、视觉等营造意境

我国古典园林景观中，常通过钟声琴韵、鸟语虫鸣等以声夺人，为园林景观空间增添意境色彩。如惠州西湖的“丰湖渔唱”、杭州西湖的“南屏晚钟”、苏州留园的“留听阁”等，不但取景贴切，意境内涵也很深邃（图7-6）。

图7-6　南屏晚钟

而谢灵运《游南亭》中的“密林含余清，远峰隐半规”以及南京愚园的“延青阁”，都是对诉诸视觉的形体、色彩的外借。

②借助光、影、色彩等营造意境

倒影、光影等景物构借方式能使景物视觉感格外深远，有助于丰富自身及表现四周的景色，构成绚丽动人的景观。

水中倒影丰富了植物层次，与园林景观空间组成一正一倒、虚实相映的奇妙空间，使景点增添异乎寻常的情趣。如颐和园乐寿堂前的什锦灯窗，每当夜幕降临，周围的山石、树木便退隐于黑暗中，仅窗中的光在湖面上投下了美丽的倒影，使人能领略到岸上人家的意境。

利用植物色彩渲染空间气氛、烘托主题也是古典园林景观常用的手法。植物中有的清馨和谐、淡雅幽静，有的则富丽堂皇、宏伟壮观，都极大地丰富了意境空间。如承德避暑山庄中的“金莲映日”一景，在大殿前种植金莲万株，枝叶高挺，花径二寸余，开花时节，阳光漫洒，似黄金布地，甚为壮观。

③借助自然界的气候变化营造意境

自然界的风霜雪雨等不断变化的天时景象，使得意境更加深化，趣味无穷，给人更深的艺术感受。如“朝餐晨曦，夕枕烟霞”、“真山水坝之云气，四时不同：春融恰，夏蓊郁，秋疏薄，冬暗淡……”。拙政园的“荷风四面亭”、“待霜亭”都是以时间与季节的变化，来体现造园者所寄于景物的意境。

另外，同一景物在不同气候条件下，也会出现千姿百态、风采各异的意境。如扬州瘦西湖的“四桥烟雨楼”，在细雨蒙蒙中遥望远处姿态各异的四座桥，令人神往，有“烟雨楼台山外寺，画图城廓水中天”之意境。

④意境

园林景观中的景物是传递和交流思想感情的媒介物，一切景语皆情语，情以物兴，情以物迁，在情景交融中产生深远的意境。如“个园”的四季假山在一块小宅地上布置以千山万壑、深溪池沼等形式为主体的写意境域，在神态、造型和色泽上使人联想到四季变化，游园一周，有历一年之感，周而复始，体现了空间和时间的无限变化。并以石斗奇，气势贯通，春石低回，散点在疏竹之间，有万物苏醒的意趣（图7-7）。

图7-7　个园

⑤用植物配景的烘托营造园林景观意境

在古典园林景观中常将反映季节和时令变化的玉兰、荷花等化为某种意境而成丛配植，或与山石配合，形成观赏景致，或以粉墙作底，配置色、香、形俱佳的花木，再配以玲珑剔透的湖石，形成各种景观，随着时间和季节的变化，在阳光的照射下，白墙上映出深浅不一的阴影，构成各种生动的图案，即所谓“白墙为纸，山石、植物为画”的画境等。如窗前多植枝叶扶疏的花木，修篁弄影，绿意袭人，给人以清新自然的感觉；走廊、过厅和花厅等处的空窗和漏窗外的花木常小枝横斜，一叶芭蕉，一枝红梅，半掩窗扉，若隐若现，融画于景。

⑥运用比拟和联想营造园林景观意境

运用某些植物的特性美和姿态美作比拟联想，从而产生意境也是古典园林景观常用的手法。如梅花具有“万花敢向雪中出，一树独先天下春”的品格，在园林景观中，种上几株梅花，就能给人以比拟联想，产生诗情画意；兰花清艳含娇，幽香四溢，有诗云：“崇兰生涧底香气满幽林，纵使无人也自芳”，所以人们把兰花比作“花中君子”；水仙因其清秀典雅的风貌，被誉为“凌波仙子”；牡丹以雍容华贵、秀韵多姿取胜，被赞为“国色天香”等。综上所述，这种借比拟而引起的联想，只有借助于文学语言及其所创造的画面和意境才能产生强烈的妙趣横生的美感，提高园林景观空间的艺术感染力。

总之，意境作为中国古典园林景观的特殊元素，对于园林景观的创作来说，能赋予灵魂、注入生气、融景物为情思、化心态为画面，使作品近而不浮、远而不尽、意象含蓄、情致深蕴，以其独特的魅力，引人入胜、耐人寻味。

# 7.2 园林景观空间的组织

## 7.2.1 对空间的理解

园林景观艺术是空间与时间的造型艺术，东西方对空间的理解不同，必然产生不同的艺术效果。西方科学家们把空间理解为一个三向量的盒子，从外面看是个实体，从内部看是个空间，可以用代数、几何学以及物理学等进行求证。17世纪法国二元论者笛卡儿说“物质与空间是同一的长、宽、高三个向量的广袤，不但构成物体，也构成了空间”。这个空间是物质的，可以触及的，有限的。东方对空间的理解主要受佛教和道教的思想影响，对空间是用心灵去感受的，把空间理解为虚无的，既无形，亦无量的概念，是不可捉摸的，犹如宇宙一样。东西方对空间的理解是有实与虚、形与无形、有限与无限、静止与流动，反映在视觉艺术上，即西方将空间表现为具有一定几何形象的、关系明确的量，然而东方则表现为不定的、模糊的或把有限空间象征为一种宏大的空间观念。外国的教堂无论多么宏伟华丽，也总有局限性，而我国北京的天坛虽然围墙高筑，但当皇帝祭天时，围墙却在视域之外，看到的只是笼罩着自己的苍穹，此时天坛之大，如同宇宙，这是把有限空间处理为无限空间的最佳例子。山水画家能在二度空间的尺幅里，用笔墨渲染皴擦，“咫尺之内而瞻万里之遥，方寸之中乃辨千里之峻”，写出无限空间的自然山川。造园家则在三度空间中，以土石为皴擦，“一峰山太华千寻，一勺水江湖万里”，咫尺山水，而令人有涉身岩壑之感。在游人的感受中，作品的神韵和气势可以使空间无限扩大。中国人有这种独特的空间意识，能以小见大，也能以大见小。宋代哲学家邵雍于所居作便坐，曰“安乐窝”，两旁开窗称“日月牖”，正如杜甫诗云“江山扶绣户，日月近雕梁”。庭园中罗列峰峦湖沼，俨然一个小天地。人们把自然吸收到庭户内，达到以小观大。王微主张“以一管之笔拟太虚之体”，达到以小观大的效果。中国画家、园林家能把大自然中的山水经过高度提炼和概括，使之跃然于咫尺之内，方寸之中，这就是以小观大，从某种意义上讲，中国的艺术家能从有限中感受到无限，又能从无限中回归有限。中国的画家和诗人是用心灵的眼睛来阅读空间万象，用俯仰自得的精神来欣赏宇宙，从而跃入大自然的节奏里去“神游太虚”，达到“神与物游，思与境谐”。这种把自己心领神会的宇宙空间通过诗画以及造园等表达出来的形式是一种空间意识，是一种“身所盘桓，目所绸缪”，“目既往返，心亦吐纳”（《文心雕龙》），“无往不复，天地际也”（《易经》）的空间意识。

园林景观空间既有别于有限的封闭或半封闭的建筑空间，又不同于广袤无际的旷野和大海，但它却能融建筑空间与广袤的宇宙于一体。园林景观设计师利用地形、水体、岩石、植物、建筑及构筑物创造出形形色色的空间，这些空间既相互封闭，又相互渗透；既是静止的，又是流通的。并通过廊、桥及园路把各个空间联系在一起，通过门和窗使室内外空间融为一体。

有趣的是西方习惯用巨大的尺度创造了真实的但有限的空间，而东方的传统方法则是用很小的尺度创造了无限的空间感。东方的空间观念既是宏大的，也是连续和流通的。中国传统的手卷画方法是画家对大自然的直观反映，画家在畅游了一座园林景观或风景区之后，即可用这种方法表达其全部印象（重在写意），它完全不同于西方的风景画（重在写实），不论是仰视、俯视，还是游目环瞩，都是在视线的运动中取景。西方用风景透视学的原理，固定视点，只有一个或两个灭点，把固定视线所能见到的风景如实地反映到画面上来，东方的传统方法则是运用连续的散点透视，而且突破“目有所极，固所见不周”的视界局限，使一草一木，一丘一壑，达到“其意象在六合（天地之意）之表，荣落在四时之外”的空灵境界。造园家在建造一个园林景观时，其过程与画画相反，他必须先在想象的空间中漫游（意在笔先），然后用具体的元素去组织空间和风景（高度概括）。空间的时空统一性、广延性、无限性、不定性、流动性等等的理论，只有在用山水、花草树木以及园林景观建筑围合的中国园林中才能得到充分的体现，成为中国园林景观艺术的一个重要方面。

### 7.2.2 视景空间的基本类型

（1）开敞空间与开朗风景

人的视平线高于四周景物的空间是开敞空间，开敞空间所见的风景是开朗风景。在开敞空间中，视线可延伸很远，所见风景都是平视风景，视觉不易疲劳。古诗“登高壮观天地间，大江茫茫去不返”和“孤帆远影碧空尽，惟见长江天际流”都是开敞空间与开朗风景的写照。观赏开朗风景，必须有良好的视点和视角。视点的升高和降低能取得某种特殊效果，低视点视野范围较小，易取得平静的意境；高视点可扩展空间范围，故登高令人意远。如果游人的视点很低，与地面透视成角很小，则远景模糊不清，甚至只见到大面积的天空；如果把视点的位置不断提高，不断加大透视成角，远景鉴别率就会逐步提高，视点愈高，视界愈开阔，“欲穷千里目，更上一层楼”道出了视点高度与开朗风景的视觉关系。园林景观设计中的开敞空间很多，如大湖面、大草原、海滨等等。

（2）闭合空间与闭合风景

人的视线被周围景物屏障的空间为闭合空间。在闭合空间中所见到景物是闭合风景。屏障物的顶部与游人视线所成角度愈大，则闭合性愈强，反之所成角度愈小，则闭合性也愈小。这也与游人和景物的距离有关，距离愈小，闭合性愈强，距离愈远，闭合性愈小。闭合空间的大小与周围景物高度的比例关系决定它的闭合度，影响风景的艺术价值。一般闭合度在6°和13°之间，其艺术价值逐渐上升，当小于6°或大于13°时，其艺术价值逐渐下降。闭合空间的直径与周围景物高度的比例关系也能影响风景艺术效果，当空间直径为景物高度的3～10倍时，风景的艺术价值逐渐升高，当空间直径与景物高度之比小于3倍和大于10倍时，风景的艺术价值逐渐下降。如果周围树高为20米，则空间直径为60～200米较合适，如超过270米，则目力难以鉴别，这就需要增加层次或分隔空间。闭合空间予人以亲切感、安静感，近景的感染力强，景物历历在目，但空间闭合度如小于6°或空间直径小于景物高度的3倍吋，便有井底之蛙的感觉。景物过于拥塞而使人易于疲劳。在园林景观设计中常见的闭合空间有林中空地、周围群山环绕的谷地以及园墙高筑的园中园等。

（3）纵深空间与聚景

凡两旁有建筑、密林或山丘等景物的道路、河流和峡谷等所形成的狭长空间叫做纵深空间。纵深空间把人们的视线很自然地引向空间的端点，这种风景叫做聚景。其特点是景物有强烈的深度感，如果把主景放在端点上，能使主景更为突出。

视景空间除上述基本类型外，还可从尺度上分，又可分为大空间和小空间。大空间气魄大，场面大，充分显示大自然的景色，有室外、半室内和室内的三种空间之分。外空间景物具有相互过渡性与相互渗透性。小空间与人的尺度较近，给人以亲切感，也有室外、半室内和室内的三种空间之分。园林绿地景观规划设计应多注意室外空间组织及室内外空间景物的相互过渡与渗透。

### 7.2.3 空间的组织

园林绿地景观空间组织的目的是在满足功能的前提下，运用各种构图艺术和造景手法的原理组织景观，划分景区或景点，既要突出主题（主景），又要有富于变化的景观风景。其次，根据人的视觉特性创造良好的观赏条件，使景物在一定的空间中获得最佳的观赏效果。

开朗风景辽阔，但欠丰富，形象色彩不够鲜明，缺乏近景的感染力；闭合风景空间环抱四合，景色鲜明，但又过于闭塞；纵深空间的景色有深度感，有聚景的作用，但缺少变化；大空间气魄大，予人以开阔豪放的感受，但如景观组织不好，则有空洞与单调之感；小空间虽有予人亲切的感受，但如果景物过于密集，则有拥塞之嫌。总之，各种空间都有它的特点，也都有不足之处，只有把这些不同类型的空间按照艺术规律组合在一起，成为一个有机的整体，使开中有合，合中有开或半开半合，互相穿插、叠加、嵌合，使空间变化产生一种韵味，能收到山重水复的效果。与此同时，通过空间虚实、大小、开合和收放的对比，进一步加强空间变化的艺术效果。如颐和园中有开敞的昆明湖，又有闭合的谐趣园；北海公园有开敞的北海湖面，也有闭合的静心斋和濠濮涧，开敞与闭合空间相互烘托，相得益彰。

有万园之园之称的圆明园是古典园林景观中空间组织的最佳例子。圆明园是圆明、长春和绮春三园的总称，其中以圆明园为主园。圆明园占地三千亩，规模很大，是皇帝外朝内寝、游憩避暑和进行各种政治活动的场所。地处北京西郊，由于当地泉水充沛，有西湖、玉泉、西山诸多名胜。优美的风景富有江南情调，那儿地势平坦和多洼地，因而在地形改造上适宜以水景为主，造景十分成功。

主园圆明园全园共分两个景区，即以福海为主体的福海景区和以后湖为主体的后湖景区，两个主要景区的风景各有特点。福海以辽阔开朗取胜，后湖在于幽静。其余的地段分布着为数众多的小园和建筑群区。作为水园的圆明园，人工开凿的水面占全园面积的一半以上。园林造景大部分以水景为主题，水面是由大、中、小相结合的。大水面福海宽为600余米，中等水面后湖宽为200余米，众多小水面宽度均在四五十米至百米之间，是水景的近观小品。

回环萦流的河道把这些大小水面串联成一个河湖系统，构成全园的脉络和纽带，在功能上，为舟行游览和水运交通提供了方便。水系与人工堆山和岛堤障隔相结合，构成了无数大小不一的开朗的、闭锁的和狭长的，既静止又流通的空间系统，把江南水乡面貌再现于北方的土地上。这是人工造园的杰作，是圆明园的精华所在。

在圆明园中摹写西湖十景的有柳浪闻莺、雷锋夕照、南屏晚钟、三潭印月、平湖秋月等；取材于诗文意境的如"夹镜鸣琴"、"武林春色"等。堆山约占全园面积的三分之一。人工堆山虽然不可能太高，但其中却有不少是模拟江南名山的。

圆明园的主园与附园之间的主从关系是很明确的。如图7-8所示的长春园是一座大型水景园，但理水的方式却不同于主园。利用洲、岛、桥、堤把大片水面划分成为若干不同形式、有聚有散的水域，同时也就构成了大小不一的、有聚有散、有开有合的连续的流通空间。风景都是因水成景的，水域的宽度一般在一二百米之间，能保证隔岸观赏的清晰视野。长春园总结了主园的经验，地形处理、山水布局更趋自然流畅，山水尺度更趋成熟。

图7-8 长春园

在长春园的北面有个风格迥异的欧式宫苑即"西洋楼"，别具情趣。由于空间隔离得很好，所以它能以独立的体系存在于古色古香的圆明园中而互不干扰。

绮春园由若干赐园合并而成，并把各赐园的小水面联缀起来，形成整体（图7-9）。

著名的现代公园杭州花港观鱼公园，有牡丹园、芍药园、藏山阁大草坪、雪松大草坪、老花港、新花港、茶楼前的大草坪等等，全园大小空间不下数十个，每个空间都能独立成为一个单元，具有不同于其他空间的景色特点。空间既相互区别，又相互联系，开合收放，衔接得十分自然流畅、富有节奏感，人们漫步其中，有进入音乐之境的美感。

图7-9 绮春园

图7-10　杭州苏堤

### 7.2.4 空间的分隔

(1) 以地形地貌分隔空间

如果绿地本身的地形地貌比较复杂，变化较大，宜因地制宜、因势利导地利用地形地貌来划分空间。只有在多变的地形地貌上才能产生变幻莫测的空间形态，创造富有韵律的天际线和丰富的自然景观。利用山丘划分空间分隔，需注意开辟透景线；用水分隔空间是虚隔，可望而不可即，因此在水面上要设堤或架桥或堤桥并用，如杭州苏堤（图7-10）。如果是平地、低洼处，应注意改造地形，使地形有起伏变化，以利于空间分隔和绿地排水，并为各种植物创造良好的生长条件，丰富植被景观。

(2) 利用植物材料分隔空间

在自然式园林景观中，利用植物材料分隔空间，尤其是利用乔灌木来分隔空间可不受任何几何图形的制约，随意性很大。若干个大小不同的空间通过乔木树隙相互渗透，使空间既隔又连，欲隔不隔，层次深邃，意味无穷。如杭州花港观鱼公园的新花港区，小路沿着花港，绿带沿着小路，分别用广玉兰和雪松以及其他乔木分隔成大小不同的四五个形状各异的空间，每个空间基本上都朝向花港一面敞开，使得花港和小路两边的景色富于变化而不单调，十分优美。

规则式的园林景观也是用植物按照几何图形划分空间的，使空间整洁明朗。应该注意的是在园林景观中用作空间界线的树木，宜闭则闭，宜透则透，宜漏则漏，结合地形的高低起伏，构成富有韵律的天际线和林缘线，也可形成障景、夹景或漏景等等。

(3) 以建筑和构筑物分隔空间

在古典园林景观中习惯用云墙或龙墙、廊、架、楼、阁、轩、榭、桥、池、溪、涧、厅、堂、假山等以及它们的组合形式分隔空间，从而在空间的序列、层次和时间的延续中，具有时空的统一性、广延性和无限性。

(4) 以道路分隔空间

在园林景观内以道路为界限，把园林划分成若干空间，每个空间各具景观特色，道路便成为联系空间的纽带。地势较平坦的公园尤其是规则式园林景观，大都利用道路为界，划分空间。如杭州柳浪闻莺、长桥公园都是利用道路划分出密林、疏林、草坪、游乐区等等不同空间，这种手法简单易行。

综上所述，四种划分空间的方法只有综合运用，才能达到最佳效果。有些空间纯粹以道路为界，所有的空间都需要用道路联系，但只有在有变化的地形上种植乔木，空间分隔才能显示出最佳效果，如花港观鱼公园的雪松大草坪与红鱼池之间，用起伏地形和多层次的林带以道路为界进行分隔，使两个风格迥异的空间并存于一个园林景观之中而互不干扰。一般来讲，两个空间干扰不大，而在景观上可互相借鉴的，可用虚隔，如用疏林、水面、空廊、漏窗、花墙等。反之则用实隔，如用密林、高埠、建筑、实墙等分隔。只有熟练运用各种手法，才能使空间既联又隔，相互渗透，相互依存、烘托以至成为不可分割的整体。空间的广延性、流通性、无限性才能得到体现。

### 7.2.5 深度和层次

增加前景和背景，把园林景观作画面处理，都是增加风景层次和深度最常用的手法，目的在于引人入胜。

我国园林景观讲究含蓄，忌一览无余，认为景越藏则意境越浓。为增加园景深度，多数园林景观的入口处设有假山、树障、漏窗、花墙、小院以及影壁障等作为障隔，适当阻隔视线，使游人隐约见到园景一角，然后几经迂回曲折，才能见到园内山池亭阁的全貌，使游人感到庭院空间深不可测。要使园林景观空间层次丰富，有深度感，其方法有：

（1）地形有起伏

在高低起伏的地形上要有制高点以控制全园景物。亭、台、楼、阁、高树、丛林以及竹林等互相穿插，层层向上铺陈，丰富空间层次，用这种立面布局以求其深度感。

（2）分隔空间

陈从周先生说："园林景观空间隔则深、畅则浅，斯理甚明。"因而分隔空间时，应使园中有园，景外有景，湖中有湖，岛中有岛。园林景观空间一环扣一环，庭园空间一层深一层，山环水绕，峰回路转，用这种平面布局以求其深度感。

（3）空间互相叠加、嵌合、穿插及贯通

相邻空间之间呈半掩半映、半隔半合的状态，大空间套小空间，小空间嵌合大空间，空间连续流通，形成丰富的层次和深度。

（4）对比

园林景观设计中通过空间的开合收放、光线明暗、深浅以及虚实等对比，使人产生层次感和深度感。

（5）曲折

"景贵乎深，不曲不深"，其中幽深是目的，曲折只是达到幽深的一种手段。计成在《园冶》中说："廊……宜曲宜长则胜，蹑山腰，落水面，任高低曲折，自然断续蜿蜒"，"蹊迳盘且长"，"曲径绕篱"等都强调一个"曲"字。但曲折要有理、有度、有景，使游者不断变换视线方向，起到移步换景的作用，同时增加了深度感。如果在草坪上设一条弯弯曲曲的蛇行路，只有造作之弊而无深度之感，在整个设计中有弄巧成拙之嫌，在设计中应该避免。

（6）景物

如山石树林丛林等安排成犬牙交错状能产生深度感。

（7）透视原理的利用

设计道路时，可采取近粗远细，使产生错觉，短路不短，加强聚景效果；运用空气透视的原理和近实远虚的手法，使远处的景物色彩淡，近处色彩浓，可以加强景深的效果；欲显示所堆叠假山的高度，可缩短视距，增大仰角；欲显谷深，可缩小崖底景物尺度。

### 7.2.6 空间展示程序

园林景观绿地空间类型很多，变化很大，景色各异，如何把这些形形色色的空间依据使用功能，按照游人的游览心理对动静观赏的要求，组织成景点和景区，就要按照风景展示序列作戏剧性的展开，从而达到“千呼万唤始出来，犹抱琵琶半遮面”的景观效果，造成最大限度的含蓄蕴藉，至此，园林景观设计艺术的表现达到淋漓尽致的地步。一切欲露而隐的手法都是为了达到这个目的。这个目的用通俗的语言表达，即出其不意和引人入胜。

## 7.3 园林景观布局

### 7.3.1 布局的形式

园林景观中尽管内容丰富，形式多样，风格各异。但就其布局形式而言，不外乎四种类型，即规则式与自然式，并由此派生出来的规则不对称式和混合式。

（1）规则对称式

其特点强调整齐、对称和均衡。有明显的主轴线，在主轴线两边的布置是对称的，因而要求地势平坦，若是坡地，需要修筑成有规律的阶梯状台地；建筑应采用对称式，布局严谨；园林景观设计中各种广场，水体轮廓多采用几何形状，水体驳岸严正，并以壁泉、瀑布、喷泉为主；道路系统一般由直线或有轨迹可循的曲线构成；植物配置强调成行等距离排列或作有规律地简单重复，对植物材料也强调人工整形，修剪成各种几何图形；花坛布置以图案式为主，或组成大规模的花坛群。

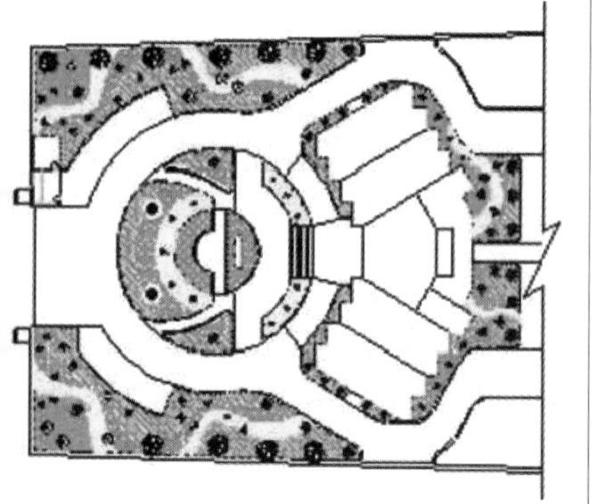
图7-11　规则对称式

规则式的园林景观设计，以意大利台地园和法国宫廷园为代表，给人以整洁明快和富丽堂皇的感觉。遗憾的是缺乏自然美，一目了然，欠含蓄，并有管理费工之弊（图7-11）。

（2）规则不对称式

绿地的构图是有规则的，即所有的线条都有轨迹可循，但没有对称轴线，所以空间布局比较自由灵活。林木的配置多变化，不强调造型，绿地空间有一定的层次和深度。这种类型较适用于街头、街旁以及街心块状绿地（图7-12）。

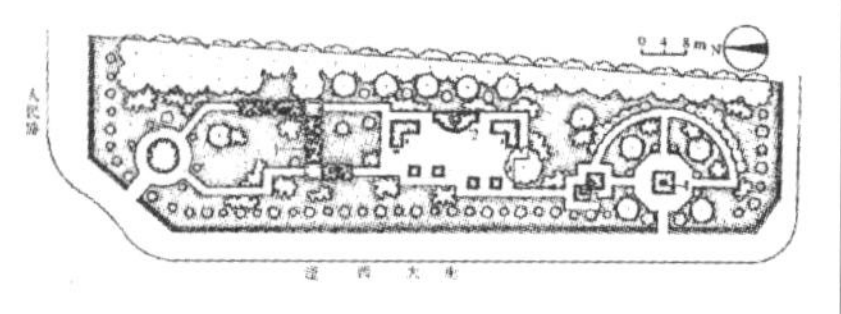
图7-12　规则不对称式

（3）自然式

自然式构图没有明显的主轴线，其曲线也无轨迹可循；地形起伏富于变化，广场和水岸的外缘轮廓线和道路曲线自由灵活；对建筑物的造型和建筑布局不强调对称，善于与地形结合；植物配置没有固定的株行距，充分利用树木自由生长的姿态，不强求造型；在充分掌握植物的生物学特性的基础上，可以将不同品种的植物配置在一起，以自然界植物生态群落为蓝本，构成生动活泼的自然景观。自然式园林景观在世界上以中国的山水园与英国式的风致园为代表（图7-13）。

### (4) 混合式

混合式园林景观设计是综合规则与自然两种类型的特点，把它们有机地结合起来。这种形式应用于现代园林景观设计中，既可发挥自然式园林布局设计的传统手法，又能吸取西洋整齐式布局的优点，创造出既有整齐明朗、色彩鲜艳的规则式部分，又有丰富多彩、变化无穷的自然式部分。其手法是在较大的现代园林景观建筑周围或构图中心，运用规则式布局；在远离主要建筑物的部分，采用自然式布局。因为规则式布局易与建筑的几何轮廓线相协调，且较宽广明朗，然后利用地形的变化和植物的配置逐渐向自然式过渡。这种类型在现代园林景观中间用之甚广。实际上大部分园林景观都有规则部分和自然部分，只是两者所占比重不同而已（图7-14）。

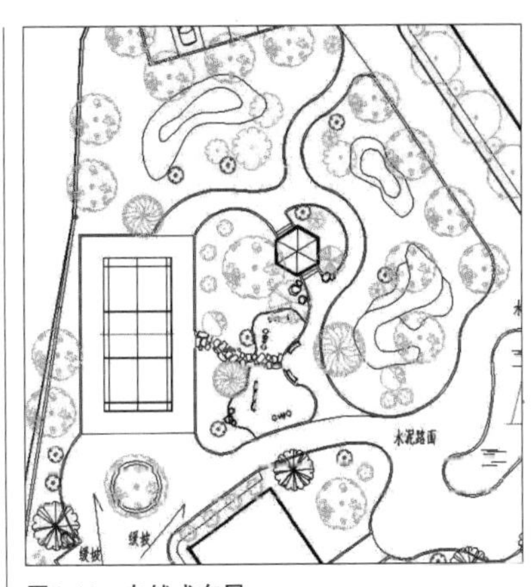

图7-13　自然式布局

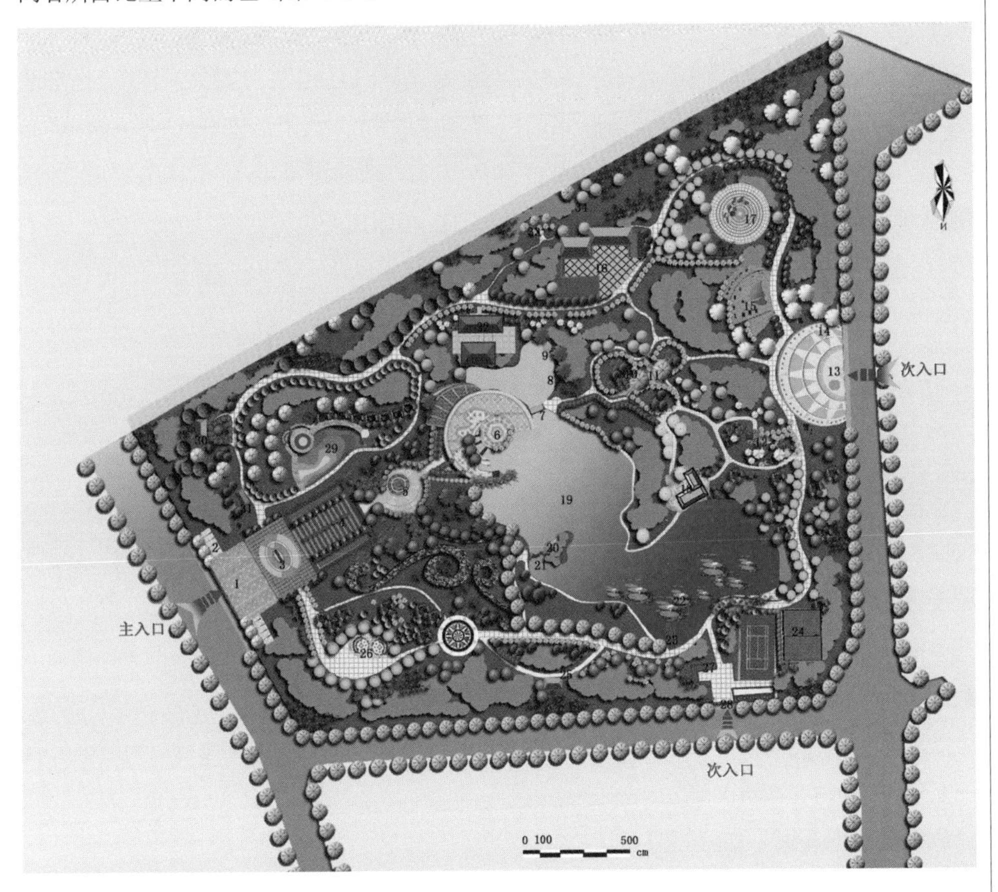

图7-14　混合式布局

在做园林景观设计时，选用何种类型不能单凭设计者的主观意愿，而要根据功能要求和客观可能性。譬如说，一块处于闹市区的街头绿地，不仅要满足附近居民早晚健身的要求，还要考虑过往行人在此作短暂逗留的需要，则宜用规则不对称式；绿地若位于大型公共建筑物前，则可作规则对称式布局；绿地位于具有自然山水地貌的城郊，则宜用自然式；地形较平坦，周围自然风景较秀丽，则可采用混合式。同时，影响规划形式的不仅有绿地周围的环境条件，还有经济技术条件。环境条件包括的内容很多，有周围建筑物的性质、造型、交通、居民情况等等。经济技术条件包括投资和物质来源，技术条件指的是技术力量和艺术水平。一块绿地决定采用何种类型，必须对这些因素作综合考量后，才能作出决定。

### 7.3.2 布局的基本规律

清代布图《画学新法问答》中，论及布局要“意在笔先”。“铺成大地，创造山川，其远近高卑，曲折深浅，皆令各得其势而不背，则格制定矣。然后相其地势之情形，可置树木处则置树木，可置屋宇处则置屋宇，可通人径处则置道路，可通旅行处则置桥梁，无不顺适其情，克全其理”。园林景观设计布局与此论点极为相似，造园亦应该先设计地形，然后再安排树木、建筑和道路等。

画山水画与造园虽理论相通，但园林景观设计毕竟是一个游赏空间，应有其自身的规律。园林景观绿地类型很多，有公共绿地、街坊绿地、专用绿地、道路绿地、防护绿地和风景游览绿地等。这些类型由于性质不同，功能要求亦就不尽相同。以公园来说，就有市文化休息公园、动物园、植物园、森林公园、科学公园、纪念性公园、古迹公园、雕塑公园、儿童公园、盲人公园以及一些专类性花园，如兰圃、蔷薇园、牡丹园、芍药园等等。显然由于这些类型公园性质的不同，功能要求也必然会有差异，再加上各种绿地的环境、地形地貌不同，园林景观绿地的规划设计很少能出现两块相同的情况。“园以景胜，景因园异”，园林景观绿地的规划设计不能像建筑那样搞典型设计，供各地套用，必须因地制宜，因情制宜。因此园林景观绿地的规划设计可谓千变万化，但即使变化无穷，总有一定之轨，这个“轨”便是客观规律。

**（1）明确绿地性质**

绿地性质一经明确，也就意味着主题的确定。

**（2）确定主题或主体的位置**

主题与主体的意义是一致的，主题必寓于主体之中。以花港观鱼公园为例，花港观鱼公园顾名思义，以鱼为主题，花港则是构成观鱼的环境，也就是说，不是在别的什么环境中观鱼，而是在花港这一特定环境中观鱼，正因为在花港观鱼，才产生了“花著鱼身鱼嘬花”的意境，这与在玉泉观鱼大异其趣。所以花港观鱼部分就成为公园构图的主体部分。同理，曲院风荷公园的主题为荷，荷花处处都有，所不同的是其环境，不是在别的什么地方欣赏荷花，而是在曲院这个特定的环境中观荷，则更富诗情画意。荷池就成为这个公园的主体，主题荷花寓于主体之中。主题必寓于主体之中这是常规，当然也有例外，如宝俶塔的位置虽不在西湖这个主体之中，但它却成为西湖风景区的主景和标志。

主题是根据绿地的性质来确定的，不同性质的绿地其主题也不一样。如上海鲁迅公园是以鲁迅的衣冠冢为主题的，北京颐和园是以万寿山上的佛香阁建筑群为主题的，北海公园是以白塔山为主题的。主题是园林景观绿地规划设计思想及内容的集中表现，整个构图从整体到局部，都应围绕这个主题做文章。主题一经明确，就要考虑它在绿地中的位置以及它的表现形式。如果绿地是以山景为主体的，可以考虑把主题放在山上；如果是以水景为主体的，可以考虑把主题放在水中；如果以大草坪为主体，主题可以放在草坪重心的位置。一般较为严肃的主题，如烈士纪念碑或主雕可以放在绿地轴线的端点或主副轴线的交点上（如长沙烈士公园纪念塔）。

主体与主题确定之后，还要根据功能与景观要求划出若干个分区，每个分区也应有其主体中心，但局部的主体中心，应服从于全园的构园中心，不能喧宾夺主，只能起陪衬与烘托作用。

（3）确定出入口的位置

绿地出入口是绿地道路系统的起点与终点。特别是公园绿地，它不同于其他公共绿地，为了便于养护管理和增加经济收益，在现阶段，我国公园都是封闭型的，必须有明确的出入口。公园的出入口，可以有几个，这取决于公园面积大小和附近居民活动方便与否。主要出入口，应设在与外界交通联系方便的地方，并且要有足够面积的广场，以缓冲人流和车辆，同时，附近还应将足够的空旷处作为停车场；次要出入口，是为方便附近居民在短时间内可步行到达而设的，因此大多设在居民区附近，还有设在便于集散人流而不至于对其他安静地区有所干扰的体育活动区和露天舞场的附近。此外还有园务出入口。交通广场、路旁和街头等处的块状绿地也应设有多个出入口，便于绿地与外界联系和通行方便。

（4）功能分区

由于绿地性质不同，其功能分区（图7-15）必然相异，现举例说明。

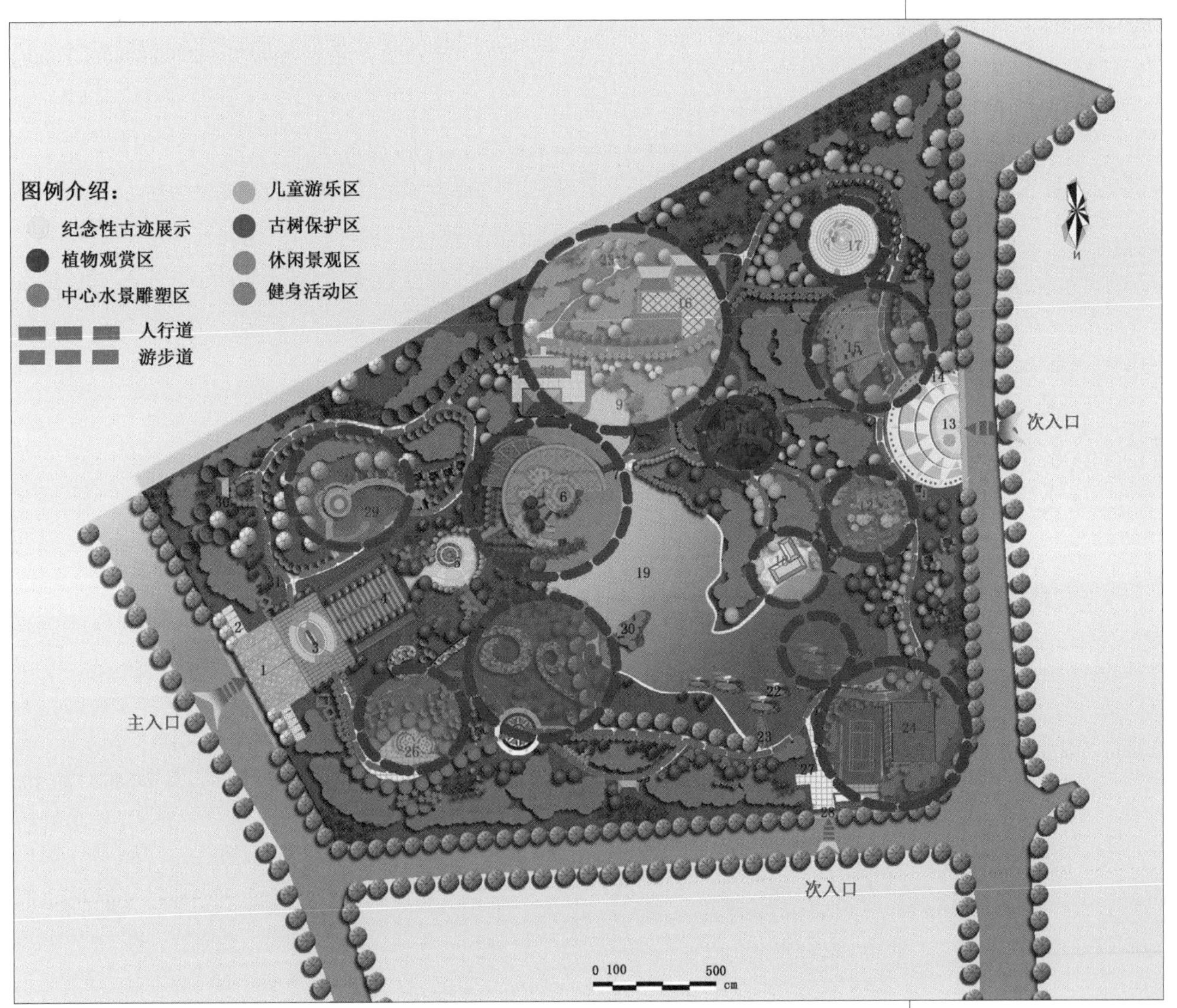


图7-15 某文化休闲公园功能分区图

文化休息公园的功能分区和建筑布局公园中的休息活动，大致可分为动与静两大类。园林景观设计的目的之一就是为这两类休息活动创造优越的条件。安静休息在公园的活动中应是主导方面，满足人们安静休息、呼吸新鲜空气，欣赏美丽的风景的需求，调节精神，恢复疲劳是公园的基本任务，也是城市其他用地难以代替的。公园中，空气新鲜，阳光充足，生境优美，再加上有众多的植物群及其对大自然变化的敏感性等，因而被称为城市的"天窗"。作为安静休息部分，在公园中所占面积应最大，分布也应最广，将丰富多彩的植被与湖山结合起来，构成大面积风景优美的绿地，包括山上、水边、林地、草地、各种专类性花园，药用植物区以及经济植物区等等。结合安静休息，为了挡烈日，避风雨和点景与赏景而设的园林景观建筑，如在山上设楼台以供远眺，在路旁设亭以供游憩，在水边设榭以供凭栏观鱼，在湖边僻静处设钓鱼台以供垂钓，沿水边设计长廊进行廊游，房接花架，作室内向外的延伸，设茶楼以品茗。游人可以在林中散步、坐赏牡丹、静卧草坪、闻花香、听鸟语、送晚霞、迎日出、饱餐秀色。总之，在这儿能尽情享受居住环境中所享受不到的园林景观美（图7-14）。

公园中动的休息，包括的内容也十分丰富，大致可分为四类，即文艺、体育、游乐以及儿童活动等。文艺活动有跳舞、音乐欣赏，还有书画、摄影、雕刻、盆景以及花卉等展览；体育活动诸如棋艺、高尔夫球、棒球、网球、羽毛球、航模和船模等比赛活动；游乐活动更是名目繁多。对上述众多活动项目，在规划中取其相近的相对集中，以便于管理。同时还要根据不同性质活动的要求，去选择或创造适宜的环境条件。如棋艺虽然属于体育项目，但它需要在安静环境中进行；又如书画、摄影、盆景以及插花等各种展览活动，亦需要在环境幽美的展览室中进行，还有各种游乐活动亦需要乔灌木及花草，将其分隔开来，避免互相干扰。总之，凡在公园中进行的一切活动，都应有别于在城市其他地方进行，最大的区别就在于公园有绿化完善的环境，在这儿进行各项活动都有助于休息，陶冶心情，使人精神焕发。此外，凡是活动频繁的，游人密度较大的项目及儿童活动部分，均宜设在出入口附近，便于集散人流。

经营管理部分包括公园办公室、圃地、车库、仓库和公园派出所等。公园办公室应设在离公园主要出入口不远的园内，或为了方便与外界联系也可设在园外，以不影响执行公园管理工作的适当地点为宜。其他设施一般布置在园内的一角，不被游人穿行，并设有专用出入口。

以上列举的功能分区，要根据绿地面积大小，绿地在城市中所处的位置，群众要求以及当地已有文体设施的情况来确定。如果附近已有单独的游乐场、文化宫、体育场或俱乐部等，则在公园中就无须再安排相类似的活动项目了。

总之，公园内动与静的各种活动的安排，都必须结合公园的自然和环境条件进行，并利用地形和树木进行合理的分隔，避免互相干扰。但动与静的活动很难全然分开，例如在风景林内设有大小不同的空间，这些空间可以用作日光浴场、太极拳练习场等，亦可用来开展集体活动，这就静中有动，动而不杂，能保持相对安静；又如湖和山都是宁静部分，但人们开展爬山和划船比赛活动时，宁静暂时被打破，待活动结束，又复归平静，即使活动量很大的游乐活动，也宜在绿化完善的环境中进行，在活动中渗透着一种宁谧，让游人的精神得到更高水平上的休息。所以对功能分区来说，儿童游戏部分，各种球类活动以及园务管理部分是需要的，其他活动可以穿插在各种绿地空间之内，动的休息和静的休息并不需要有明确的分区界线。

（5）景色分区

凡具有游赏价值的风景及历史文物，并能独自成为一个单元的景域称为景点。景点是构成绿地的基本单元。一般园林景观绿地，均由若干个景点组成一个景区，再由若干个景区组成风景名胜区，若干个风景名胜区构成风景群落。

北京圆明园大小景点有40个，承德避暑山庄有72个。景点可大可小。较大者，如西湖十景中的曲院风荷、花港观鱼、柳浪闻莺、三潭印月等，由地形地貌、山石、水体、建筑以及植被等组成的一个比较完整而富于变化的、可供游赏的空间景域；而较小者，如雷锋夕照、秋瑾墓、断桥残雪、双峰插云、放鹤亭等，可由一亭、一塔、一树、一泉、一峰、一墓所组成。

景区为风景规划的分级概念，不是每一个园林景观绿地都有的，要视绿地的性质和规模而定。把比较集中的景点用道路联系起来，构成一个景区。在景区以外还存在着独立的景点，这是自然现象，作为一个名胜区或大型公园，都应具有几个不同特色的景区，即景色分区，它是绿地布局的重要内容。景色分区有时也能与功能分区结合起来。例如杭州市的花港观鱼公园，充分利用原有地形特点，恢复和发展历史形成的景观特点组成鱼池古迹、红鱼池、大草坪、密林区、牡丹园、新花港等六个景区。鱼池古迹为花港观鱼旧址，在此可以怀旧，作今昔对比；红鱼池供观鱼取乐；花港的雪松大草坪不仅为游人提供气魄非凡的视景空间，同时也提供了开展集体活动的场所；密林区有贯通西里湖和小南湖的新花港水体，港岸自然曲折，两岸花木簇锦，芳草如茵，所以密林既起到空间隔离作用，又为游人提供了一个秀丽娴雅的休息场所；牡丹园是欣赏牡丹的佳处；新花港区有茶室，是品茗坐赏湖山景色的佳处。然而景色分区往往比功能分区更加深入细致，要达到步移景异，移步换景的效果。各景色分区虽然具有相对独立性，但在内容安排上要有主次，在景观上要相互烘托和互相渗透，在两个相邻景观空间之间要留有过渡空间，以供景色转换，这在艺术上称为渐变。处理园中园则例外，因为在传统习惯上，园中园为园墙高筑的闭合空间，园内景观设计自成体系，不存在过渡问题，这就是艺术上的急转手法在园林景观设计中的体现。

（6）风景序列、导游线和风景视线

风景序列，凡是在时间中开展的一切艺术，都有开始到结束的全部过程，在这过程中要有曲折变化，要有高潮，否则平淡无奇。无论文章、音乐还是戏剧都逃不出这个规律，园林景观风景的展示也莫能例外，通常有起景、高潮和结景的序列变化，其中以高潮为主景，起景为序幕，结景为尾声，尾声应有余音未了之意，起景和结景都是为了强调主景而设的。园林景观风景的展示，也有采用主景与结景合二为一的序列，如德国柏林苏军纪念碑，当出现主景时，序列亦宣告结束，这样使得园林景观绿地设计的思想性更为集中，游人因此产生的感觉也更为强烈（图7-16）。北京颐和园在起结的艺术处理上，达到了很高的成就。游人从东宫门入内，通过两个封闭院落，未见有半点消息。直到绕过仁寿殿后面的假山，顿

图7-16　德国柏林苏军纪念碑

时豁然开朗，偌大的昆明湖、万寿山、玉泉山、西山诸风景以万马奔腾之势，涌入眼底，到了全园制高点佛香阁，居高临下，山水如画，昆明湖辽阔无边，这个起和结达到了“起如奔马绝尘，须勒得住而又有住而不住之势；一结如众流归海，要收得尽而又有尽而不尽之意”（《东庄画论》）的艺术境界，令人叹为观止。

总之，园林景观风景序列的展现，虽有一定规律可循，但不能程式化，要求创新，别出心裁，富有艺术魅力，方能引人入胜。

园林景观风景展示序列与看戏剧有相同之处，也有不同之处。相同之处，都有起始、展开、曲折、高潮以及尾声等结构处理；不同之处是，看戏剧需一幕幕地往下看，不可能出现倒看戏的现象，但倒游园的情况却是经常发生的。因为大型园林景观至少有两个以上的出入口，其中任何一个入口都可成为游园的起点。所以在组织景点和景区时，一定要考虑这一情况。在组织导游路线时，要与园林景观绿地的景点、景区配合得宜，为风景展示创造良好条件，这对提高园林景观设计构图的艺术效果极为重要。

导游线也可称为游览路线，它是连接各个风景区和风景点的纽带。风景点内的线路也有导游作用。导游线与交通路线不完全相同，导游线自然要解决交通问题，但主要是组织游人游览风景，使游人能按照风景序列的展现，游览各个景点和景区。导游线的安排决定于风景序列的展现手法。风景序列展现手法有：

①开门见山、众景先收予游者以开阔明朗，气势宏伟之感，如法国凡尔赛公园、意大利的台地园以及我国南京中山陵园均属此种手法。

②深藏不露、出其不意使游者能产生柳暗花明的意境，如苏州留园、北京颐和园、昆

明西山的华亭寺以及四川青城山寺庙建筑群，皆为深藏不露的典型例子（图7-17）。

③忽隐忽现入门便能遥见主景，但可望而不可即，如苏州虎丘风景区即采用这种手法，主景在导游线上时隐时现，始终在前方引导，当游人终于到达主景所在地时，已经完成全园风景点或区的游览任务。

在较小的园林景观中，为了避免游人走回头路，常把游览路线设计成环形，也可以环上加环，再加上几条登山越水的捷道即可。面积较大的园林景观绿地，可布置几条游览路线供游人选择。对一个包含着许多景区的风景群落或包含着许多风景点的大型风景区，就要考虑一日游、二日游或三日游程在内的景点和景区的安排。

导游线可以用串联或并联的方式，将景点和景区联系起来。风景区内自然风景点的位置不能任意搬动，有时离主景入口很近，为达到引人入胜的观景效果，或者另选入口，或将主景屏障起来，使之可望而不可即，然后将游览线引向远处，使最终到达主景。

游览者有初游和常游之别。初游者应按导游线循序前进，游览全园；常游者则有选择性的直达所要去的景点或景区，故要设捷径，捷径宜隐不宜露，以免干扰主要导游线，使初游者无所适从。在这里需要指出的是，有许多古典园林景观如留园（图7-18）、拙政园和现代园林景观花港观鱼公园、柳浪闻莺公园以及杭州植物园（图7-19）等，并没有一条明确的导游线，风景序列不明，加之园的规模很大，空间组成复杂，层层院落和弯弯曲曲的岔道很多，入园以后的路线选择随意性很大，初游者犹如入迷宫之感。这种导游线带有迂回、往复、循环等不定的特点，然而中国园林景观的特点，就妙在这不定性和随意性上，一切安排

图7-17 四川青城山寺庙建筑群

图7-18 留园

图7-19 杭州植物园

若似偶然，或有意与不意之间，最容易使游赏者得到精神上的满足。

园林景观绿地有了良好的导游线还不够，还需开辟良好的风景视线，给人以良好的视角和视域，才能获得最佳的风景画面和最佳的意境感受。

综上所述，风景序列、导游线和风景视线三者是密不可分、互为补充的关系。三者组织得好坏，直接关系到园林景观设计整体结构的全局和能否充分发挥园林景观艺术整体效果的大问题，必须予以足够的重视。

### 思考题

1. 如何理解空间组织？在园林景观设计中，空间分隔的具体表现是哪些？
2. 园林景观设计的布局形式有哪些？
3. 园林景观设计布局的基本规律有哪些？

# 8

# 园林植物景观设计

植物是构成园林景观设计的主要材料。由植物构成的空间无论是空间变化还是时间变化、色彩变化，反映在园林景观上的变化都是无与伦比的；由植物构成的环境，其质量与美学价值也会与日俱增。因此，园林植物景观设计是园林景观设计的重要内容之一。

# 8.1 园林植物景观设计的基本原则

## 8.1.1 美学原则

植物景观设计就是以乔、灌、草、花卉等植物来创造优美的景观，以植物塑造的景是供人观赏的，必须给人带来愉悦感，因而必须是美的，必须满足人们的视觉心理要求。植物景观设计可以从两方面来体现景观的美。

**(1) 植物景观的形式美**

通过植物的枝、叶、花、果、冠、茎呈现出的不同色彩和形态，来塑造植物景观的姿态美、季相美、色彩图案美、群落景观美等。如草坪上大株香樟或者银杏，能独立成景，体现其入画的姿态美；又如红枫、红叶李、无患子等红叶植物与绿叶植物配置，形成强烈的色彩对比；杜鹃、千头柏、金叶女贞等配置成精美的图案，体现植物图案美、色彩美；开花植物、花卉则表现植物的季相美等。

总之，春的娇媚，夏的浓荫，秋的绚丽，冬的凝重都是通过植物形式美来体现的。

**(2) 植物景观的意境美**

意境是指形式美之外的深层次的内涵，前面讲的是植物外在的形式美，意境美则是景的灵魂。园林景观设计中最讲含蓄，往往通过植物的生态习性和形态特征性格化的比喻来表达强烈的象征意义，渲染一种深远的意境，如古典园林景观设计善用松、竹、梅、榆、枫、荷等植物来寓意人物性格和气节。

松：苍劲优雅，不畏霜寒，能挺立于高山之巅，悬崖峭壁之上，是坚强和不畏艰苦的象征。因其四季长青，也象征万古长青。

竹：被视为有气节的君子，“未曾出土选有节，纵凌云处也虚心”，苏东坡曰：“宁可食无肉，不可居无竹。”也比喻虚心有节，宁折不夭。

梅：不畏强暴，坚强不屈，自尊自爱，高洁清雅的象征。陆游曾赞梅：“零落成泥碾作尘，只有香如故。”北宋诗人林和清以“疏影横斜水清浅，暗香浮动月黄昏”的诗句来表达一种非常美妙的意境。

兰：清雅、高洁的象征。

菊：傲骨铮铮，不亢不卑的象征。

玉兰、海棠、牡丹、芍药、桂花等象征“玉堂春富贵”。

正因植物能表现深远的意境美，无论古典园林还是现代景观设计，以植物作为主题的例子很多，如杭州老西湖十景中的“ 柳浪闻莺”、“曲院风荷”、“苏堤春晓”，新西湖十景中的“孤山赏梅”、“灵峰探梅”、“云栖竹径”、“满陇桂雨”等都以植物为主题。

### 8.1.2 生态原则

园林绿地中植物另一重要功能就是发挥其生态效益，改善和保护环境，如释放氧气，防尘减噪，调节气温，涵养水源，保持水土等，主要依靠乔灌木植物。许多城市的绿地系统规划中要求乔、灌、草的比例达到4：3：3，以乔灌木为主，充分发挥植物的生态效益。

### 8.1.3 科学原则

每一种植物都有其固有的生态习性，对光、土、水、气候等环境因子有不同的要求，如有的植物是喜阳的，有的是耐荫的，有的是耐水湿的，有的是干生的，有的是耐热的，有的是耐寒的……因此，要针对各种不同的立地条件来选择适应的植物，尽量做到“适地适树”。

以上三个原则是指导我们进行植物配置的三个方针和方向。

## 8.2 园林植物种植类型

园林植物造景按其类型可分为规则式、自然式、混合式、图案式（图8-1～图8-4）。自然式配置以模仿自然，强调变化为主，具有活泼、愉快、幽雅的自然情调；规则式配置多以轴线对称，成行成列种植为主，有强烈的人工感、规整感。

规则式园林景观设计中的植物配置多对植、行植、几何中心植、几何图案植等；自然式园林景观设计中则采用不对称的自然式配置，充分发挥植物材料的原有的自然姿态。

混合式为规则式与自然式的融合。

根据总体布置和局部环境的要求，采用不同形式的种植形式。如一般在大门、主要道路、几何形广场、大型建筑附近多采用规则式种植，而在自然山水、草坪及不对称的小型建筑物附近往往采用自然式种植。

在园林景观设计中，乔灌木的种植设计应用越来越广泛。因此，只有充分考虑场地的性质与要求和当地环境的辩证关系，灵活地与当地的地形、地貌、土壤、水体、建筑、道路、广场、地面上下管网相互配合，并与其他草本植物和草坪、花卉等互相衬托，才能充分发挥园林景观绿化最大的效果。

图8-1　规则式

图8-2　自然式

图8-3　混合式

图8-4　图案式

## 8.3 乔灌木种植设计

### 8.3.1 乔灌木的使用特性

乔灌木是植物中的重要部分，在组织空间、营造景观和生态保护方面起着主导作用，是园林景观绿化的骨架。

乔木树冠高大，寿命较长，树冠占据空间大，而树干占据的空间小，乔木的形体、姿态富有变化，在改善小气候、遮荫、防尘、减噪等方面有显著作用；在造景上乔木也是多种多样的，丰富多彩的，从郁郁葱葱的林海，优美的树丛，到千姿百态的孤植树，都能形成美丽的风景画面。在园林景观设计中乔木既可以成为主景，也可作为隔景、障景、分景等。因乔木有高大的树冠和庞大的根系，故一般要求种植地点有较大的空间和较深厚的土层。

灌木树冠矮小，多呈现丛生状，寿命较短，树冠虽然占据空间不大，但占据人们活动的空间范围，较乔木对人的活动影响大，枝叶浓密丰满，常具有鲜艳美丽的花朵和果实，形体和姿态也有很多变化；在防尘、防风沙、护坡和防止水土流失方面有显著作用；在造景方面可以增加树木在高低层次方面的变化，可作为乔木的衬景之用，也可以突出表现灌木在花、叶、果观赏上的效果；灌木也可用以组织和分隔较小的空间，阻挡较低的视线；灌木尤其是耐荫的灌木与大、小乔木以及地被植物配合起来成为主体绿化的重要组成部分。灌木由于树冠小、根系有限，因此对种植地点的空间要求不大，土层也不要很厚。

## 8.3.2 乔灌木种植的类型

乔灌木种植又分规则式、自然式、混合式。前者整齐、严谨，具有一定的种植株行距，而且按固定的方式排列。后者自然、灵活，参差有致，没有一定的株行距和固定的排列方式。

图8-5 上海某休闲广场的部分景观

### (1) 规则式配置

①中心植

在广场、花坛等中心地点，可种植树形整齐、轮廓严整、生长缓慢、四季常青的园林树木。如在北方可用松柏、云杉等，在南方可用雪松、整形大叶黄柏、苏铁等（图8-5）。

②对植

对植一般是指两株树或两丛树，按照一定的轴线关系，左右相互对称或均衡的种植方式。主要用于公园、建筑、道路、配景或夹景，很少作为主景。对植在规则式或自然式的园林景观绿化设计中都有广泛的运用。

对植设计需要注意以下问题：

对植因在构图上起到强调和烘托中轴线上的主景效果，常用在公园大门两旁，建筑门庭两旁，道路广场的进出口和桥头两旁等处。要处理好对植树木与建筑、交通、上下管网等可能产生的矛盾，并使对植的树木，在体形大小、高矮、姿态、色彩等方面与主景物和附近环境相协调（图8-6）。

图8-6 中国美术学院前坪竹丛对植

③行列栽植

行列栽植系指乔灌木按一定的株行距成行成排的种植，行内株距可变化。行列栽植形成的景观，比较整齐、单纯、统一。它在规则式园林景观绿地中，如道路、广场、工矿区、居民区、办公大楼绿化中，是应用最多的栽植方式。在自然式绿地中，也可布置比较整形的局部。行列栽植具有施工管理方便的优点。

行列栽植设计注意事项：

a.对树种的要求和株行距的决定：选为行列栽植的树种，在树冠体形上，最好是比较整齐，如圆形、椭圆形、卵圆形、倒卵形、圆柱形、塔形等，而不选枝叶稀疏、树冠不整齐的树种。行列栽植的株行距，取决于树种的特点。苗木规格和园林，主要用途依观景、活动、生产上的需要而定。一般乔木可采用3～8米，甚至更大，灌木为1～5米。如果采取密植，则可成为绿篱和树篱。

b.种植地点：适宜用在布局比较严正规则的地方。而在地形比较平坦的园林景观绿地中，以生产栽培为主兼顾美化的园地，如果园、经济林，行列栽植树一般为草坪，或自然植林，但在以生产为主或在苗小时，亦可栽些草本作物或绿地。

c.设计行列栽植，要处理好与其他因素的矛盾。因行列栽植多用于建筑、道路、上下管网较多的建设地段，故在设计前，要进行实地调查，与有关部门商量研究，解决矛盾。而在景观上，要协调行列栽植与道路开辟、透视线相配合可起到夹景的效果，加强透视的纵深感（图8-7）。

图8-7 列植

④正方形栽植

按方格网，在交叉点种植树木株行距相等。优点是透光通风良好，便于培育管理和机械操作。缺点是幼龄树苗，易受干旱、霜冻、日灼和风害的影响，又易造成树冠密接，对密植不利，一般在规则大片绿地中应用。

⑤三角形栽植

株行距按等边或等腰三角形排列。每株树冠前后错开，故可在单位面积内，比用正方形方式栽植较多的株数，经济利用土地面积。但通风透光较差，机械化操作不及正方形便利。一般在多行密植的街道树和大片绿地中应用。

⑥长方形栽植

正方形栽植的一种变型，其特点为行距大于株距。此种植方式，在我国南北果园中应用极为普遍，均有悠久的历史，可起到彼此簇拥的作用，为树苗生长创造了良好的环境条件，而且可在同样单位面积内栽植较多的株数，实现合理密植。可见长方形栽植，兼有正方形和三角形两种栽植方式的优点，而避免了它们的缺点，这是目前一种较好的栽种方式。我国果农经过长期生产实践，得到这样的结论："行里密，只怕密了行"，这是很有科学根据的经验之谈，在园林景观树木的规则式种植中可作参考。

⑦环植

这是按一定株距把树木栽为圆环的一种方式，有时仅有一个圆环，甚至半个圆环，有时则有多重圆环。一般圆形广场多应用这种栽植方式。

**（2）自然式种植**

①孤植

a.树种选择。孤植树主要表现植株个体的特点，突出树木的个体美。因此要选择观赏价值高的树种，即体形巨大、树冠轮廓富于变化、树姿优美、姿态奇特、花朵果实美丽、芳香浓郁、叶色具有季相变化及枝条开展、成荫效果好、寿命长等特点的树种。如榕树、香樟、紫薇等。

b.位置安排。在园林景观设计中，孤植树种植的比例虽然很小，却常作构图主景。其构图位置应该十分突出而引人注目。最好还要有像天空、水面、草地等色彩既单一又有丰富变化的景物环境作背景衬托，以突出孤植树在形体、姿态、色彩等方面的特色。

诱导树：起诱导作用的孤植树则多布置在自然式园路、河岸、溪流的转弯及尽端视线焦点处引导行进方向。安排在磴道口及园林局部的入口部分，诱导游人进入另一景区、空间。

c.观赏条件。孤植树多作局部构图的主景，因而要有比较合适的观赏视距、观赏点和适宜的欣赏位置。一般为树高的4～10倍最为适宜。

d.风景艺术。孤植树作为园林景观构图的一部分，必须与周围环境和景物相协调，统一于整个园林景观构图之中。如果在开朗宽广的草坪、山冈上或大水面的旁边栽种孤植树，所选树种应巨大，以使孤植树在姿态、体形、色彩上得到突出。

e.利用古树。园林景观设计中要尽可能利用原有大树做孤植赏景树。

②非对称种植

用在自然式园林景观设计中，植物虽不对称，但左右均衡。如：在自然式园林景观设计的出入口两旁、桥头、蹬道的石阶两旁、洞道的进口两边、闭锁空间的进口、建筑物的门口，都可形成自然式的栽植起到陪衬主景和诱导树的作用（非对称种植时，分布在构图中轴线的两侧的树木，可用同一树种，但大小和姿态必须不同，动势要向中轴线集中，与中轴线的垂直距离，大树要近，小树要远。自然式对植也可以采用株数不相同而树种相同的配植，如左侧是一株大树，右侧为同一树种的两株小树）。

③丛植

从植是由两株到十几株同种或异种的乔木或乔、灌木自然栽植在一起而成的种植类型。是绿地中重点布置的种植类型，也是园林景观设计中植物造景应用较多的种植形式。

种植形式：

A.依树种组合分（按观赏特性分）

乔木丛（树丛）：由观形乔木树种组合而成。

灌木丛（绿丛）：由常绿灌木树种组合而成。

花木丛：由赏花树木组合而成。

刺丛：由荆棘植物组成，布置于拒绝游人接近地，起隔离作用。

混合丛：由不同观赏特性的树木混合组成，视造景要求而灵活配植。

B.依树木株数组合分

a.两株一丛（配合）（图8-8）

图8-8　两株丛植

两株树的组合，应形成既有通相，又有殊相的统一变化的构图，即对比中求调和。

两株结合的树丛最好采用同一树种或十分相似的树种，两株同种树木配植时，最好在姿态上、动势上、大小上有显著差异。

其栽植的距离应小于两个树冠半径之和，使其形成一个整体，以免出现分离现象（两株独立树），而不成其为树丛了。

b.三株一丛（图8-9）

三株配植，最好采用姿态、大小有对比和差异的同一树种。

栽植时，三株忌在一条直线上，也忌等边三角形栽植，三株的距离都要不相等，所谓“三株一丛，则两株宜近，一株宜远”。

最大株和最小株都不能单独为一组。最大一株和最小一株要靠近一些，使其成为一个小组，中等的一株要远离一些，成为另一小组，形成2∶1的组合。

如果是两个不同树种，最好同为常绿树或同为落叶树，同为乔木或同为灌木，其中大的和中等的树为一种，小的为另一种。

三株配置时应忌的五种形式：

三株在同一直线上；三株成等边三角形栽植；三株大小姿态相同；三株由两个树种组成，各自构成一组，构图不统一；三株中最大的一组，其余两株为一组，使两组重量相同，构图机械。

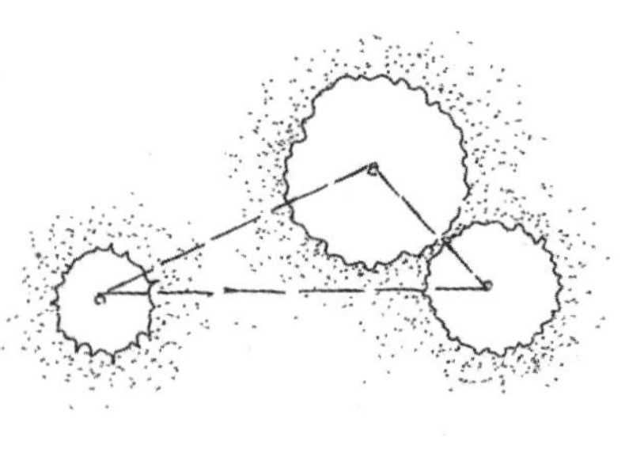

图8-9　三株丛植

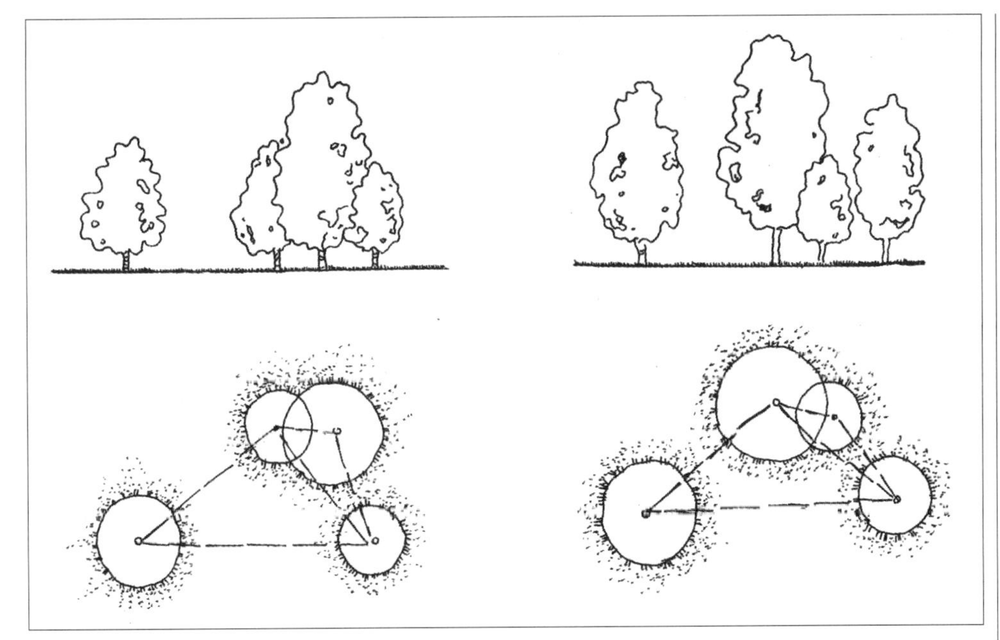

8-10 四株丛植

c.四株一丛（图8-10）

四株配植，最好采用姿态、大小、高矮上有对比和差异的同一树种为好，异种树栽植时，最好同为乔木或同为灌木。

分为两组栽植，组成3∶1的组合，即三株较近一株远离（不能两两组合），最大株和最小株都不能单独为一组。三株组合中也应两株近，一株远。总体形成二株紧密，另一株稍远，再一株远离。

树丛不能种在一条直线上，也不要等距离栽种。平面形式应为不等边四边形或不等边三角形，忌四株成直线、正方形、矩形栽植。

采用不同树种时，最好是相近树种。其中大的和中的为同种，小的为另一种。当树种完全相同时，栽植点的标高也可以变化。

d.五株树丛的配合（图8-11）

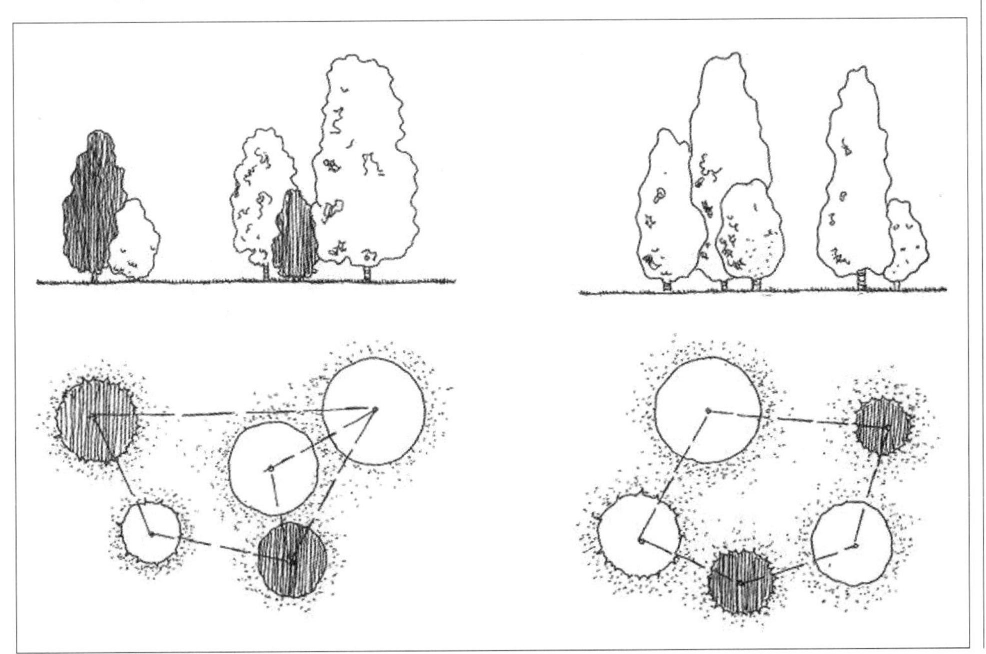

图8-11 五株丛植

分为3∶2或4∶1的组合。树丛同为一个树种时，每株树的体形、姿态、动势、大小、栽植距离都应不同。树种不同时，在3∶2的组合中一种树为三株，另一种为两株，将其分在两组中。在4∶1的组合中异种树不能单栽。

主体树必须处在三株小组或四株小组中。四株一个小组的组合原则与前述两株一丛的组合相同，三株一个小组的组合与三株一丛的组合相同，两株一小组与两株一丛相同。其中单株树木不要最大的，也不要最小的，最好是中间树种。

e.六株以上的树丛组合

树木的配植，株数越多就越复杂，但分析起来，两株、三株丛植是基本组合，六株以上配合，实质为两株、三株、四株、五株几种基本形式的互相组合而成。正像芥子园画谱中说："五株既熟，则千株万株可以类推，交搭巧妙，在此转关。"所以熟悉了基本组合，再多的树丛配植都可依次类推。

造景的要求有以下七点：

第一，主次分明，统一构图

用基本树种统一树丛（株数较多时应以1～2种基本树种统一群体）。主体部分和从属部分彼此衬托，形成主、次分明，相互联系，既有通相又有殊相的群体。

第二，起伏变化，错落有致

立面上无论从哪一方向去观赏，都不能成为直线或成简单的金字塔形式排列。平面上也不能是规则的几何轮廓，应形成大小、高低、层次、疏密有变、位置均衡的风景构图。

第三，科学搭配，巧妙结合

混交树丛搭配，要从植物自身的生物特性、生态习性及风景构图出发，处理好株间、种间的关系（株间关系是指疏密、远近等因素；种间关系是指，不同乔木以及乔、灌、草之间的搭配），使常绿与落叶、阳性与阴性、快长与慢长、乔木与灌木、深根与浅根、观花与观叶等不同植物有机地组合在一起，使植株在生长空间、光照、通风等方面，得到适合的条件，从而形成生态性相对稳定的树丛，达到理想的效果。通常高大的常绿乔木居中为背景，花色艳丽的小乔木在外侧，叶色、花色华丽的大小灌木在最外缘，以利于观赏。

第四，观赏为主，兼顾功能

混交树丛，多作为纯观赏树丛，艺术构图上的主景或做其他景物的配景。有时也兼顾做诱导性树丛，安排在出入口、路叉、路弯、河弯处来引导视线，诱导游人按设计安排好的路线欣赏园林景色。用在转弯叉口的树丛可作小路分岔的标志或遮蔽小路的前景。

单纯树丛，特别是树冠开展的单纯乔木丛，除了观赏外，更多的是用做庇荫树丛，安排在草坪、林缘、树下安置座椅、坐石（自然山石）供游人休息。

第五，四面观赏，视距适宜

树丛和孤植树一样，在其四周，尤其是主要观赏方向，要留出足够的观赏视距（W：15；H：3～6）。

第六，位置突出，地势变化

树丛的构图位置应突出，多置于视线汇焦的草坪、山冈、林中空地、水中岛屿、林缘突出部分、河叉、路叉、转弯处。在中国古典山水园中，树丛与岩石组合常设置在粉墙的前方，走廊或房屋的角隅，组成一定画题的树石小景。种植地尽量高出四周的草坪和道路，其树丛内部地势也应中间高四周低，呈缓坡状，以利于排水。

第七，整体为一，数量适宜

树丛之下不得有园路穿过，避免破坏树丛的整体感，树丛下多植草坪用以烘托，亦可置石加以点缀。园内一定范围用地上，树丛总的数量不宜过多，到处三五成丛会显得布局杂乱，植物主景不突出。

④群植

群植是由众多乔灌木（一般在20株以上）混合成群栽植在一起的种植类型。群植的树木为树群。造景要求：树群主要表现为群体美，因此，对单株的要求并不严格，仅考虑树冠上部及林缘外部的整体的起伏曲折韵律及色彩表现的美感。对构成树群的林缘处的树木，应重点选择和处理。

⑤树林

凡成片大量栽植乔灌木，构成林地和森林景观的种植类型，叫树林。树林种植多用于大面积公园安静区、风景游览区或休疗养区及卫生防护林带。树林可分为密林和疏林两种。

a.疏林（图8-12）是指郁闭度为0.4～0.6的树林。疏林是园林中应用最多的一种形式，游人的休息、看书、摄影、野餐、游戏、观景等活动，总是喜欢在林间草地上进行。

图8-12　杭州某处的疏林草地

造景的要求有以下三点：

第一，满足游憩活动的需要

林下游人密度不大时（安静休息区）可形成疏林草地（耐踩踏草种）。游人量较多时（活动场地）林下应与铺装地面结合。同时，林中可设自然弯曲的园路让游人散步（积极休息）、游赏，可设置园椅、置石供游人休息。林下草坪应耐践踏，满足草坪活动要求。

第二，树种以大乔木为主

主体乔木树冠应开展，树荫要疏朗，具有较高的观赏价值，疏林以单纯林为主。

混交林中要求其他树木的种类和数量不宜过多，为了能使林下花卉生长良好，乔木的树冠应疏朗一些，不宜过分郁闭。

第三，林木配植疏密相间

树木的种植要三五成群，疏密相间，有断有续，错落有致，使构图生动活泼、光影富于变化。忌成排成列。

b.密林（图8-13）是指郁闭度为0.7～1.0的树林。密林中阳光很少透入，地被植物含水量高，经不起踩踏。因此，一般不允许游人步入林地之中，只能在林地内设置的园路及场地上活动。密林又有单纯密林和混交密林之分。

图8-13　密植竹林

单纯密林：由一个树种组成的密林。单纯密林为一种乔木组成，故林内缺乏垂直郁闭景观和丰富的季相变化。

为了弥补这一不足，布置单纯密林时应注意以下几点：

第一，采用异龄树：可以使林冠线得到变化及增加林内垂直郁闭景观。布置时还要充分结合起伏变化的地形来考虑。

第二，配植林下木：为丰富色彩、层次、季相的变化，林下可以配植一种或多种开花华丽的耐荫或半耐荫草本花卉（玉簪、石蒜），以及低矮开花繁茂的耐荫灌木（杜鹃、绣球）。单纯配植一种花灌木可以取得简洁壮阔之美，多种混交可取得丰富多彩的季相变化。

第三，重点处理林缘景观：在林缘处还应配置同一树种、不同年龄组合的树群、树丛和孤植树；安排草花卉，增强林地外缘的景色变化。

第四，控制水平郁闭度：水平郁闭度最好为0.7～0.8，以增强林内的可见度。这样既有利于地下植被生长，又加强了林下景观的艺术效果。

混交密林：由两种或两种以上的乔木及灌木、花、草彼此相互依存，形成的多层次结构的密林。混交密林层次及季相构图景色丰富，垂直郁闭效果明显。布置应注意以下几点：

第一，留出林下透景线：供游人欣赏的林缘部分及林地内自然式园路两侧的林木，其垂直层构图要十分突出，郁闭度不可太大，以免影响游人视线进入林内欣赏林下特有的幽深景色。

第二，丰富林中园路两侧景色：密林间的道路是人门游憩的重要场所，两侧除合理安排透景线外，结合近赏的需要，还应合理布置一些开花华丽的花木、花卉，形成花带、花境等，还可利用沿路溪流水体，种植水生花卉，达到引人入胜的效果，使游人漫步其中犹如回到大自然之中。

第三，林地的郁闭度要有变化：无论是垂直还是水平郁闭度都应根据景色的要求而有所变化，以加大林地内光影的变化，还可形成林间隙地（活动场地）的明暗对比。

第四，林中树木配植主次分明：混交林中应分出主调、基调和配调树种，主调树种能随季节有所变化。大面积的可采用片状混交，小面积的多采用点状混交，亦可二者结合，一般不用带状混交。

混交密林和单纯密林在艺术效果上各有特点，前者华丽多彩，后者简洁壮阔，两者相互衬托，特点更突出，因此不能偏颇。

# 8.4 花卉种植设计

在园林景观绿地中，除了乔木、灌木的栽植和建筑、道路旁及必需的构筑物以外，还需种植一定量的花卉，使整个景观丰富多彩。因此，花卉、草坪及地被植物等是园林景观设计中重要的组成部分。在这里，花卉种植分规则式和自然式两种布置形式，规则式包括花坛、花境、花箱、花钵等。

花卉在园林景观设计中的应用是根据用地的整体布局以及园林景观设计风格而定，加之其他园林景观设计元素的搭配，形成各种引人入胜的园林景观。

## 8.4.1 花卉的规则式种植

(1) 花坛

花坛的最初含义是在具有几何形轮廓的植床内，种植各种不同色彩的花卉，运用花卉的群体效果来体现图案纹样，或观赏盛花时绚丽景观的一种花卉应用形式，以突出鲜艳的色彩或精美华丽的纹样来体现其装饰效果。

①花坛的类型

现代花坛式样极为丰富，某些设计形式已远远超过了花坛的最初含义。目前花坛可按下述分类。

a.依花材分类

盛花花坛：也叫花丛式花坛，主要由观花草本植物组成，表现盛花时群体的色彩美或绚丽的图案景观。可由同一种花卉的不同品种或不同花色的多种花卉组成。

模纹花坛：主要由低矮的观叶植物或花、叶皆美的植物组成，表现群体组成的精美图案或装饰纹样，主要有毛毡式花坛、浮雕花坛和彩结花坛等（图8-14）。毛毡花坛是由各种观叶植物组成的精美的装饰图案，植物修剪成同一高度，表面平整，宛如华丽的地毯；浮雕花坛是依花坛纹样的变化，植物高度的不同，从而使部分纹样凸起或凹陷，凸出的纹样多用常绿小灌木，凹陷面多栽植低矮的草本植物，也可以通过修剪使同种植物因高度不同而呈现凸凹，整体上具有浮雕的效果；彩结花坛是花坛内纹样模仿绸带编成的绳结式样，图案的线条粗细一致，并以草坪、砾石或卵石为底色。

现代花坛常见两种类型相结合的花坛形式。例如在规则或几何形植床之中，中间为盛花布置形式，边缘用模纹式，或在主体花坛中，中间为模纹式，基部为水平的盛花式等。

b.依空间位置分类

平面花坛：花坛表面与地面平行，主要观赏花坛的平面效果，包括沉床花坛或高出地

图8-14　杭州西湖某模纹花坛

面的花坛。

斜体花坛：花坛设置在斜坡或阶地上，也可以布置在建筑的台阶两旁或台阶上，花坛表面为斜面，是主要的观赏面。

主体花坛：花坛向空间伸展，具有竖向景观的特征，是一种超出花坛原有含义的布置形式，它以四面观为主。包括造型花坛、标牌花坛等形式。

造型花坛：是采用模纹花坛的手法，运用五色草或小菊等草本植物制成各种造型物，如动物、花篮、花瓶等，前面或四周用平面装饰。

标牌花坛：是用植物材料组成的竖向牌式花坛，多为一面观赏。

c.依花坛的组合分类

独立花坛：即单体花坛，常设置在广场、公园入口等较小的环境中。

花坛群：由相同或不同形式的多个单体花坛组合而成，但在构图及景观上具有统一性。花坛群应具有统一的底色，以突出其整体感。花坛群还可以结合喷泉和雕塑布置，后者可作为花坛群的构图中心，也可作为装饰。

花坛组：是指同一环境中设置多个花坛，与花坛群的不同之处在于前者的各个单体花坛之间的联系不是非常紧密。如沿路布置的多个带状花坛、建筑物前作基础装饰的数个小花坛等。

②花坛的设计

花坛在环境中可作为主景，也可作为配景。形式与色彩的多样性决定了它在设计上也有广泛的选择性。花坛的设置首先应在风格、体量、形状诸多方面与周围环境相协调，其次才是花坛自身的特色。花坛的体量、大小也应与花坛设置的广场、出入口及周围建筑的高低成比例。一般不应超过广场面积的1/3，同时也不小于1/5，出入口设置花坛以既美观又不妨碍游人路线为原则，在高度上不可遮住出入口的视线。花坛的外部轮廓也应与建筑物边线、相邻的路边和广场的形状协调一致。花坛要求经常保持鲜艳的色彩和整齐的轮廓。因此，多选用植株低矮、生长整齐、花期集中、株丛紧密而花色艳丽（或观叶）的种类。花坛中心宜选用较为高大而整齐的花卉材料，如美人蕉、扫帚草、毛地黄、高金鱼草等；也有用树木的，如苏铁、蒲葵、海枣、凤尾兰、雪松、云杉及修剪的球形黄杨、龙柏等。花坛的边缘也常用矮小的灌木绿篱或常绿草本作镶边栽植，如葱兰、沿阶草、雀舌黄杨、紫叶小蘖等。具体来说，几种花坛设计如下：

盛花花坛的设计：

a.植物选择

一二年生花卉为花坛的主要材料，其种类繁多，色彩丰富，成本较低。球根花卉也是盛花花坛的优良材料，其特点是色彩艳丽，开花整齐，但成本较高。

适合作花坛的花卉应株丛紧密、着花繁茂。理想的植物材料在盛花时应完全覆盖枝叶，要求花期较长，开放一致，至少保持一个季节的观赏期。如为球根花卉，要求栽植后花期一致，花色明亮鲜艳，有丰富的色彩幅度变化，纯色搭配及组合较复色混植更为理想，更能体现色彩美。

不同种花卉群体配合时，除考虑花色外，也要考虑花的质感相协调才能获得较好的效果（图8-15）。

图8-15　上海人民广场花丛花坛

b.色彩设计

盛花花坛表现的主题是花卉群体的色彩美，因此一般要求鲜明、艳丽。如果有台座，花坛色彩还要与台座的颜色相协调。其配色方法有：

对比色应用：这种配色较活泼而明快。深色调的对比较强烈，给人兴奋感，浅色调的对比配合效果较理想，对比不那么强烈，柔和而又鲜明。如堇紫色+浅黄色（堇紫色三色堇+黄色三色堇、藿香蓟+黄早菊、荷兰菊+三色革），绿色+红色（扫帚草+星红鸡冠）等。

暖色调应用：类似色或暖色调花卉搭配，色彩不鲜明时可加白色以调剂。这种配色鲜艳，热烈而庄重，在大型花坛中常用。如红+黄或红+白+黄（黄早菊+白早菊+一串红或一品红、金盏菊或黄三色堇+白雏菊或白色三色堇+红色美女樱）。

同色调应用：这种配色不常用，适用于小面积花坛及花坛组，起装饰作用，不作主景。色彩设计中还要注意其他一些问题：

第一，一个花坛配色不宜太多。一般花坛为2～3种颜色，大型花坛有4～5种足矣。配色多而复杂难以表现群体的花色效果，有杂乱之感。

第二，在花坛色彩搭配中注意颜色对人的视觉及心理的影响。

第三，花坛的色彩要和它的作用相结合来考虑。

第四，花卉色彩不同于调色板上的色彩，需要在实践中对花卉的色彩仔细观察才能正确应用。同为红色系的花卉，如天竺葵、一串红、一品红等，在明度上有差别，分别与黄早菊配用，效果就有不同。一品红红色较稳重，一串红较鲜明，而天竺葵较艳丽，后两种花卉直接与黄菊配合，也有明快的效果，但一品红与黄菊中加入白色的花卉才会有较好的效果。同样，黄、粉、紫等各色花在不同花卉中明度、饱和度都不相同。

c.图案设计

花坛外部轮廓主要是几何图形或几何图形的组合。花坛大小要适度，一般观赏轴线以8～10米为主。

现代建筑的外形趋于多样化、曲线化，在外形多变的建筑物前设置花坛，可用流线或折线构成外轮廓，对称、拟对称或自然均可，以求与周边环境的协调（图8-16）。

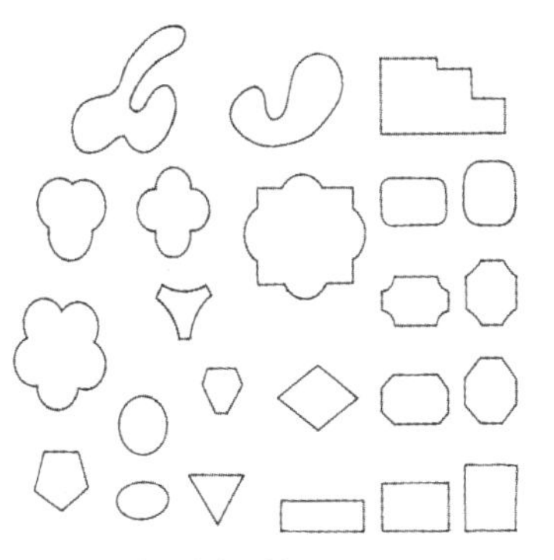
图8-16　花坛轮廓形状

花坛内部图案要简洁，轮廓要明显。忌在有限的面积上设计繁琐的图案，要求有大色块的效果。

盛花花坛可以是某一季节观赏的花坛，如秋季花坛、冬季花坛等，至少保持一个季节内有较好的观赏效果。但设计时可同时提出多季观赏的实施方案，可用同一图案更换花材，也可另设方案，一个季节花坛景观结束后立即更换下季材料，完成花坛季节交替。

模纹花坛的设计：

a.植物选择

模纹花坛材料应符合下述要求：

第一，以生长缓慢的多年生草本植物为主，如红绿草、白草、五色苋等。

第二，以枝叶细小，株丛紧密，萌蘖性强，耐修剪的观叶植物为主。如侧柏、金心黄杨、金叶女贞、小叶栀子花等。

b.色彩设计

模纹花坛的色彩设计应以图案纹样为依据，用植物的色彩突出纹样，使之清晰而精美。

c.图案设计

模纹花坛以突出内部纹样精美华丽为主，因而植床的外轮廓以线条简洁为宜，可参考盛花花坛中较简单的外形图案。

内部纹样可较盛花花坛精细复杂些，但点缀及纹样不可过于窄细。以红绿草类为例，不可窄于5厘米，一年生草本花卉以能栽植2株为限。设计条纹过窄则难于表现图案，纹样粗、宽，色彩才会鲜明，图案才会清晰。

做图案设计时应注意以下三点：

第一，内部图案可选择的内容广泛，如依照某些工艺品的花纹、卷云等，设计成毯状花纹；用文字或文字与纹样组合构成图案，如国旗、国徽、会徽等。

第二，时钟花坛：用植物材料作时钟表盘，中心安置电动时钟，指针高出花坛之上，可正确指示时间，设在斜坡上观赏效果好。

第三，日历花坛：用植物材料组成“年”、“月”、“日”或“星期”等样，中间留出空位，用其他材料制成具体的数字填于空位，每日更换。日历花坛也宜设于斜坡上。

立体花坛的设计（包括标牌花坛和造型花坛）：

a.标牌花坛

花坛以东、西朝向观赏效果好，南向光照过强，影响视觉，北向逆光，纹样暗淡，装饰效果差。

一是用五色苋等观叶植物作为表现字体及纹样的材料，栽种在15厘米×40厘米×70厘米的扁平塑料箱内。完成整体图样的设计后，每箱依照设计图案中所涉及的部分扦插植物材料，各箱拼组在一起则构成总体图样。然后，把塑料箱依图案固定在竖起（可垂直，也可为斜面）的钢木架上，形成立面景观。

二是以盛花花坛的材料为主，表现字体或色彩，多为盆栽或直接种植在架子内。架子为阶式一面观为主，架子呈圆台或棱台样阶式可作四面观。用钢架或砖及木板制成架子，然后花盆依图案设计摆放其上，或栽植于种植槽式阶梯架内，形成立面景观（图8-17）。

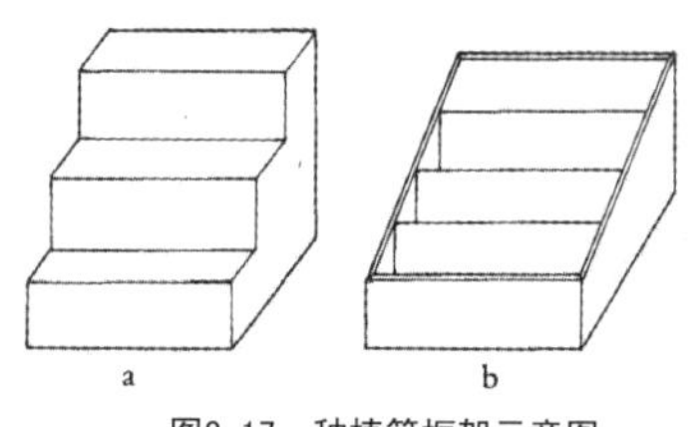

图8-17　种植箱框架示意图
（a. 阶梯式　b. 种植槽式）

设计立体花坛时首先要注意高度与环境协调。除个别场合利用立体花坛作屏障外，一般应在人的视觉观赏范围之内。此外，高度要与花坛面积成比例。以四面观圆形花坛为例，一般高为花坛直径的1/4～1/6较好。其次，设计时还应注意各种形式的立面花坛不应露出架子及种植箱或花盆，以充分展示植物材料的色彩或组成的图案。三是考虑实施的可能性及安全性，如钢木架的承重及安全问题等。

b.造型花坛

造型物的形象依环境及花坛主题来设计，可为花篮、花瓶、动物、图徽及建筑小品等，色彩应与环境的格调、气氛相吻合，比例也要与环境相协调（图8-18）。

### （2）花境

花境是园林景观绿地中又一种特殊的种植形式，是以树丛、树群、绿篱、矮墙或建筑物作背景的带状自然式花卉布置形式，是模拟自然界中林地边缘地带多种野生花卉交错生长的状态，运用艺术手法提炼、设计成的一种花卉应用形式。

图8-18 造型花坛的广泛应用

①花境的类型

从设计形式上分，花境主要有三类：

a.单面观赏花境

常以建筑物、矮墙、树丛、绿篱等为背景，前面为低矮的边缘植物，整体上前低后高，供一面观赏。

b.双面观赏花境

这种花境没有背景，多设置在草坪上或树丛间，种植植物时应中间高两侧低，供两面观赏。

c.对应式花境

在园路的两侧、草坪中央或建筑物周围设置相对应的两个花境，这两个花境呈左右二列式。在设计上统一考虑，作为一组景观，多采用拟对称的手法，以求有节奏和变化。

从植物选材上分，花境可分为三种：

a.宿根花卉花境

花境全部由可露地过冬的宿根花卉组成。

b.混合式花境

花境种植材料以耐寒的宿根花卉为主，配置少量的花灌木、球根花卉或一二年生花卉。这种花境季相分明，色彩丰富，多被应用。

c.专类花卉花境

由同属不同种类或同一种不同品种植物为主要种植材料的花境。做专类花境用的花卉要求花期、株形、花色等有较丰富的变化，从而体现花境的特点，如百合类花境、鸢尾类花境、菊花花境等。

②花境作用与位置

花境可设置在公园、风景区、街心绿地、家庭花园及林荫路旁。它是一种带状布置方式，因此可在小环境中充分利用边角、条带等地段，营造出较大的空间氛围，是林缘、墙

图8-19　花箱的应用

基、草坪边级、路边坡地、挡土墙等的装饰。花境的带状式布置，还可起到分隔空间和引导游览路线的作用。

③花境的设计

花境的形式应因地制宜，通常依游人视线的方向设立单面观赏的花境，以树丛、绿篱、墙垣或建筑物为背景，近游人一侧植物低矮，随之渐高，宽度3～4厘米。双面观赏的花境，中间植物高，两侧植物渐低，宽4～8米，常布置于两条步行道路之间或草地上树丛间。花境中植物选择应注意适应性强，可露地越冬，花期长或花叶兼备。

### (3) 花箱与花钵

①花箱

以钢筋混凝土为主要原料添加其他轻骨材料凝合而成。具有色泽、纹理逼真，坚固耐用，免维护，防偷盗等优点，与自然生态环境搭配非常和谐。仿木仿石园林景观产品既能满足园林绿化设施或户外休闲用品的实用功能需要，又美化了环境，深得用户喜爱。

花箱，以自然逼真的表现，给文化广场、公园、小区增添了浓厚的艺术气息（图8-19）。

②花坛与钵植应用

在花圃内，依设计意图把花卉栽种在预制的种植钵（种植箱）内，待花开时运送到城市广场、道路两旁和其他建筑物前进行装点。这种形式不仅施工便捷，还可迅速形成景观。

a.种植钵设计

总体上要求造型美观，纹饰以简洁的灰、白色调为主，以突出花卉的色彩美。同时还应考虑质地轻便易于移动，既可以单独陈放又能拼组和搭配应用。制作材料有玻璃钢、泡沫砖和混凝土等。此外，还有用原木和木条做种植箱的外装饰的，更富于自然情趣。

从造型上看，有圆形、方形、高脚杯形，以及由数个种植钵拼组成的六角形、八角形和菱形等（图8-20～图8-22）。

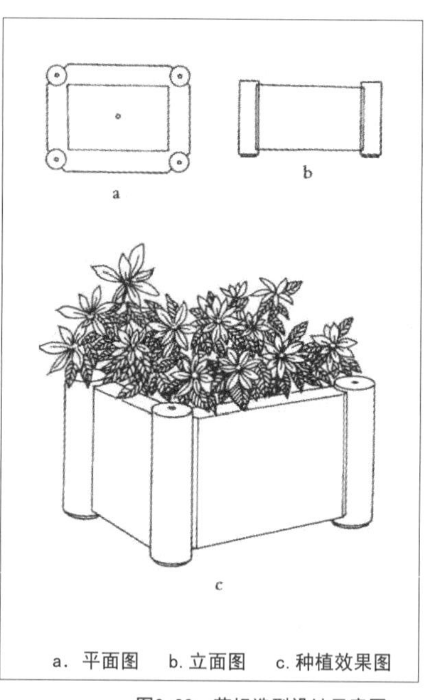

a. 平面图　b. 立面图　c. 种植效果图

图8-20　花坛造型设计示意图

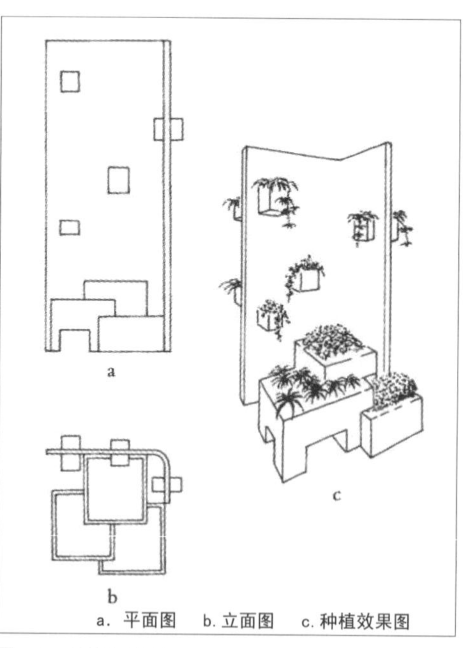

a. 平面图　b. 立面图　c. 种植效果图

图8-21　钵植造型设计示意图

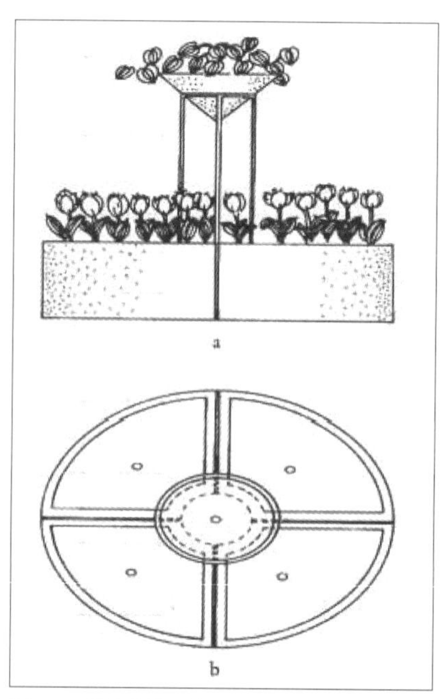

图8-22　组合式花坛造型设计

b.花卉种植设计

第一，植物选择上，应选择应时的花卉作为种植材料。

第二，用几个单体的种植钵拼组成的活动花坛，可以选用同种花卉不同色彩的园艺品种进行色块构图；或不同种类的花卉，但在花型、株高等方面相近的花卉做色彩构图，均能收到良好的效果。

第三，花卉的形态和质感，与种植钵的造型应该协调，色彩上应该有对比，才能更好地发挥装饰效果。

### 8.4.2 花卉的自然式种植

(1) 自然式花丛（图8-23）

花丛在园林景观绿地中应用极为广泛，它可以布置在大树脚下、岩石旁、溪边、自然式的草坪中和悬崖上。花丛之美不仅要欣赏它的色彩，还要欣赏它的姿态。适合做花丛的花卉有花大色艳或花小花茂的宿根花卉，灌木或多年生的藤本植物，如小菊、芍药、荷包牡丹、牡丹、旱金莲、金老梅、杜鹃类、各种球根植物中的郁金香类、百合类、喇叭水仙类、鸢尾类、萱草类等以及匍匐性植物中的蔷薇类等。

图8-23 杭州西湖边的自然式花丛景观

(2) 岩石园

把岩石与岩生植物和高山植物相结合，并配以石阶、水流等构筑成的庭园就是岩石园。由于岩石园的种植形式是模拟高山及岩生植物的生态环境，因而它又是植物驯化栽培的好场所，要比通常盆栽驯化方式优越得多。

设计形式：

①规范式岩石园

此种形式较多见。从整体上看，像山丘一样呈上升形的四面观岩石园。也可在北侧与墙面、挡土部等相接，设计成三面观的岩石园。

从岩石园的整体上看，岩石布局宜高低

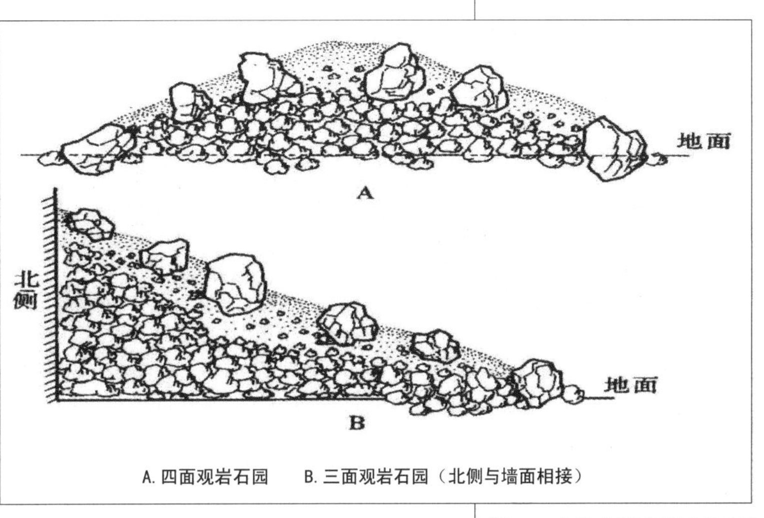


A. 四面观岩石园　B. 三面观岩石园（北侧与墙面相接）

图8-24 规范式岩石园结构示意图

图8-25 岩石园景观

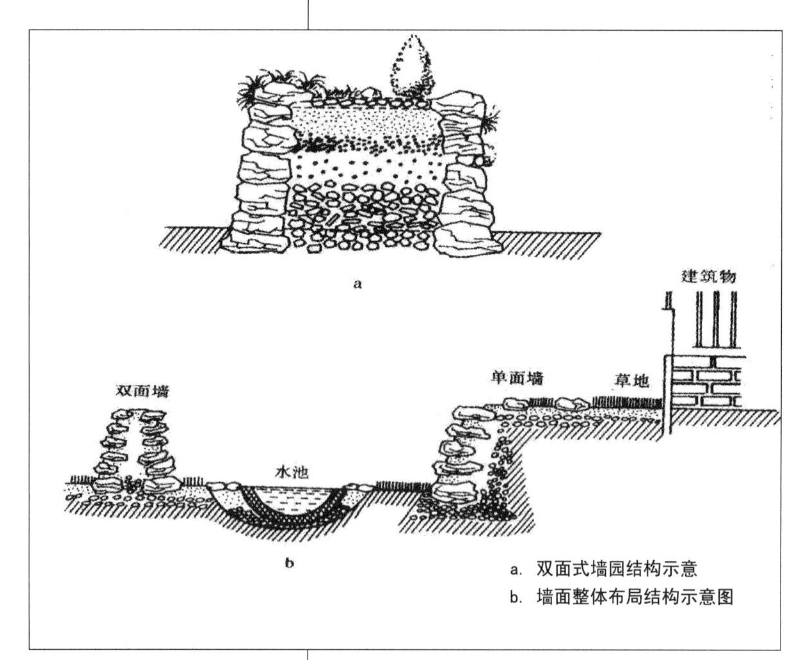

图8-26 墙园

图8-27 墙园景观

错落、疏密有致，岩块的大小组合又能与所栽植的植物搭配相宜。反之，若布石呆板或杂乱无章，就不能产生出自然风光中的妙趣（图8-24、图8-25）。

②墙园

墙园是用重叠起来的岩石组成的石墙。墙园的基础及结构与岩石园大体相同，重要的是，要把岩石堆置成钵式，应在石墙的顶部及侧面都能栽植植物，而植物根向着墙的中心方向；侧面还可栽植下垂及匍匐生长的植物。墙的大小依建造地点及条件而定。可在庭园内部建造，也可利用墙面或围墙的一段来建造。

高度要与周围环境协调，通常为60～90厘米（图8-26、图8-27）。

植物配置：

通常把适于岩石园种植的植物材料称为岩生植物（花卉），而在岩生植物（花卉）中还包括了一部分高山植物。

它们具备的共同特点是：植株低矮、生长缓慢、生活期长以及耐瘠薄土质、抗性强等。在进行岩石园的植物配置时，把喜阳的矮小植物栽在阳面；若园内设有水池，可以把喜阴及耐水湿的植物配置在水池近旁；在裸露的岩石缝隙间，配置些多肉状植物。

# 8.5 草坪建植与养护

草坪是园林景观绿化的重要组成部分，不仅可绿化、美化环境，而且在保护环境、实现生态平衡方面起着重要的作用。草坪植物在城市绿化中应按照设计要求为基本原则，并依据功能的需要、立地条件的不同而因地制宜地来选择草坪。

## 8.5.1 草坪建植

（1）草坪建植的原则

①草坪建植质量的高低不仅直接影响日后的草坪管理工作的难易程度，而且也影响草坪的使用年限。建植过程中因某些方面的失误而导致的缺陷，待草坪建成后难以弥补。因此，必须高度重视草坪建植的质量。

②根据所建草坪的主要功能（如游憩、装饰、覆盖裸露地面等）、立地条件（土质、光照、小气候等）及经济实力等因素，应因地制宜选用不同的草种，不同的施工方法，切不可强求一致。

③任何一种草种的任何一种施工方法，都应在其最佳施工期进行施工。若因故需在非最佳施工期施工，则应采取相应措施，以保证质量要求。

（2）草种的选择

中国应用的草种主要有三类：冷季型草、暖季型草、苔草类。

冷季型草用于要求绿色期长、管理水平较高的草坪上；暖季型草用于对绿色期要求不严、管理较粗放的草坪上；苔草类介于两者之间。

混合草种的应用（图8-28）。

品种间的混合：若同一个草种内的不同品种各有特殊的优点或所施工的草坪小环境变化多端时，可以用混合品种，各品种比例根据具体情况（环境与品种特性）而定。

冷季型草与暖季型草的混合应用：草地早熟禾与结缕草的混合可用于对绿色期要求

图8-28　混播草坪

长而管理水平较低的草坪中。野牛草与大羊胡子、小羊胡子的自然混合应“因势利导”或趋向某一纯种或任其竞争。

边缘草种的应用：马尼拉草与细叶狗牙根是质地优良的暖季型草，因越冬性能较差，可用于小气候较暖的环境中。

“先锋”草种的应用：萌发速度快，小苗生长速度快的草种可用作“先锋”草种。应根据最终目的与最终草种混入适当比例的“先锋”草种。

“缀花”草坪：根据草坪建植目的可有意识地加入少量生长低矮而不影响主栽草生长的植物种类。草坪中自然生长的可起“缀花”作用的野生种类可根据需要适量保留。

（3）土壤的整理

①土层厚度

不少于30厘米（特殊情况例外）。

②土壤纯度

30厘米范围内不得有任何杂质如大小石砾、砖瓦等。根据原土中杂质比例的大小或用过筛的方法，或用换土的方法，确保土壤纯度（暖地型草、苔草类可适当放宽此标准）。

③基肥的使用

种植冷季型草或土壤贫瘠的地带应使用基肥，施肥量应视土质与肥料种类而定。不论何种肥料，必须腐熟，分布要均匀，以与15厘米的土壤混合为宜。

④地表的坡度

以能顺利进行灌水、排水为基本要求，并注意草坪的美观。一般情况下，草坪中部略高、四周略低或一侧高另一侧低。

a.与原有树木的关系：草坪面与原有树木种植的高度不一致时，必须处理好与原有树木的关系（尤其是古树），若草坪低于原地面，需在树干周围保持原高度，向外逐渐降低至草坪高度；若落差较大，则应根据树冠大小，在适当的半径处叠起台阶或采用其他有效方法免使根系受害；若草坪面高于原地面，需在合适的半径处筑起围墙。

b.与路面、建筑物的关系：草坪周边高度应略低于路牙、路面或落水的高度，以灌溉水不致流出草坪为原则（或加大坡度或砌起围墙）。

⑤地面的平整

为确保草坪建成后地表平整，种草前需充分灌水1～2次，然后再次起高填低进行耕翻与平整。

## 8.5.2 草坪的养护管理

（1）养护管理的原则

①草坪的养护工作需在了解各草种生长习性的基础上进行。

②根据立地条件、草坪的功能进行不同精细程度的管理工作。

③草坪养护最基本的指标是草坪植物的全面覆盖。

**（2）草坪护理注意事项**

①夏季浇水

随着温度的升高，必须及时调整草坪的浇水频率，以防草坪干枯、泛黄。在多风、炎热和干燥天气持续时间较长的情况下，每周应在正常浇水频率基础上适当增加浇水次数。浇水时间不固定会使草坪更易于受损。

②适当浇水

浇水不足可能削弱草坪的抵抗力，使草坪易染病害并受杂草侵袭。浇水过多则会造成草坪缺氧，从而导致生理疾病及根部受害。应充分利用灌溉或降雨条件，确保处在生长期的草坪能获得足够的水量。

③环保施肥

对草坪施肥应注重环保。施肥后，应及时清除洒落的化肥并清扫车道，以防洒落的化肥随雨水或其他径流进入街道和下水道，从而造成水路污染。

④防治害虫

缺乏良好养护的草坪易受昆虫的侵袭，因此在使用杀虫剂以前，应首先检查草坪的施肥、灌溉和锄草措施。这些措施的改进不仅能减少虫害，还能令草坪更加健康美观。有几种昆虫的幼虫在春夏季会咀嚼草的根部，对草皮造成破坏。灌溉是对付这些幼虫的最佳方法。如果幼虫在靠近土壤表面的地方，杀虫剂也能发挥效果。可于7月上中旬，使用杀虫剂清除害虫。

⑤点缀草坪

如果希望在草坪中修剪出类似专业棒球场中"条形"或"块状"图案的草坪，可通过"往返修剪法"来实现。采用"往返修剪法"修剪草坪可以将叶片向相反方向弯曲，使阳光朝不同的方向折射，从而形成草色的区别。

⑥回收碎草

与其丢弃剪下的碎草，不如通过使用碎草式剪草机或增加修剪频率对碎草进行回收利用。这些碎草非但不会形成枯草层，还可为草坪提供宝贵的养分，从而减少施肥量。

⑦控制阔叶杂草

蒲公英等阔叶杂草出现在春季，一般可用专除阔叶杂草的除草剂进行清除。在专除阔叶杂草的除草剂中，液态药剂比颗粒剂使用更方便。

⑧草坪松土

草坪松土可使用专用通气设备，但通气过程比较慢。如果草坪不存在土壤板结和枯草问题，不必为草坪通气。

**（3）灌水**

人工草坪原则上都需要人工灌溉，尤其是土壤保水性能差的草坪更需人工浇水。

①灌水时期

除土壤封冻期外，草坪土壤应始终保持湿润，暖季型草主要灌水时期为4～5月、8～10月，冷季型草为3～6月、8～11月，苔草类主要为3～5月、9～10月。

②浇水质量

每次浇水以达到30厘米土层内水分饱和为原则，不能漏浇。因土质差异容易造成干旱的应增加灌水次数。漫灌方式浇水时，要勤移出水口，避免局部水量不足或局部地段水分过多或“跑水”。用喷灌方式灌水要注意是否有“死角”，若因喷头设置问题导致局部地段无法喷到时，应人工加以浇灌。

③水源

用河水、井水等水源时应注意水质是否已污染，或是否有影响草坪草生长的物质存在。

④排水

冷季型草草坪应注意排水，地势低洼、雨季有可能造成积水的草坪应有排水措施。

（4）施肥

高质量草坪初建植时除应施入基肥外，每年必须追施一定数量的化肥或有机肥。

①施肥时期与施肥量

a.高质量草坪在返青前施腐熟粉碎的麻渣等有机肥，施肥量50～200克/平方米。

b.修剪次数多的野牛草草坪，当出现草色稍浅时应施氮肥，以尿素为例，每平方米10～15克，8月下旬修剪后应普遍追施氮肥一次。

冷季型草：主要施肥时期为9～10月，以氮肥为主，3～4月份视草坪生长状况决定施肥与否，5～8月非特殊衰弱草坪一般不必施肥。

②施肥方式

a.撒施：无论用手撒或用机器撒播都必须撒匀，为此可把总施肥量分成2份，分别以互相垂直方向分两次分撒。注意切不可有大小肥块落于叶面或地面。避免叶面潮湿时撒肥，撒肥后必须及时灌水。

b.叶面喷肥：全生长季都可用此法施肥，根据肥料种类不同，溶液浓度为0.1%～0.3%，喷洒应均匀。

③补肥

草坪中某些局部长势明显弱于周边时应及时增施肥料，或称作补肥。补肥种类以氮肥和复合化肥为主，补肥量依“草情”而定，通过补肥，使衰弱的局部与整体草势达到一致。

④施肥试验

因土质等立地条件的不同、前期管理水平不同，因此施肥前应作小面积不同施肥量试验，根据试验结果确定合适的施肥量，避免浪费或不足。

（5）剪草

人工草坪必须剪草，特别是高质量草坪更需多次剪草。

剪草高度以草种、季节、环境等因素而定。

剪草次数应根据不同的草种、不同的管理水平及不同的环境条件来确定。

a.野牛草：全年剪2～4次，自5～8月，最后一次修剪不晚于8月下旬。

b.结缕草：全年剪2～10次，自5月中旬至8月，高质量结缕草一周剪一次。

c.大羊胡子草：以覆盖裸露地面为目的，基本上可以不修剪，为提高观赏效果全年可剪2～3次。

d.冷季型草：以剪除部分叶面积不超过总叶面积的1/3确定修剪次数。粗放管理的草坪最少在抽穗前应剪两次，达到无穗状态；精细管理的高质量冷季型草以草高不超过15厘米为原则。

剪草注意事项：

a.剪草前需彻底清除地表石块，尤其是坚硬的物质。

b.检查剪草机各部位是否正常，刀片是否锋利。

c.剪草需在无露水的时间段内进行。

d.剪下的草屑需及时彻底从草坪上清除。

e.剪草时需一行压一行进行，不能遗漏。某些剪草机无法剪到的角落需人工补充修剪。

### （6）病虫害防治

病虫害防治在草坪管理中是一项很重要的工作，在草坪生长季节尤为重要。

药物防治要根据不同的草种在不同的生长期和根据病虫害种类的生长发育期选用不同的农药，使用不同的浓度和不同的施用方法。

### （7）除杂草

草坪的杂草应按照除早、除小、除净的原则清除。

加强肥水管理，促进目的草旺盛生长是抑制杂草滋生与蔓延的重要手段。

野牛草、羊胡子草草坪根据“草情”适当控制水分来抑制杂草生长。

用剪草手段可控制某些双子叶杂草的旺盛生长。

生长迅速、蔓延能力强的杂草如牛筋草、马塘、葎草、灰菜、蒺藜等必须人工及时拔除，以减少其危害。

### （8）清理

各类草坪均需随时保持地表无杂物。

3月上旬前将草坪杂草清理完毕。

### （9）复壮与更新

当草坪中以杂草为主或目的草覆盖度低于50%时应及时采取复壮措施；若目的草覆盖度低于30%时应考虑更新。

草坪复壮的主要手段是剔除杂草、增加灌水、增施肥料。覆盖度低的局部地段应补播或补种。

草坪更新的关键措施是多年恶性杂草的清除（若更换草种，则应对前茬草种视作恶性杂草）；为达到清除目的，可使用灭生性除草剂。

# 8.6 攀缘植物种植设计

攀缘植物是我国园林景观设计中常用的植物材料，无论是富丽堂皇的皇家园林景观，还是玲珑雅致的私家园林景观，都不乏攀缘植物的应用。当前，由于城市园林景观绿化的用地面积愈来愈少，充分利用攀缘植物进行垂直绿化是拓展绿化空间、增加城市绿化量、提高整体绿化水平、改善生态环境的重要途径。

## 8.6.1 攀缘植物的作用与分类

### (1) 攀缘植物的作用

我国的观赏攀缘植物历来享有很高声誉：刚劲古朴，蟠如盘龙的紫藤在融融春日“绿蔓浓荫紫轴垂”，花香袭人；忍冬，岁寒犹绿，经冬不凋，花开之时，黄白相映；至于花团锦簇、婉丽浓艳的蔷薇，凌云直上、花如金钟的凌霄，叶色苍翠、潇洒自然的常春藤、络石和果形奇特的葫芦、苦瓜等都是著名园林景观观赏植物中的攀缘植物，目前在国外十分流行的花大色艳的铁线莲原种也大半在我国。

攀缘植物还具有各种经济价值。葡萄、金银花、使君子、何首乌、罗汉果、五味子、南蛇藤、马兜玲、薯蓣等，都具有很好的药用价值。

在蔬菜、瓜果、淀粉类植物中，也不乏攀缘植物。以葛藤为例，不仅可以提供淀粉，而且是保持水土的领先植物。有些攀缘植物还是工业用油、制栲胶、制染料等方面的重要原料。

在城市绿化中，攀缘植物用作垂直绿化材料，或屋内布置，更具有独特的作用。

### (2) 攀缘植物的分类

英国伟大的生物学家达尔文根据攀缘植物攀缘情况，将其分成四大类型。

①缠绕植物

不具特殊的攀缘器官，而是依靠自己的主茎，缠绕着其他物体向上生长。它们缠绕的方向，有向右旋的，如薯蓣、啤酒花、葎草等；向左旋的，如紫藤、牵牛花等；另有左右旋的，如何首乌等。

②攀缘植物

具有明显特殊的攀缘器官，如特殊的叶、叶柄、卷须枝条等，利用特殊攀缘器官，把自身固定在其他物体上而生长，如葡萄、铁线莲、丝瓜、葫芦等。

③钩刺植物

在其体表着生向下弯曲的镰刀状逆刺，钩附在其他物体上面向上生长，如木香、野蔷薇等。

④攀附植物

植物的节上，长出许多能分泌胶状物质的气生不定根，或产生能分泌黏胶的吸盘，吸附在其他物体上，不断向上攀缘，如爬山虎、扶芳藤等。

除以上分类法外，也有按其茎干木质化的程度，分为草本攀缘植物、木本攀缘植物；也有按落叶与否而分为落叶攀缘植物、常绿攀缘植物；还有按其观赏部位来分为观花攀缘植物、观叶攀缘植物、观果攀缘植物等。

## 8.6.2 攀缘植物的室外应用

⑴垂直绿化

垂直绿化是指利用攀缘植物来美化建筑物的一种绿化形式，由于这种绿化是向立面发展的，所以叫做垂直绿化。

a.垂直绿化的特点

因为垂直绿化是通过攀缘植物来实现的，故垂直绿化的特点实质上也反映出攀缘植物自身的特点，主要有四点：

第一，攀缘植物攀附于建筑物上，能随建筑物的形体变化而变化。

第二，不占地或少占地，凡是地面空间狭小，不能栽植乔木、灌木的地方，都可栽上攀缘植物。

第三，要有依附物才能向上生长，攀缘植物又叫做悬挂植物，它的本身不能直立生长，只有用它的特殊器官如吸盘、卷须、钩刺、气生根、缠绕茎等，依附支撑物如架子、墙壁、枯木、灯柱等才能生长。在没有支撑物的情况下，只能匍匐或垂挂伸展。

第四，繁殖容易，生长迅速，管理比较粗放。

b.垂直绿化的优点（图8-29）

第一，屋内降温。

第二，美化街坊。攀缘植物可以借助城市建筑物的高低层次，构成多层次、多变化的绿化景观。

第三，遮阴纳凉。公共绿地或专用庭院，如果用观花、观果、观叶的攀缘植物来装饰花架、花亭、花廊等，既丰富了园景，也是夏季遮阴纳凉的场所。

第四，遮掩建筑设施。城市的公共厕所、简易车库、候车亭、电话亭、售货亭或传达室等，可用攀缘植物遮盖这些建筑物，美化环境。

第五，生产植物产品。栽植攀缘植物除

图8-29　垂直绿化与建筑的结合

图8-30 墙面绿化

具有社会效益，环境效益，还有经济效益。

②墙面绿化（图8-30）

利用攀缘植物装饰建筑物墙面称为墙面绿化。这类攀缘植物基本上都属于攀附攀缘植物。因其茂密的枝叶，能起到防止风雨侵蚀和烈日曝晒的作用，就好像给墙面披上了绿色的保护服。墙面绿化以后，还能创造一个凉爽舒适的环境。经测定，在炎热季节，有墙面绿化的室内温度比没有墙面绿化的要低2℃～4℃。

适于作墙面绿化的攀缘植物品种很多，如常春藤、薜荔终年翠绿，五叶地锦、扶芳藤入秋叶色橙红，凌霄金钟朵朵，络石飘洒自然，可以起到点缀或配衬园林景色的作用。广泛运用墙面绿化，对于人口和建筑密度较高的城市，是提高绿化覆盖率，创造较好的生态环境，发展城市绿化的一条途径。目前墙面绿化常用的树种有薜荔、凌霄、络石、爬山虎、青龙藤、常春藤、扶芳藤、五叶地锦。

a.墙面类型

在目前国内城市中常用的墙面主要有水泥拉毛墙面、水泥粉墙面、清水砖墙面、石灰粉墙面、油漆涂料墙面及其他装饰性墙面等。

为了创造良好的生态环境，保护建筑物的使用寿命，推广墙面绿化，研究创制相应的墙面，应是建筑材料和绿化部门共同探讨的课题。

b.墙面朝向

建筑物墙面朝向各不相同。一般南向和东向光照较充足，北向和西向光照较少，有的建筑之间间距近，即使南向墙面也光照不足，因此必须根据具体情况，选择不同生活习性的攀缘植物，如朝阳的墙面，可选种爬山虎、凌霄、青龙藤等；背阳的墙面可选种常春藤、薜荔、扶芳藤等。

c.墙面高度

根据攀缘植物攀缘能力选择树种。高大建筑物，可选种爬山虎、五叶地锦、青龙藤等；较矮小的建筑物，可种植扶芳藤、常春藤、薜荔、络石和凌霄等。

d.种植形式

地栽：将攀缘植物直接种在墙边的地上，有条件的地方，应尽量采用，因为土层深厚，有利于攀缘植物的生长。为了尽快收到绿化效果，种植株距为50～100厘米，当年生长速度快，而向两旁分枝较少，如养护管理得当，当年可长到8米多，单株覆盖面积达8～9平方米。如果建筑物周围有明沟，则可以把攀缘植物种在明沟外侧，让攀缘植物越过明沟再伸向墙面。

容器栽：分种植槽栽和盆（缸）栽。容器栽植必须注意两个问题，一是容器底部应有排水孔，二是要有机质含量高。

沿街人行道旁，因人行道狭窄不能建街道绿地，可在围墙外去掉50厘米水泥板，调土

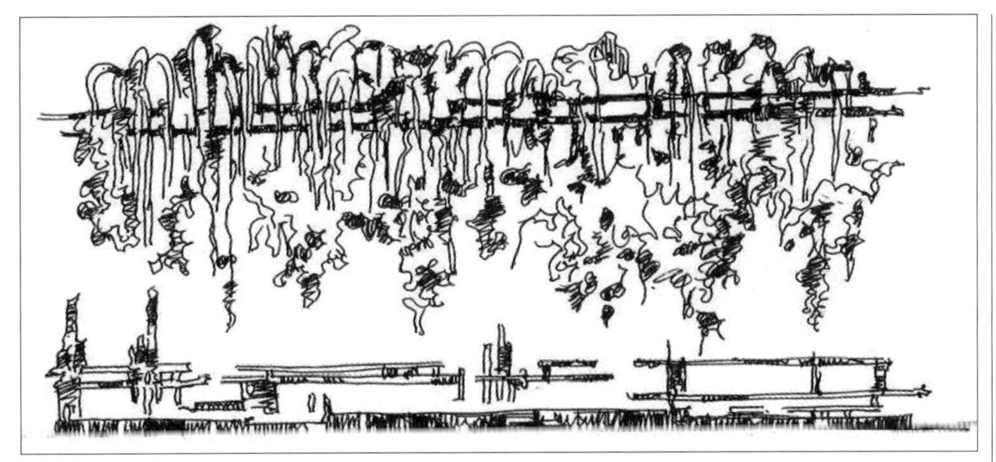

图8-31　墙内种植向墙外垂挂

种植攀缘植物，可起到乔灌木所不能起到的作用，它不仅能扩大绿化覆盖面积，还美化了街景。

墙内种植向墙外垂挂：若围墙外无种植条件，也可在墙内种植，让攀缘植物由墙内向墙外垂挂，体现了墙内种花墙外香，“一枝红杏出墙来”的意境（图8-31）。

随着垂直绿化的发展，目前有些城市还利用攀缘植物，进行墙面艺术造型，使墙面绿化有了进一步发展。

为了帮助攀缘植物紧贴墙面，可采用骑马钉固定、橡皮胶固定，也可用竹竿、铅丝拉网固定，等藤蔓吸牢墙面后，便可拆除（图8-32）。

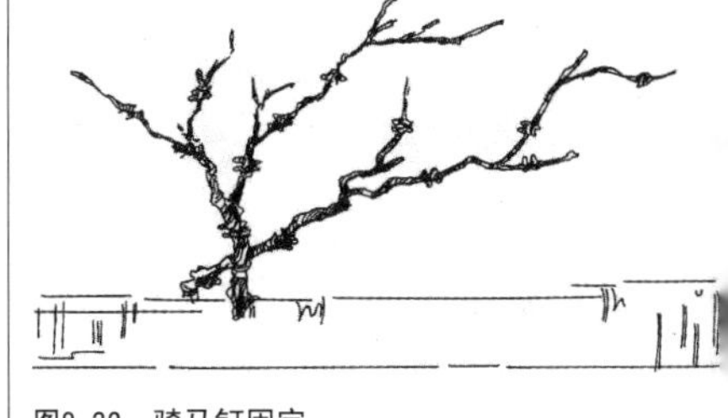

图8-32　骑马钉固定

③阳台绿化

阳台是建筑立面上重点装饰的部位，阳台的绿化必须考虑建筑立面的总设计意图与美化街景的任务。故阳台的绿化也是建筑和街道绿化的一部分，最好由建筑部门和园林景观设计部门统一考虑其阳台绿化的类型。如苏联从建筑设计要求出发进行阳台的攀缘植物绿化（图8-33）。

另外，阳台又是居住空间的扩大部分，故要满足各住户对阳台使用功能上和绿化上的要求。如生活阳台大多位于南面或临街，此种阳台的绿化主要应按主人的喜爱和街景的艺术美考虑，而朝西或朝北阳台，夏天受炎热的西晒，冬天又受西北寒风的吹袭，此种阳台的绿化主要应从防西晒、防寒风方面来考虑。

用攀缘植物绿化阳台常采用的构图形式有以下几种：

a.平行垂直线构图

垂直线一般给人以沉着、稳定、庄重之感，它可以将一排主要的形象展示给人们。在夏季西晒严重的阳台上，采用此种形式更为适宜。

b.平行水平线构图（图8-34）

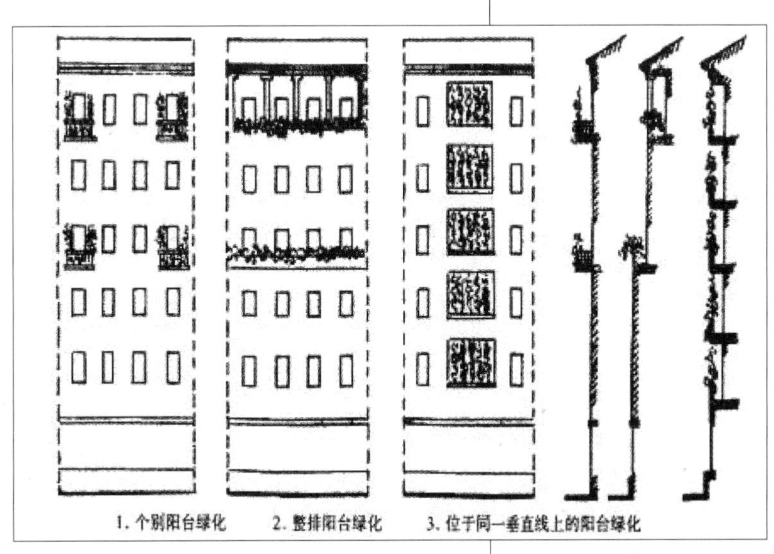


图8-33　阳台绿化

图8-34 平行水平线构图

水平线可使画面情绪产生抑制作用，当这种水平线成为构图的基本形式时，体现了安宁、平静的意境。此种形式适宜于朝向较好的生活阳台。在此种形式的基础上，还能发展为如图8-35、图8-36所示等形式。

该种形式对伸向建筑外部的晒衣问题有些影响，但对不伸向建筑外部的晒衣毫无影响。

图8-35 阳台栏杆处设棚架

图8-36 上层阳台底部的外挑棚架

④斜线构图

斜线给人动势感，如疏密交错布置得好，则气氛显得很活跃。

为了达到不同的绿化效果，攀缘植物要靠各种牵引才能良好生长。常用牵引方法有三种：

第一种，是采用简单易得的建筑材料做成各种适宜的棚架形式进行绿化，使攀缘植物能按人们的设计要求生长（图8-37、图8-38）。此种牵引方法对一些自身攀缘能力较弱的植物更为适宜。

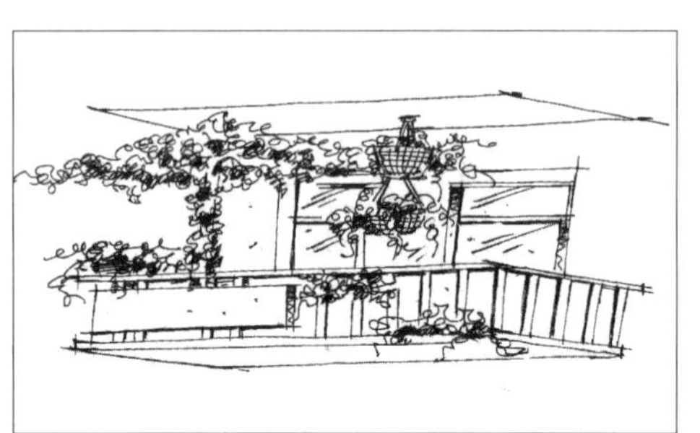

图8-37 斜线构图

图8-38 内阳台屏风式棚架绿化布置

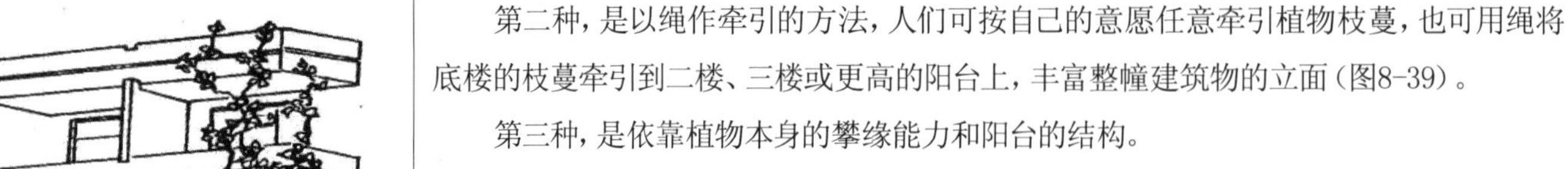

第二种，是以绳作牵引的方法，人们可按自己的意愿任意牵引植物枝蔓，也可用绳将底楼的枝蔓牵引到二楼、三楼或更高的阳台上，丰富整幢建筑物的立面（图8-39）。

第三种，是依靠植物本身的攀缘能力和阳台的结构。

以上各种构图形式和牵引方法都必须根据艺术构图的要求和植物的不同习性因地制宜地加以选用。

阳台绿化的植物材料选择要根据阳台的立地环境，选择能适应这些条件生长的植物。

由于阳台风大，因而不宜选择枝叶繁茂的大型木本攀缘植物，应选择一些中小型的木

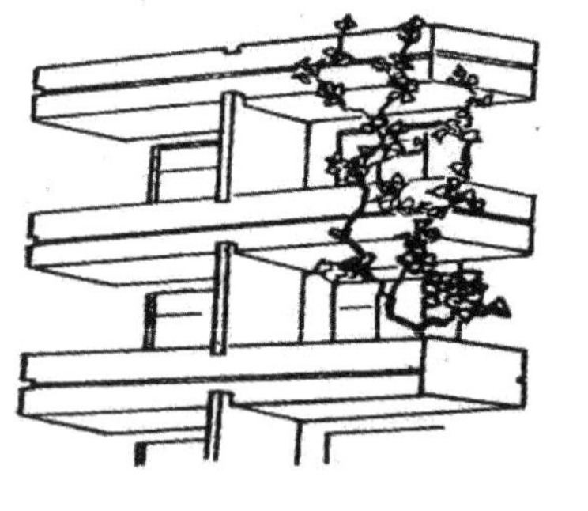

图8-39 垂直牵引法

本攀缘植物或草本攀缘植物；由于阳台蒸发量大，较燥热，故要选择抗旱性强、管理较粗放的植物品种；由于阳台土层浅而少，应选择水平根系发达的非直根性植物。应该根据主人的喜好和墙面等周围环境的色彩和空间的大小来选择适宜的植物品种。

目前常用的木本攀缘植物有地锦、葡萄、凌霄、常春藤、金银花、十姐妹、攀缘月季等；草本植物常用的有牵牛、茑萝、丝瓜、扁豆、北豆、香豌豆等。

⑤棚架绿化

攀缘植物在棚架所决定的空间范围内生长称为棚架绿化。棚架绿化能充分利用空间，如路面、水面、车棚、杂物堆场上面的棚架。建在建筑物门窗向阳处的棚架能代替遮阴棚遮挡烈日。公园、街道绿地和庭院中的棚架往往都是整体组成中的重要园林景观，又是休憩场所。

a.棚架类型

有观赏和生产两种类型。生产型主要从经济效益考虑；观赏型棚架则除此要求外，还要讲究造型新颖、美观、色彩调和，并要有一定观赏价值。

b.棚架设置地点和树种选择

公园、开放式街头绿地以及城市和各种单位的屋顶、阳台、窗台、门口、路面、里弄庭院、露天扶梯、车棚、堆场都可以搭棚架。棚架材料、形式和树种要根据不同地点的具体状况加以选择。

常用的观赏性棚架攀缘植物如紫藤、木香、凌霄、藤本蔷薇、猕猴桃、油麻藤、金银花、葡萄、三角花以及一年生草本有牵牛、茑萝、瓜类、扁豆等，同一棚架也可选用木本和草本攀缘植物混种，沈阳南湖公园绮芳园内棚架绿化，就选用了葡萄、牵牛花、五叶地锦等几种藤本植物，将远期和近期相结合，从而一年四季有季相变化，观赏效果很好。

车棚、堆场等处的棚架有遮蔽丑陋的作用，因此可选用枝叶较茂密的常绿攀缘植物，木香、常绿油麻藤、藤本三七树效果都较好。

门窗外的框架式棚架（图8-40）种植的攀缘植物既要遮挡夏季的烈日，又要使其他季节能够接受到足够的阳光，应选耐修剪的木本攀缘植物或一年生草本攀缘植物，如葡萄、金银花、茑萝、牵牛花、丝瓜和扁豆等。

图8-40　门窗框架棚

若是为了结合生产或观果，可种植葡萄、凌霄、猕猴桃、金银花、瓜类、豆类等品种。

c.种植形式

分地栽和容器栽两种。

⑥篱笆与围墙绿化

篱笆和围墙主要是除了分隔庭院外，还有防护作用。不论竹篱笆或金属网眼篱笆，都可选用攀缘植物来装饰美化。云实、木香、金银花、常春藤、藤本月季、藤本蔷薇等都是常用的木本攀缘植物，一二年生攀缘植物如茑萝、牵牛以及豆类、瓜类等品种，见效快，但冬季植株枯黄后，篱笆显得单调。

目前，透空围墙的应用日益增多，这种围墙可以内外透视，美化街景。如在墙旁种植攀缘植物，株距要稍大一些，以3～4米为宜，品种可选用开花常绿的攀缘植物，这样既不影响内外透视效果，又美化了透空围墙、点缀了街景。

图8-41 链索栏杆

栏杆绿化：

为了保护、美化绿地，往往设置高低不同的栏杆、阳台、晒台和屋顶护栏。

利用栏杆种植攀缘植物要根据不同情况分别对待。目前使用的栏杆结构有竹木栏杆、金属栏杆、链索栏杆（图8-41）、水泥栏杆等。

装饰性矮栏杆高度一般在50厘米以下，设计有美丽的花纹和图案，这类栏杆不宜种植攀缘植物，以免影响原有装饰。

保护性高栏杆一般在80厘米以上，如结构粗糙的水泥栏杆，陈旧的金属栏杆，阳台、晒台栏杆等。

栏杆上适当攀附攀缘植物后，增加了空间绿化层次，使围栏具有生气。围栏边可选用常绿开花多年生攀缘植物，如金银花、常春藤、藤本蔷薇、藤本三七等，同时也可选用一年生攀缘植物如茑萝、牵牛花等。

需要注意的是金属栏杆因经常需要维修油漆，以种植一年生攀缘植物为好。

⑦护坡绿化及其他

由植物材料来保护坡面，叫做护坡绿化。攀缘植物是护坡绿化的好材料，这在我国著名山城——重庆表现很突出。在城市马路旁的陡坡上栽植藤本三七、爬山虎等覆盖表土或岩石，能起到良好的水土保持和美化作用，当地称为堡坎绿化。

络石、常春藤等攀缘植物在公园或风景区的河堤旁栽植，作为地被植物覆盖堤岸，也十分美观。

公园园林景观绿地中人工堆砌的岩石假山，常以肥藤植物加以点缀，能获得仿照自然而胜于自然的效果。国外有的地方把攀缘植物用于庭园灯柱的绿化装饰，但需要人工严格修剪控制，否则会影响灯光的照明度。

## 8.6.3 攀缘植物的屋顶绿化应用

（1）攀缘植物的屋顶绿化形式

①平铺式布置

用攀缘植物作覆盖植物栽培，不需要在屋顶全面铺培养土，只需视屋顶的面积大小、分散放置几只陶缸，或是选择屋顶坡面的高部位砌筑几个种植槽，高度不超过35厘米，种植数株紫藤、凌霄、薜荔、爬山虎、五叶地锦等攀缘植物，由人工诱导枝蔓匍匐伸展方向，3～5年，就能覆盖整个屋顶，但落叶容易堵塞落水口，应注意及时清理。

②篱壁式布置

一般屋顶采用生产型攀缘植物的种植比较适宜。

③棚架式布置

用攀缘植物来装饰屋顶的花架、亭、廊等。也有的在屋顶设棚搭架栽培生产葡萄、猕猴桃。

屋顶棚架栽培与地面要求有所不同，屋顶棚架要考虑到屋顶荷载和风害，因此，架材要轻、架面要矮、绑蔓要牢。

④盆栽式布置

也多以生产为目的，最常用的是蔓性果木类如葡萄、猕猴桃等。盆栽藤本果木均需在盆内搭设简单支架，人工引缚使其攀附生长，均匀接受阳光雨露。

⑤垂挂式布置

以攀缘植物来覆盖屋顶的女儿墙或商店的雨篷，让枝蔓垂挂于外可以美化街景、增加建筑物的绿化气氛。除凌霄、木香、紫藤、野蔷薇等木质藤本植物外，种植扁豆、丝瓜、葫芦、瓠瓜、牵牛花、红花菜豆等草质藤本植物也很适合。

**（2）攀缘植物的材料选择**

屋顶绿化的藤本植物选择原则，从观赏角度的要求而言，有些与地面绿化相同，例如草本与木本同等重要；要以观花、观果的藤本植物为主；同一架面上可选择一种攀缘植物，也可选用几种屋顶绿化类型。屋顶绿化类型可分为封闭型与开放型，封闭型屋顶绿化又可分为地毯式和种植式。建筑结构较差时，除管理人员外，其他人均不得进入。开放型是指屋顶花园，建筑结构好，可公开供人们登高游览。同时，季相不同的植物不能混栽。

由此可知，屋顶栽培的有利条件是：光照好、温差大、湿度小、病害少。不利条件是土层薄、植物赖以生长发育的营养体积小（虽然单位体积养分高），而且易受干旱，易遭风害，夏季易受日灼，冬季易受冻害，因此在管理上比地面栽培要求高，风险也较大。

根据上述屋顶栽培的生态环境，在选择攀缘植物材料时，必须考虑具备相适应的生态习性。

①喜光照

因屋顶的日照比地面强，故要选择阳性攀缘植物。例如葡萄，是无光不结实的果树，较适宜于屋顶栽培。紫藤也是这样，光照好的地方，花多荚多；光照不足，花芽分化不良，甚至枝叶暗淡，缺少光泽。其他如凌霄、薜荔、木香、木通、鸡血藤、丝瓜、牵牛、扁豆、葫芦、茑萝、金银花、油麻藤、攀缘蔷薇等均属于阳性植物。阳性偏阴植物如爬山虎、猕猴桃、五叶地锦等，在屋顶上也能良好生长。至于适宜生长于蔽荫环境中的阴性植物如常春藤、络石、石血、南五味子等，在光照充足的屋顶反而生长不良。

②抗风能力强

这里指的抗风能力强弱，主要是以风吹折或叶片吹破、吹落的程度来确定。由于攀缘植物的茎一般具有较强的韧性，故通常抗风能力较强。但抗风能力的大小，各植物种之间还是有很大差别。例如草质藤本植物的抗风能力明显低于木质藤本植物；同为木质藤本植物，常绿树种的叶片较厚、质地较坚硬，比叶片较薄，质地柔韧的落叶攀缘树种抗风能力强；具有缠绕习性和攀缘习性的攀缘植物的抗风能力强；枝蔓韧性差，叶片大的葡萄植株，当新梢未木质化之前很容易受风害折枝，或者叶片被大风吹破吹落，而油麻藤、薜荔、木香等则不会发生类似情况。

# 8.7 水生植物种植设计

园林景观绿化中的水面，不仅起到调节气候，解决园林景观中蓄水、排水、灌溉问题，并能为开展多种水上活动创造良好条件。

有了水面就可栽种水生植物。水生植物的茎叶花果都有观赏价值，种植水生植物可打破水面的平静，为水面增添情趣；可减少水面蒸发，改进水质。水生植物生长迅速，适应性强，栽培粗放，管理省工，还可提供一定的副产品，有些可作为蔬菜和药材，如莲藕、慈姑、菱角等，有的则可提供廉价的饲料，如水浮莲等。

图8-42 杭州西湖边的荷花

## 8.7.1 水生植物的分类

根据水生植物的生活方式与形态的不同，一般将其分为以下几大类：

（1）挺水型水生植物

挺水型水生植物植株高大，花色艳丽，绝大多数有茎、叶之分，直立挺拔，下部或基部沉于水中，根或地茎扎入泥中生长发育，上部植株挺出水面。挺水型植物种类繁多，常见的有荷花、菖蒲、香蒲、慈姑、千屈菜、黄花鸢尾等（图8-42）。

（2）浮叶型水生植物

浮叶型水生植物的根状茎发达，花大，色艳，无明显的地上茎或茎细弱不能直立，而它们的体内通常贮藏有大量的气体，使叶片或植株能漂浮于水面上。常见种类有睡莲、王莲、萍蓬草、芡实、荇菜等，种类较多（图8-43）。

图8-43 浮叶形的王莲景观

（3）漂浮型水生植物

漂浮型水生植物种类较少，这类植株的根不生于泥中，株体漂浮于水面之上，随水流、风浪四处漂泊，多数以观叶为主，为池水提供装饰和绿化。又因为它们既能吸收水里的矿物质，同时又能遮蔽射入水中的阳光，所以也能够抑制水藻的生长。漂浮植物的生长速度很快，能更快地为水面提供遮盖装饰。但有些品种生长、繁衍得特别迅速，可能会成为水中一害，如水葫芦等，所以需要定期清理出一些，否则它们就会覆盖整个水面。另外，也不要将这类植物引入面积较大的池塘，因为将这类植物从大池塘中除去会非常困难。

（4）沉水型水生植物

沉水型水生植物的根茎生于泥中，整个植株沉入水体之中，通气组织特别发达，利于在水中空气极度缺乏的环境中进行气体交换。叶多为狭长或丝状，植株的各部分均能吸收水中的养分，而在水下弱光的条件下也能正常生长发育。但对水质有一定的要求，因为水质会影响其对弱光的利用。特点是花小、花期短，以观叶为主。它们能够在白天制造氧气，有利于平衡水中的化学成分和促进鱼类的生长。

（5）水缘植物

这类植物生长在水池边，从水深23厘米处到水池边的泥里都可以生长。水缘植物的品种非常多，主要起观赏作用。种植在小型野生生物水池边的水缘植物，可以为水鸟和其他光顾水池的动物提供藏身的地方。在自然条件下生长的水缘植物可能会成片蔓延，不过，移植到小型水池边以后，只要经常修剪并用培植盆控制其根部的蔓延，就不会有什么问题。一些预制模的水池带有浅水区，是专门为水缘植物预备的。当然，也可以将种植在平底的培植盆里的植物，直接放在浅水区域。

（6）喜湿性植物

这类植物生长在水池或小溪边沿湿润的土壤里，但是根部不能浸没在水中。喜湿性植物不是真正的水生植物，只是它们喜欢生长在有水的地方，根部只有在长期保持湿润的情况下才能旺盛生长。常见的有樱草类、玉簪类和落新妇类等植物，另外还有柳树等木本植物。

### 8.7.2 水生植物的种植设计造景要求

水生植物与环境条件中关系最密切的是水的深浅，运用水生植物应注意：

（1）水生植物的种类

①挺水植物（如千屈菜、荷花、芦苇）

它们的根浸在泥中，植物直立挺出水面，大部分生长在岸边沼泽地带。因此在园林景观设计中宜将这类植物种植在既不防碍游人水上活动，又能增进岸边风景的浅岸部分。

②浮水植物（如睡莲、浮萍）

它们的根生长在水底泥中，但茎并不挺出水面，只有叶漂浮在水面上。这类植物自沿岸浅水到稍深1米左右的水域中都能生长。

③漂浮植物（如水浮莲、浮萍）

全株漂浮在水面或水中。这类植物大多生长迅速，繁殖速度快，能在深水与浅水中生长。宜布置在静水中，做平静观赏水面的点缀装饰。

（2）水生植物面积大小

在水体中种植水生植物时，不宜种满一池，使水面看不清倒影，而失去水景扩大空间的作用和水面平静的感觉。

（3）水生植物的位置选择

不要集中一处，也不能沿岸种满一圈。应有疏有密、有断有续地布置于近岸，以便游人观赏姿容，同时丰富岸边景色变化。

（4）考虑倒影效果

在临水建筑、园桥附近，水生植物的栽植不能影响岸边景物的倒影效果，应留出一定水面空间成景便于观赏。

（5）水生植物的配植

因景而异。单纯成片种植：较大水面结合生产单种荷花或芦苇等形成宏观效果。几种混植：常形成观赏为主的水景植物布置。无论是单一，还是混交几种植物，根据水面大小，均可孤植、列植、带植、丛植、群植、片植等多种形式配植。

（6）水下设施的安置

为了控制水生植物的生长，常需在水下安置一些设施。

①水下支墩（砖石、山石）

水深时在池底用砖、石或混凝土做支墩，然后把盆栽的水生植物放置在墩上，满足对水深的要求。其适用于小水面，水生植物数量较少的情况。

②栽植池

大面积栽植可用耐水湿的建筑材料作水生植物栽植池，把种植地点围范起来，填土栽种。

③栽植台

规则式水面、规则式种植时，常用混凝土栽植台。按照水的不同深度要求及排列栽植形式分层设置，组合安排后放置盆栽植物。

水浅时可直接在水中放置盆栽或缸栽植物。

### 8.7.3 水生植物景观营建

水是构成园林景观、增添园林美景的重要因素。纵观当今许多园林景观设计与建设，无一不借助自然的或人工的水景，来提高园景的档次和增添实用功能。各类水体的植物配置不管是静态水景，还是动态水景，都离不开花木来创造意境。

（1）水边植物配置的艺术构图

我国景观设计中自古水边主张植以垂柳，造成柔条拂水，同时在水边种植落羽松、池松、水杉及具有下垂气根的小叶榕等，均能起到线条构图的作用。但水边植物配植切忌等距种植及整形或修剪，以免失去画意。在构图上，注意应使用探向水面的枝、干，尤其是似倒未倒的水边大乔木，以起到增加水面层次和富有野趣的作用（图8-44）。

图8-44 杭州西湖边的水边植物

(2) 驳岸的植物配置

岸分土岸、石岸、混凝土岸等，其植物配置原则是既能使山和水融为一体，又能对水面的空间景观起主导作用

土岸边的植物配置，应结合地形、道路、岸线布局，使其有近有远、有疏有密、有断有续、曲曲弯弯，自然有趣。石岸线条生硬、枯燥时，植物配置原则是露美、遮丑，使之柔软多变。一般配置岸边的垂柳和迎春，让其细长柔和的枝条下垂至水面，并遮挡石岸，同时配以花灌木和藤本植物，如变色鸢尾、黄菖蒲、燕子花、地锦等来作局部遮挡（忌全覆盖和不分美、丑），增加活泼气氛。

(3) 水面植物配置

水面景观低于人的视线，与水边景观呼应，加上水中倒影，最宜观赏。

水中植物配置用荷花，以体现“接天莲叶无穷碧，映日荷花别样红”的意境。但若岸边有亭、台、楼、阁、榭、塔等园林建筑景观时，或设计种有优美树姿、色彩艳丽的观花、观叶树种时，则水中植物配置切忌拥塞，而应留出足够空旷的水面来展示岸边倒影（图8-45）。

图8-45 杭州西湖边的滨水景观

(4) 堤、岛的植物配置

水体中设置堤、岛，是划分水面空间的主要手段，堤常与桥相连。而堤、岛的植物配置，不仅增添了水面空间的层次，而且丰富了水面空间的色彩，倒影成为主要景观。岛的类型很多，大小各异。环岛以柳为主，间植侧柏、合欢、紫藤、紫薇等乔灌木，疏密有致，高低有序，增加层次，具有良好的引导功能。另外用一池清水来扩大空间，打破郁闭的环境，创造自然活泼的景观，如在公园局部景点、居住区花园、屋顶花园、展览温室内部、大型宾馆的花园等，都可建植小型水景园，配以水际植物，造就清池涵月的图画。

## 8.7.4 常见的水生植物

(1) 湿生植物

有旱柳、垂柳、棉花柳、沙柳、蒿柳、皂柳、小叶杨、辽杨、沙地柏、圆柏、侧柏、水杉、楝、枫杨、白蜡树、连翘、榆、裂叶榆、榔榆、乌桕、樱花、杜仲、栾树、木芙蓉、木槿、夹竹桃、爬山虎、葡萄、紫藤、紫穗槐、柽柳、毛茛、水葫芦苗、长叶碱毛、沼生柳叶、柳叶菜、毛水苏、华水苏、薄荷、陌上菜、婆婆纳、豆瓣菜、藨草、水毛花、扁秆藨草、水莎草等（图8-46）。

水杉　豆瓣菜　柽柳　白茅

图8-46　湿生植物景观

(2) 挺水植物

有水葱、芦苇、慈姑、宽叶泽苔草、泽泻、荷花、千屈菜、香蒲、鸭舌草、雨久花、菖蒲、梭鱼草、稻、水笔仔、水仙、水芹菜、茭白笋、芋、田字草、荸荠、荆三棱、针蔺、水烛、伞莎草、宽叶香蒲等。

(3) 浮水植物

有浮萍、水葫芦、睡莲、芡实、王莲、萍蓬草、凤眼莲、荇菜、莼菜、黄花狸藻、浮水蕨、龙骨瓣荇菜等。

(4) 沉水植物

有金鱼藻、水车前等。

N
A. 喷泉广场
B. 儿童游乐区
C. 老年人活动区
D. 水上观赏景区
E. 古樟公园
F. 健身活动区
G. 室内活动区
H. 缓坡林荫区
I. 纪念广场
J. 次入口
K. 采风亭
L. 凝香阁
M. 观叶亭
N. 儿童戏水池
O. 休息室
P. 纪念浮雕墙

# 9

# 园林景观设计的程序

园林景观设计程序实际上就是园林景观设计的步骤和过程，所涉及的范围很广泛，主要包括公园、花园、小游园、居住绿地及城市街区、机关事业单位附属绿地等。其中公园设计内容比较全面，具有园林景观设计的典型性，所以本章以公园景观设计程序为代表进行讲述。公园景观设计程序主要包括园林景观设计的前期准备、总体规划方案和施工图设计等三个阶段。

# 9.1 园林景观设计的前期准备阶段

图9-1　衡阳市黄巢公园原地形图

## 9.1.1 收集必要的资料

必须考虑资料的准确性、来源和日期。

(1) 图纸资料

①原地形图。即园址范围内总平面地形图。图纸应包括以下内容：设计范围，即红线范围或坐标数字。园址范围内的地形、标高及现状物，包括现有建筑物、构筑物、山体、水系、植物、道路、水井，还有水系的进出口位置、电源等的位置。现状物中，要求保留并分别注明利用、改造和拆迁等情况。四周环境情况：与市政交通联系的主要道路名称、宽度、标高点数字以及走向和道路、排水方向；周围机关、单位、居住区的名称、范围，以及今后发展状况。图纸的比例尺可根据面积大小来确定，可采用1∶2000，1∶1000，1∶500等（图9-1）。

②局部放大图。主要为规划设计范围内需要局部精细设计的部分。如保留的建筑或山石泉池等。该图纸要满足建筑单位设计及其周围山体、水系、植被、园林小品及园路的详细布局的需要。一般采用1∶100或1∶200的比例。

③要保留使用的主要建筑物的平、立面图。注明平面位置，室内、外标高，建筑物的尺寸、颜色等内容。

④现状树木分布位置图。主要标明要保留树木的位置，并注明胸径、生长状况和观赏价值等。有较高观赏价值的树木最好附以彩色照片。图纸一般采用1∶200，1∶500的比例。

⑤原有地下管线图。一般要求与施工图比例相同。图内应包括要保留的上水、雨水、污水、化粪池、电信、电力、暖气沟、煤气、热力等管线位置及井位等。除平面图外，还要有剖面图，并需要注明管径的大小，管底或管顶标高，压力，坡度等。图纸一般采用1∶500，1∶200的比例。

（2）文字资料

除收集必要的图纸外，还需收集必要的文字资料。

①甲方对设计任务的要求及历史状况。

②规划用地的水文、地质、地形、气象等方面的资料。掌握地下水位，年、月降雨量；年最高最低温度的分布时间，年最高最低湿度及其分布时间；年季风风向、最大风力、风速以及冰凉线深度等。重要或大型园林建筑规划位置尤其需要地质勘察资料。

③城市绿地总体现划与公园的关系，以及对公园设计上的要求，城市绿地总体规划图，比例尺为1∶5000～1∶10000。

④公园周围的环境关系、环境的特点、未来发展情况。如周围有无名胜古迹、人文资源等。

## 9.1.2 收集需要了解的资料

①了解公园周围城市景观。建筑形式、体量、色彩等与周围市政的交通联系，人流集散方向，周围居民的类型与社会结构，如厂矿区、文教区或商业区等的情况。

②了解该地段的能源情况。电源、水源以及排污、排水，周围是否有污染源，如有毒有害的厂矿企业，传染病医院等情况。

③植物状况。了解和掌握地区内原有的植物种类、生态、群落组成，还有树木的年龄观赏待点等。

④了解建园所需主要材料的来源与施工情况，如苗木、山石、建材等情况。

⑤了解甲方要求的园林设计标准及投资额度等。

## 9.1.3 现场踏勘

通过现场踏勘，第一，核对和补充所收集的图纸资料，如现状建筑、树木等情况，水文、地质、地形等自然条件。第二，设计者到现场踏勘，可根据周围环境条件，进行设计构思，如发现可利用、可借景的景物和不利或影响景观的物体，在规划过程中分别加以适当处理。因此，无论面积大小，设计项目难易，设计者都必须认真到现场进行踏勘。有的项目如面积较大或情况较复杂，还必须进行多次踏勘。

## 9.1.4 拟定出图步骤及编制总体设计任务文件

设计者将所收集到的资料进行整理，并经过反复的思考、分析和研究，定出总体设计原则和目标，编制出进行公园设计的要求和说明。主要包括以下内容：

①公园在城市绿地系统中的关系。

②公园所处地段的特征及四周环境。

③公园的性质、主题艺术风格特色要求。

④公园的面积规模及游人容量等。

⑤公园的主次出入口及园路广场等。

⑥公园地形设计，包括山体水系等。

⑦公园的植物如基调树种、主调树种选择要求。

⑧公园的分期建设实施的程序。

⑨公园建设的投资框算。

## 9.2 园林景观设计的总体设计方案阶段

明确了公园在城市绿地系统中的关系，确定了公园总体设计的原则与目标以后，应着手进行以下设计工作。

### 9.2.1 总体方案设计的图纸内容及画法

（1）位置图

属于示意性图纸，表示该公园在城市区域内的位置，要求简洁明了。

（2）现状分析图

根据已掌握的全部资料，经分析、整理、归纳后，分成若干空间，对现状作综合评述。可用圆形圈或抽象图形将其概括地表示出来。例如：经过对四周道路的分析，根据主、次城市干道的情况，确定出入口的大体位置和范围。同时，在现状图上，可分析公园设计中有利和不利因素，以便为功能分区提供参考依据。

（3）功能分区图

以总体设计的原则、以现状图分析图为基础，根据不同年龄阶段游人活动的要求及不同兴趣爱好游人的需要，确定不同的分区，划出不同的空间或区域，使不同空间和区域满足不同的功能要求，并使功能与形式尽可能统一。另外，分区图可以反映不同空间、分区之间的关系。该图同样可以用抽象图形或圆圈来表示（图9-2）。

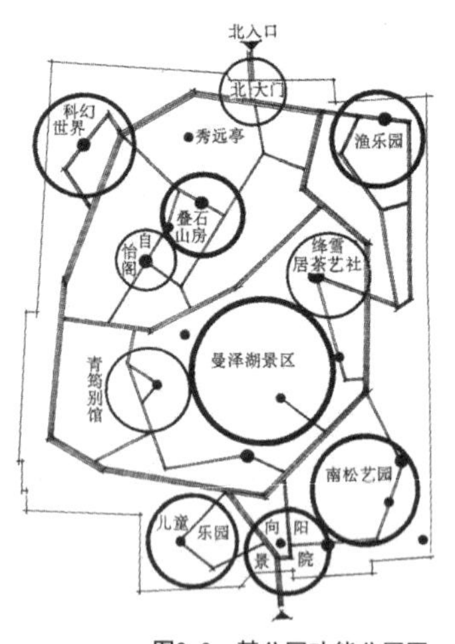

图9-2 某公园功能分区图

（4）总体规划方案图（总平面图）

根据总体设计原则和目标，将各设计要素轮廓性地表现在图纸上。总体设计方案图应包括以下内容：

①公园与周围环境的关系：公园主要、次要、专用出入口与市政的关系，即面临街道的名称、宽度；周围主要单位名称，或居民区等；公园与周围园界的关系，围墙或透空栏杆都要明确表示。

②公园主要、次要、专用出入口的位置、面积、规划形式等；主要出入口的内、外广场，停车场、大门等布局。

③公园的地形总体规划：地形等高线一般用细虚线表示。

④道路系统规划：一般用不同粗细的实线表示不同宽度的道路。

⑤全园建筑物、构筑物等布局情况，建筑平面要能反映总体设计意图。

⑥全园的植物规划：图上反映密林、疏林、树丛、草坪、花坛、专类花园、盆景园等植物景观。此外，总体设计图应准确标明指北针、比例尺、图例等内容（图9-3）。

图纸比例根据规划项目面积大小而定。面积100公顷以上的，比例尺多采用1∶2000～1∶5000；面积为10～50公顷的比例尺用1∶1000；面积8公顷以下的，比例尺可用1∶500。

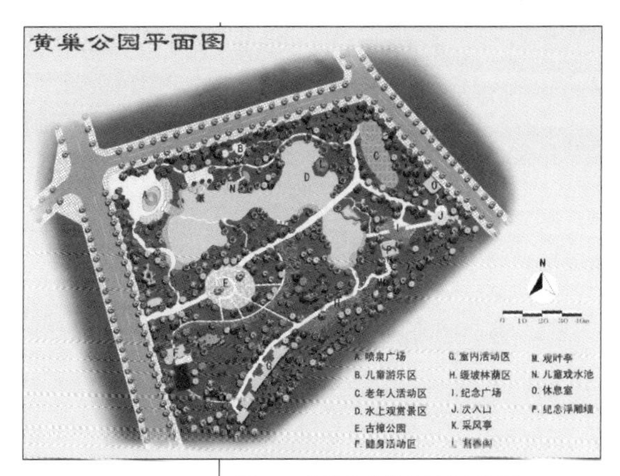


图9-3　衡阳市黄巢公园总平面图

### （5）全园竖向规划园

竖向规划即地形规划。地形是全园的骨架，要求能反映出公园的地形结构。以自然山水园而论，要求表达山体、水系的内在有机联系。根据规划设计的原则、分区及造景要求，确定山形、制高点、山峰、山脉、山脊走向、丘陵起伏、缓坡、微地形以及坞、岗、岫、岘等陆地地形；同时，还要表示出湖、池、潭、港、湾、涧、溪、滩、沟、渚以及堤、岛等水体形状，并要标明湖面的最高水位、常水位、最低水位线以及入水口、排水口的位置（总排水方向、水源及雨水聚散地）等。也要确定主要园林建筑所在地的地面高程，桥面、广场以及道路变坡点高程等。还必须标明公园周围市政设施、马路、人行道以及与公园邻近单位的地坪高程，以便确定公园与四周环境之间的排水关系（图9-4）。

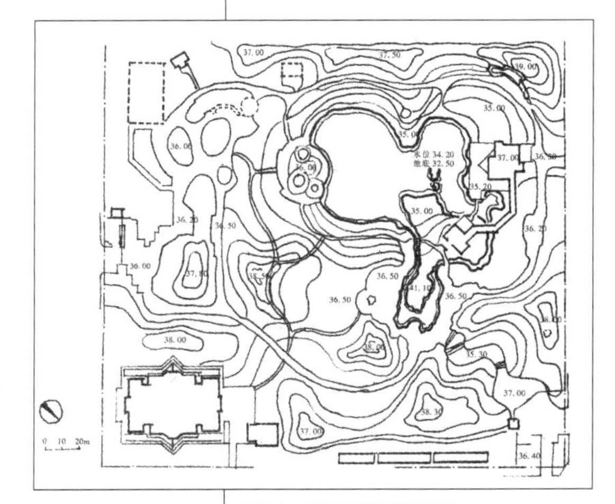

图9-4　某公园地形规划图

表示方法：规划等高线用细实线表示，原有等高线用细虚线表示，或用不同颜色的线条分别表示规划等高线和原有等高线。规划高程和原有高程也要以粗细不同的黑色数字或颜色不同的数字区别开来，高程一般精确到小数点后两位。

### （6）园路、广场系统规划图

以总体规划方案图为基础，首先在图上确定公园的主次出入口、专用入口及主要广场的位置；其次确定主干道、次干道等的位置以及各种路面的宽度、排水坡度等。并初步确定主要道路的路面材料、铺装形式等。图纸上用虚线画出等高线，再用不同的粗线、细线表示不同级别的道路及广场，并将主要道路的控制标高注明（图9-5）。

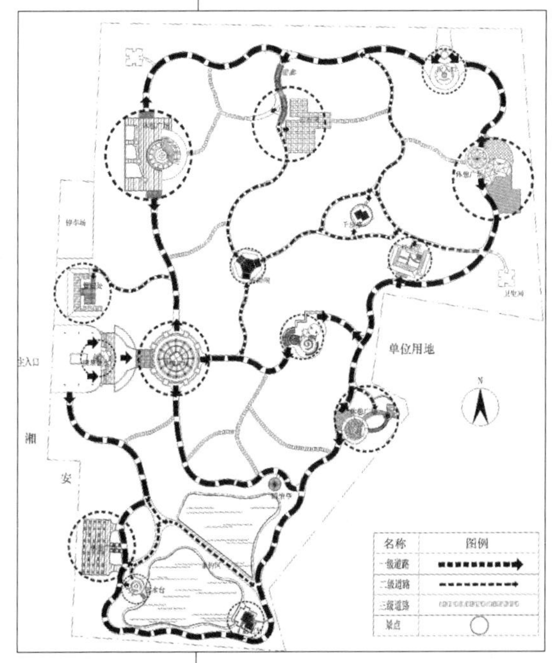


图9-5　衡阳市黄巢公园道路总体规划图

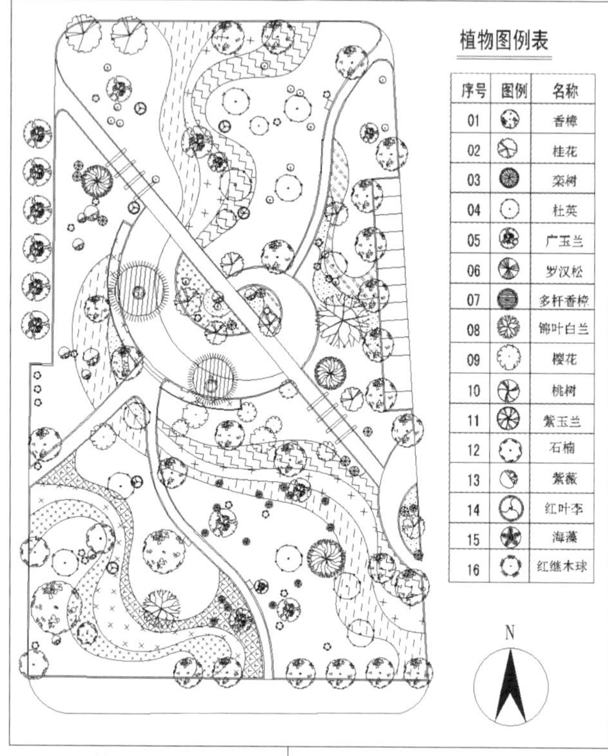


图9-6 某广场植物种植规划图

(7) 种植总体规划图

根据总体规划图的布局、设计的原则，以及苗木的情况，确定全园的基调树种，各区的侧重树种及最好的景观位置等；种植总体规划内容主要包括密林、草坪、疏林、树群、树丛、孤立树、花坛、花境、园林种植小品等不同种植类型的安排及月季园、牡丹园、香花园、观叶观花园、盆景园、观赏或生产温室、爬蔓植物观赏园、水景园等以植物造景为主的专类园(图9-6)。

表示方法：植物一般按园林绿化设计图例（主要表现种植类型）表示，要强化。其他设计因素按总体规划方案图的表示方法表示，要弱化。

(8) 园林建筑布局图

要求在平面上反映全园总体设计中建筑在全园的布局，主要、次要、专用出入口的售票房、管理处、造景等各类园林建筑的平面造型，大型主体建筑、展览性、娱乐性、服务性等建筑平面位置及周围关系。还有游览性园林建筑，如亭、台、楼、阁、树、桥、塔等类型建筑的平面安排等。除平面布局外，还应画出主要建筑物的平面、立面图。

(9) 管线总体规划图

根据总体规划要求，以种植规划为基础，确定全园的上水水源的引进方式；水的总用量，包括消防、生活、造景、喷灌、浇灌、卫生等；上水管网的大致分布、管径大小、水压高低等。确定雨水、污水的水量，排放方式，管网大体分布，管径大小及水的去处等。北方冬天需要供暖，则要考虑供暖方式、负荷多少、锅炉房的位置等。

表示方法：在种植规划图的基础上，以不同粗细或不同色彩的线条表示，并在图例中注明。

(10) 电气规划图

根据总体规划原则，确定总用电量、用电利用系数、分区供电设施、配电方式、电缆的敷设以及各区各点的照明方式等，还要确定通讯电缆的敷设及设备位置等。

(11) 鸟瞰图

通过钢笔画、钢笔淡彩、水彩画、水粉画、计算机三维辅助设计或其他绘画形式直观地表达园设计的意图；园林设计中各景区、景点、景物形象的俯视全景效果图。鸟瞰图制作要点：

①可采用一点透视、二点透视、轴测法或多点透视法作鸟瞰图，但在尺度、比例上要尽可能准确反映景物的形象。

②鸟瞰图应注意“近大远小、近清楚远模糊、近写实远写意”的透视法原则，以达到鸟瞰图的空间感，层次感，真实感。

③一般情况，除了大型公共建筑，城市公园内的园林建筑和树木比较，树木不宜太小，而以15～20年树龄的高度为画图的依据（图9-7）。

④鸟瞰图除表现公园本身，还要画出周围环境，如公园周围的道路交通等市政关系，公园周围城市景观；公园周围的山体、水系等。

图9-7 衡阳市黄巢公园鸟瞰图

### 9.2.2 总体设计说明书编制

总体设计方案除了图纸外，还要求一份相对应的文字说明书，全面说明项目的建设规模、设计思想、设计内容以及相关的技术经济指标和投资概算等。具体包括以下几个方面：

①项目的位置、现状、面积。

②项目的工程性质、设计原则。

③项目的功能分区。

④设计的主要内容。包括山体地形、空间围合、湖池、堤岛水系网络、出入口、道路系统、建筑布局、种植规划、园林小品等。

⑤管线、电讯规划说明。

⑦管理机构。

## 9.3 园林景观设计的施工图设计阶段

在上述总体设计阶段，有时甲方要求进行多方案的比较或征集方案投标。经甲方与有关部门审定、认可并对方案提出新的意见和要求，有时总体设计方案还要做进一步的修改和补充。在总体设计方案最后确定以后，接着就要进行详细的施工图设计工作。施工图设计与总体方案设计基本相同，但需要更深入、更精细的设计，因为它是进行施工建设的依据。

### 9.3.1 施工设计图纸总要求

（1）图纸规范要求

图纸要尽量符合国家建委的《建筑制图标准》的规定。图纸尺寸如下：0号图841毫米×1189毫米，1号图594毫米×841毫米，2号图420毫米×594毫米，3号图297毫米×420毫米，4号

图297毫米×210毫米。4号图不得加长，如果要加长图纸，只允许加长图纸的长边，特殊情况下，允许加长1～3号图纸的长度、宽度，零号图纸只能加长长边，加长部分的尺寸应为边长的1/8及其倍数。

图纸要注明图头、图例、指北针、比例尺、标题栏及简要的图纸设计内容的说明。图纸要求字迹清楚、整齐，不得潦草；图面清晰、整洁，图线要求分清粗实线、中实线、细实线、点划线、折断线等，并准确表达对象。图纸上文字、阿拉伯数要清晰规整。

**（2）施工设计平面的坐标及基点、基线要求**

一般图纸均应明确画出设计项目范围，画出坐标网及基点、基线的位置，以便作为施工放线的依据。基点、基线的确定应以地形图上的坐标线或现状图上工地的坐标据点，或现状建筑屋角、墙面，或构筑物、道路等为依据，必须纵横垂直，一般坐标网依图面大小每10米、20米、50米的距离，从基点、基线向上、下、左、右延伸，形成坐标网，并标明纵横坐标字母，一般用英文字母A、B、C、D……和对应的A′、B′、C′、D′……与阿拉伯数字1、2、3、4……和对应的1′、2′、3′、4′……标记，从基点0、0′坐标点开始，以确定每个方格网交点的纵横数字所确定的坐标，作为施工放线的依据。

## 9.3.2 各类施工图内容及要求

（1）平面施工图

①施工放线总图。主要标明各设计因素之间具体的平面关系和准确位置。

施工放线总图包括如下内容：

a.保留利用的建筑物、构筑物、树木、地下管线等。

b.设计的地形等高线、标高点、水体、驳岸、山石、建筑物、构筑物的位置、道路、广场、桥梁、涵洞、树种设计的种植点、园灯、园椅、雕塑等全园设计内容（图9-8）。

c.放线坐标网。

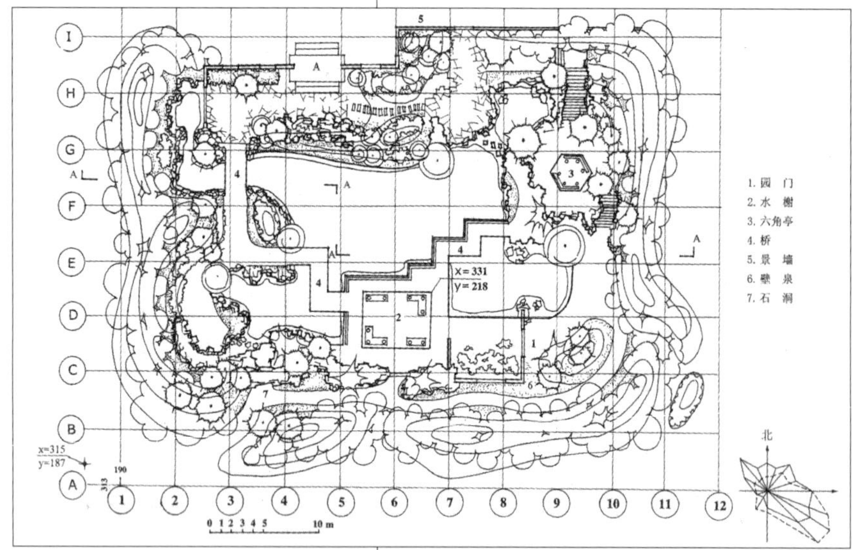

图9-8 某小游园施工放线总图

表示方法：地下管线用细红线表示；地形等高线用细黑虚线表示；山体、水体均用最粗黑线加细线表示；一般为重点景区，要突出；其他如园路、广场栏杆、座椅等按图例用不同粗细黑线表示，不需太突出。

②局部设计平面图

根据公园或工程的不同分区，划分若干局部，每个局部根据总体设计的要求，进行局部详细设计。一般比例尺为1∶200，等高线距离小于0.5米。

局部施工平面图要求标明建筑平面、标高及与周围环境的关系等；标明道路的宽度、形式、标高；主要广场、地坪的形式和标高；花坛、水池面积大小和标高；驳岸的形式、宽度、标高。同时平面上标明雕塑、园林小品的造型等。

表示方法：要用不同等级粗细的线条，画出等高线、园路、广场、建筑、水池、湖面、驳岸、树林、草地、灌木丛、花坛、花卉、山石、雕塑等。

### （2）地形设计施工图

①地形设计平面图。地形设计的主要内容：平面图上应确定陆地如制高点、山峰、台地、丘陵、缓坡、平地、微地形、丘阜、坞、岛等的具体标高；确定水系如湖、池、溪流等岸边、池底以及入水口、出水口等的标高；明确各区的排水方向，雨水汇集点及各景区园林建筑、广场的具体标高。一般草地最小坡度为1%，最大不得超过33%，最适坡度为1.5%～10%，人工剪草机修剪的草坪坡度不应大于25%。一般绿地缓坡坡度为8%～12%。

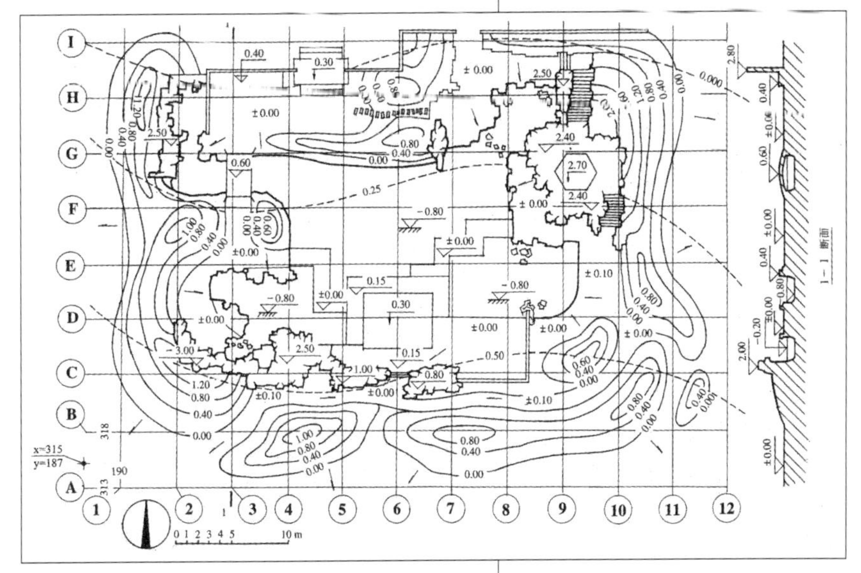

图9-9 某小游园地形设计图

地形设计平面图还应包括地形改造过程中的填方、挖方内容。在图纸上应写出全图的挖方、填方数量，说明应进园土方或运出土方的数量，填土之间土方调配的运送方向和数量，一般力求全园挖、填土方取得平衡。

②横纵剖面图。除了平面图，还要求画出剖面图。主要包括主要部位山形、丘陵、坡地的轮廓线及高度、平面距离等。要注明剖面的起迄点、编号，以便与平面图配套（图9-9）。

③水系设计图。除了陆地上的地形设计，水系设计也是十分重要的组成部分。平面图应表明水体的平面位置、形状、大小、类型、深浅以及工程设计要求。

首先，应完成进水口、溢水口或泄水口的大样图。然后，从全园的总体设计对水系的要求考虑，画出主、次湖面，堤、岛、驳岸造型，溪流、泉水等及水体附属物的平面位置，以及水池循环管道的平面图。

除平面图外，还要绘出纵剖面图，主要表示出水体驳岸、池底、山石、汀步、堤、岛等工程做法（图9-10）。

表示方法：

平面图：现状等高线、驳坎等用细红线表示，现状高程用加括号细书字表示；设计等高线用不同粗细的黑线表示，设计标高用

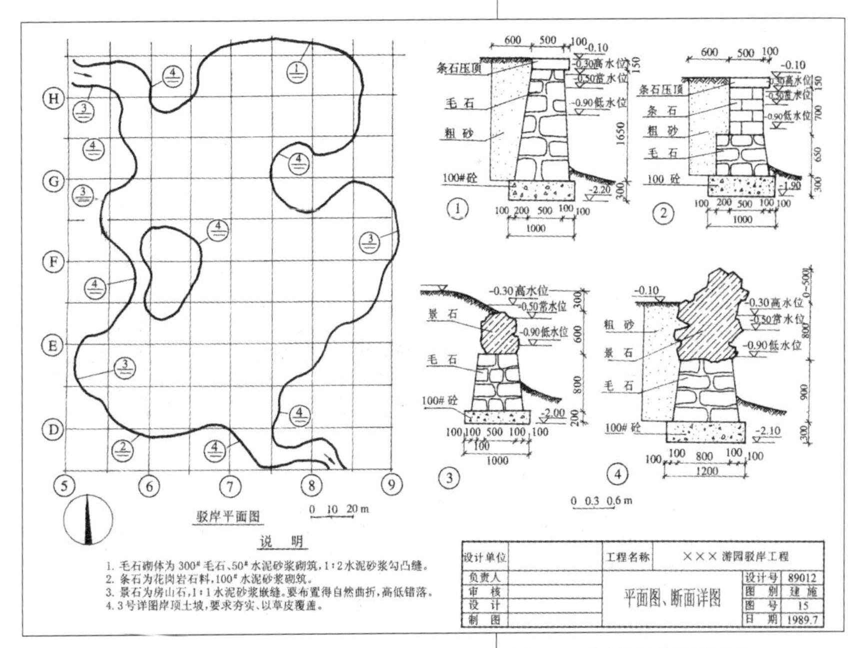

图9-10 某小游园水系设计图

不加括号的黑色数字表示；排水方向用黑色箭头表示；用黑色细实线和虚线分别表示填挖方范围，并注明填挖方量。

剖面图：轮廓线用细黑粗线表示，高程及距离用黑色细线表示，每个剖面均要注明编号，以便与平面图配套。

### （3）种植设计施工图

种植设计图上应表现树木花草的种植位置、品种、种植类型、种植距离等内容。应画出常绿乔木、落叶乔木、常绿灌木、开花灌木、绿篱、花篱、草地、花卉等具体的位置、品种、数量、种植方式等。

植物配置图的比例尺一般采用1∶500、1∶300、1∶200，根据具体情况而定。

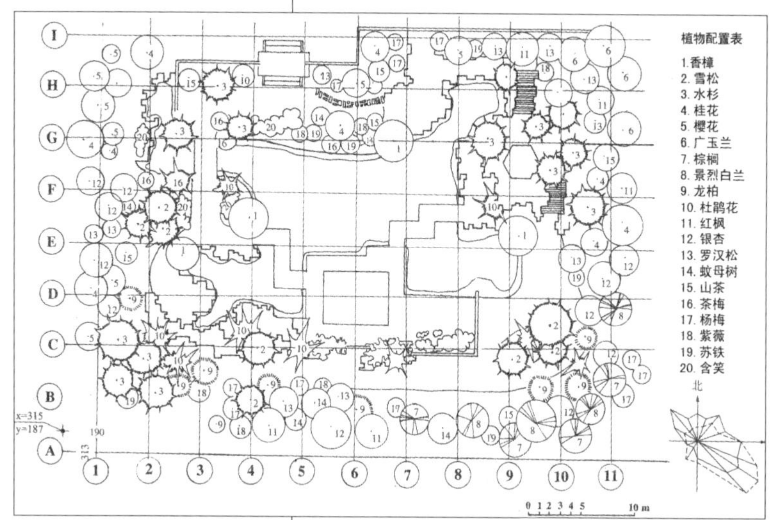


图9-11　某小游园种植设计图

大样图：重点树丛、林缘、绿篱、花坛等需要附大样图，一般用1∶100的比例尺，以便准确地表示出重点景点的设计内容。

表示方法：

种植设计平面图，按一般绿化设计图例表示，在同一幅图上，树冠图例不宜表示太多，花卉、绿篱表示也要统一，以便图纸一目了然。乔木树冠用中、壮年树冠的冠幅，一般以5～6米树冠为制图标准，灌木、花草以相应尺度来表示（图9-11）。

### （4）园林建筑设计图

园林建筑设计图也称单体设计图，表示各园林建筑的组合、尺寸、式样、大小、高矮、颜色及做法等。包括建筑平45面位置图（反映建筑的平面位置、朝向、周围环境的关系）、底层平面图、建筑各方向的剖面图、屋顶平面、必要的大样图、建筑结构图及效果图等（图9-12）。

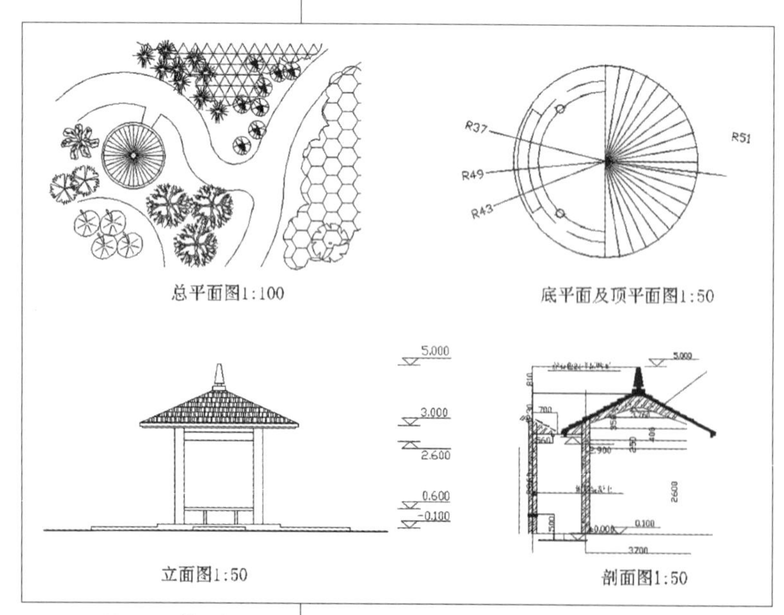


图9-12　某园亭设计图

表示方法：除建筑平面位置图以施工总图为依据画出外，其他图纸均按国家建设部的建筑制图标准出图。

### （5）园路、广场设计图

主要表明园内各种园路（主干道、次干道及小路）、广场的具体位置、宽度、高程、纵横坡度、排水方向及路面做法等。路面结构，道牙安装，与绿化的关系以及道路广场的交接、拐弯、交叉口必须有大样图。

表示方法：

平面图要根据园路系统的总体规划要求，在施工总图的基础上，画出各种道路、广场、地坪、台阶、盘山道、山路、汀步、道桥等的位置，并注明每段的高程。一般园路分主路、支路和小路3级。园路最低宽度为0.9米，主路一般为3～5米，支路为2～3.5米。国际康复协会规定残疾人使用的坡道最大纵坡为8.33%，所以，主路纵度上限为8%，山地公园主路纵坡应小于12%。《公园设计规范》规定，支路和小路纵坡宜小于18%，超过18%的纵坡，宜设台阶、梯道。并且规定，通行机动车的园路宽度应大于4米，转弯半径不得小于12米。一般室外台阶比较舒适的高度为12厘米，宽度为30厘米，纵坡为40%。一般混凝土路面纵坡为0.3%～5%、横坡为1.5%～2.5%，园石或拳石路面纵坡为0.5%～9%、横坡为3%～4%，天然土路纵坡为0.5%～8%、横坡为3%～4%。

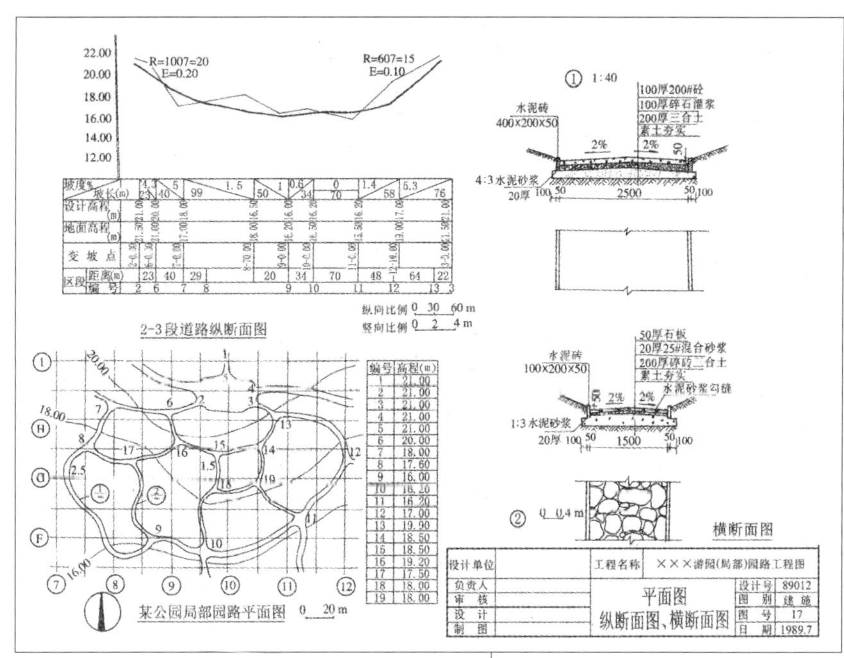

图9-13 某公园局部道路设计图

除平面图外，还要求用1∶20的比例绘出剖面图。主要表示各种路面、山路、台阶的宽度及其材料、道路的结构层（面层、垫层、基层等）厚度做法。注意每个剖面都要编号，并要与平面配套（图9-13）。

### （6）山石设计图

山石、雕塑等园林小品也是园林造景中的重要因素。最好做成山石施工模型或雕塑小样，便于施工过程中，能较理想地体现设计意图。在园林景观设计中，主要参照施工总图提供山石平面图，示意性画出立面、剖面图，提出高度、体量、造型构思、色彩等要求，以便于与其他行业相配合（图9-14）。

### （7）地下管线设计图

在管线规划图的基础上，表现出上水（造景、绿化、生活、卫生、消防）、下水（雨水、污水）、暖气、煤气等各种管网的位置、规格、埋深等。

表示方法：

平面图：在管线规划图的基础上，表示管线及各种管井的位置坐标，注明每段管线的长度、管径、高程及如何接头等。不

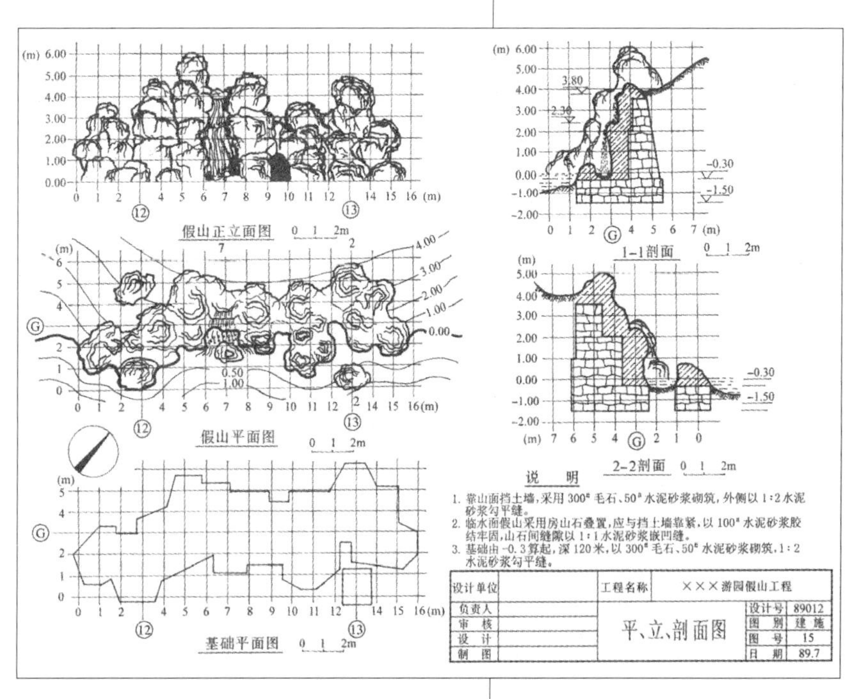

图9-14 某亭园山石设计图

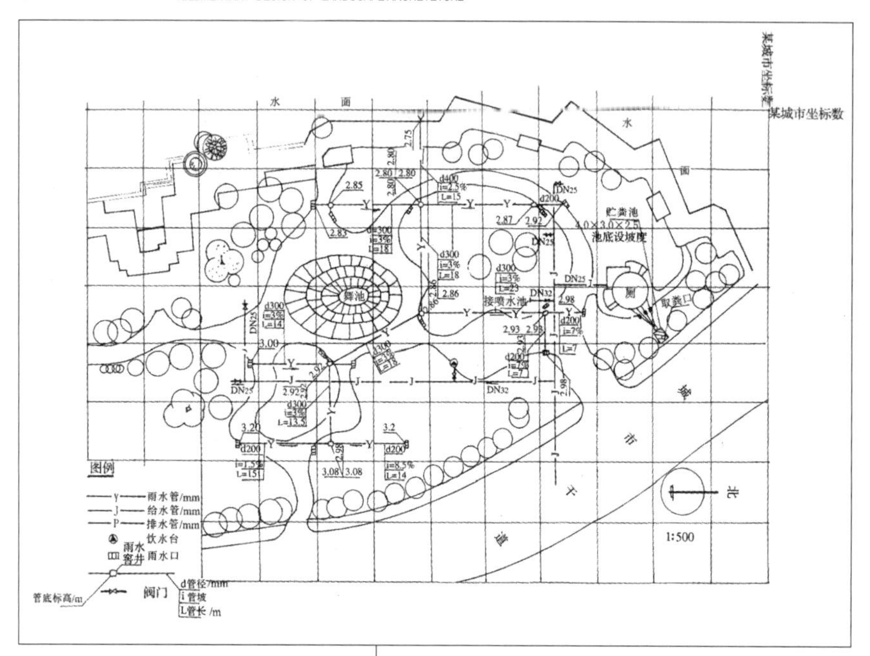


图9-15 某公园局部管线设计图

同管线可分别用字母代表，如P代表排水管道，J代表给水管道等，并在图例中注明。（图9-15）。

剖面图：主要画各号检查井详图。用黑粗线表示井内管线及门等交接情况。

应按市政设计部门的具体规定和要求正规出图。

（8）电气设计图

在电气规划图上将各种电气设备、绿化灯具位置、变电室及电缆走向位置等具体标明。

表示方法：

应按供电部门的具体要求及建筑电气设计 安装规范正规出图。

## 9.3.3 苗木及工程量统计表

（1）苗木表：包括编号、品种、数量、规格、来源、价格、备注等。

（2）工程量：包括项目、数量、规格、备注等。

## 9.3.4 设计预算

（1）土建部分：按工程概预算要求算出。

（2）绿化部分：按苗木单价预算出成本价，再按建筑安装工程中园林绿化工程预算出施工价，二者合一。

土建部分造价和绿化部分造价相加为工程总预算价。

思考题

1. 在设计前，为什么要对项目进行现场踏勘？

2. 种植总体规划图与种植施工设计图有何区别？

3. 施工设计平面图有何统一要求？

# 10

# 园林景观设计表现技法

园林图纸是表达园林景观设计的基本语言。在设计过程中，为了更形象地说明设计内容，需要绘制各种具有艺术表现力的图纸。

园林景观设计图的表现技法很多，本节主要介绍当今园林景观设计中最常用的表现技法——钢笔徒手画的要领和马克笔、彩色铅笔的表现方法以及计算机辅助设计的方法。

## 10.1 手绘表现设计

目前在设计界，手绘图已是一种流行趋势，在工程设计投标中常常能看到它。许多著名建筑师、室内外环境设计师常用手绘图作为表现手段，快速记录瞬间的灵感和创意。手绘图是眼、脑、手协调配合能力的表现。“人类的智慧就是在笔尖下流淌”，可想而知，徒手描绘对人的观察能力、表现能力、创意能力和整合能力的锻炼是很重要的。现在电脑设计相当普及，就效果图而言，大多数设计师已习惯用电脑来制作，因为它能模拟出真实的场景，很容易被业主接受。一时间某些设计公司以会不会电脑绘图来判断学生的设计能力，致使很多学生忽视了设计师的看家本领——徒手表现，而扔掉画笔拿起鼠标，盲目地去追求电脑图表现。殊不知电脑图的表现只是一种工具、一种技能。如果能在手绘表现完成的基础上再做电脑图，会使你的电脑图更加真实，细节表现更加到位。所以作为一个现代领域的设计师掌握好手绘和电脑表现都是比较重要的。

手绘表现图是设计师艺术素养与表现技巧的综合能力的体现，它以自身的艺术魅力、强烈的感染力向人们传达设计的思想、理念以及情感，愈来愈受到人们的重视。素描、速写、色彩训练是我们画好手绘图的基础，对施工工艺、材料的了解是画好手绘图的条件。手绘图是利用一点透视、两点透视的原理，形象地将二维空间转化为三维空间，快速准确地表现对象的造型特征。徒手表现很大程度上是凭感觉画，这要通过大量的线条训练。中国画对线条的要求“如锥划沙”、“力透纸背”、“入木三分”，充分体现了对线条的理解。线条是绘画的生命和灵魂，我们强调线条的力度、速度、虚实的关系，利用线条表现物体的造型、尺度和层次关系。只有经过长期不懈的努力才能画出生动准确的画面。手绘图的最终目的是通过熟练的表现技巧，来表达设计者的创作思想、设计理念。快速的徒手画如同一首歌、一首诗、一篇文章，精彩动人，只有不断地完善自我，用生动的作品感染人，才能实现自身的价值。

设计师在设计创作过程中，需要将抽象思维转化为外化的具象图形，手绘表现是一种最直接、最便捷的方式。它是设计师表达情感、表现设计理念、诉诸方案结果的最直接的“视觉语言”。其在设计过程中的重要性已越来越得到大家的认同。

设计师在注重追求设计作品品位的同时，也要注重工作效益的提高。作为技术性较强的景观手绘表现图，每位设计师和学生都有自己的表现方法和习惯，但是如果充分借助并结合当今的科技手段，将会更加准确快速地完成景观手绘表现图的创作。

计算机作为最先进的绘图工具之一，已被大家所熟知。手绘图很难与计算机渲染图的准确性和真实性相比，计算机渲染图也很难与手绘图的艺术性和便捷性相比，两者都有各自的优点，也都存在着局限性。在设计的表现手法上，都各自占有一定的市场和位置，但是在绘制手绘表现图的过程中，如果取计算机之长，来弥补手绘图创作中的某些弱势，将大大提高手绘表现图的工作效率。计算机可以帮助你选择无穷的视点及视域，或某些实际不能用照相机拍摄到的角度。绘制时，可以利用计算机快速搭建所要表现的景观场景的基本模块。尽管计算机绘制的形体很简单，没有色彩，也没有细节，但其比例、透视、角度都可作为绘制景观手绘表现图的准确依据。当景观场景的基本模块在计算机中被建立后，再通过打印机将其输出，简单的模块就构筑了钢笔稿的基本框架。利用透明纸拷贝并深化，刻画出景观的结构和细节，最后增添植物、人物、车辆等配景，以烘托画面氛围。因此，手绘效果图如果能够很好地和计算机一起灵活运用，将会给我们的手绘表现带来极大的方便。

当今学校教育以就业为导向，因此，手绘课程在艺术设计专业院校的课程设置中得到越来越多人的重视。鉴于手绘表现图在景观设计中的作用，南华大学的景观设计专业、环境艺术设计专业在课程设置的过程中，为了强化学生的动手表达能力，在课程设置方面有意识地加强了手绘效果图表现的课时量，让学生有机会在课堂接受更多更系统的设计手绘表现训练。

### 10.1.1 钢笔徒手画

园林景观设计者必须具备徒手绘制线条图的能力。因为园林景观设计图中的地形、植物和水体等需徒手绘制，且在收集素材、探讨构思、推敲方案时也需借助于徒手线条图（图10-1）。

图10-1 钢笔徒手画

绘制徒手线条图的工具很多，用不同的工具所绘制的线条特征和图面效果虽然有差别，但都具有线条图的共同特点。下面主要介绍钢笔徒手画的画法。

#### (1) 钢笔徒手线条

钢笔画是用同一粗细（或略有粗细变化）、同样深浅的钢笔线条加以叠加组合，来表现物体的形体、轮廓、空间层次、光影变化和材料质感。要作好一幅钢笔画，必须做到线条美观、流畅，线条的组合要巧妙，要善于对景物深浅作取舍和概括。

学画钢笔画的第一步，要作大量各种线条的徒手练习，包括各种直线练习、曲线练习、线条组合练习点圆等的徒手练习（图10-2）。初学者要想画出漂亮的徒手线条，就应该经常利用一些零碎时间来作线条练习，即所谓“练手”。

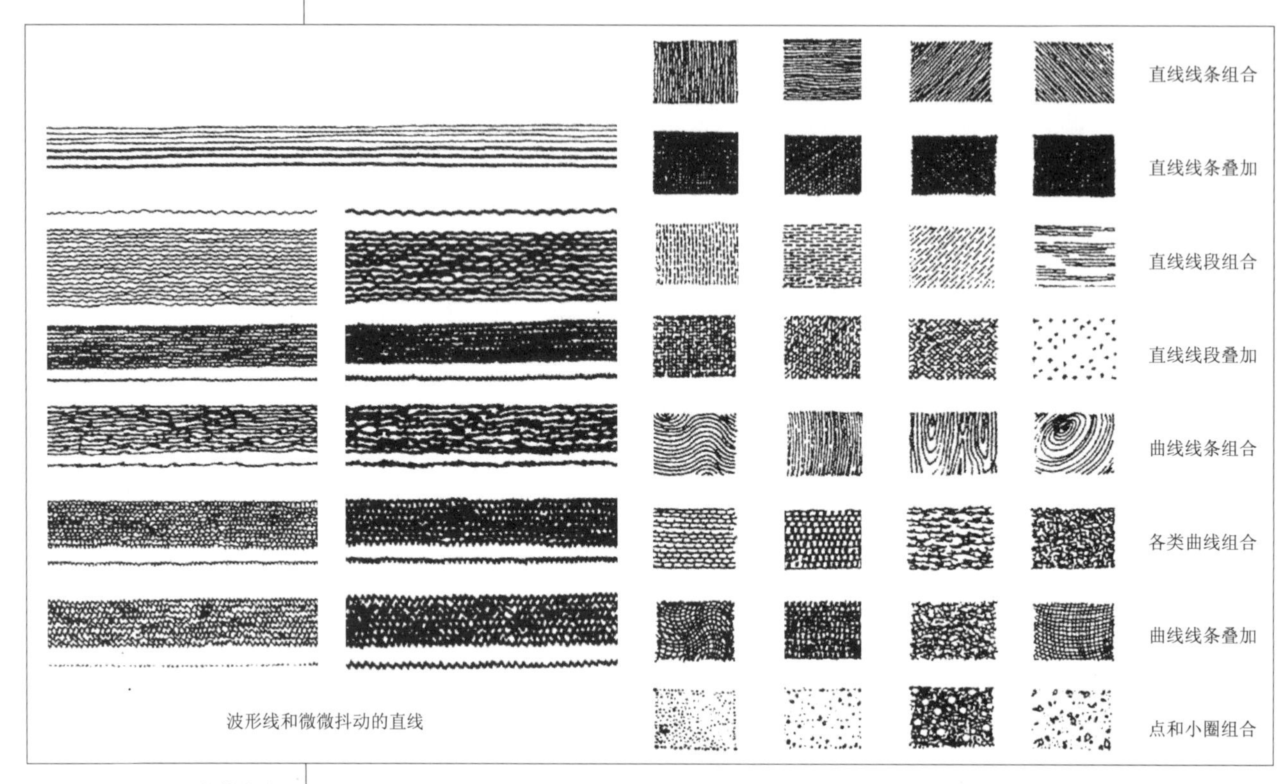


图10-2 钢笔徒手画

(2) 钢笔线条的明暗和质感表现

钢笔线条本身不具有明暗和质感表现力，只有通过线条的粗细变化和疏密排列才能获得各种不同的色块，表达出形体的体积感和光影感。线条较粗，排列得较密，色块就较深，反之则较浅。深浅之间可采用分格退晕或渐变退晕进行过渡，且不同的线条组合具有不同的质感表现力。表面分块不明显，形体自然的物体宜用过渡自然的渐变退晕；分块较明确的建筑物墙面、构筑物表面通常宜用分格退晕（图10-3、图10-4）。

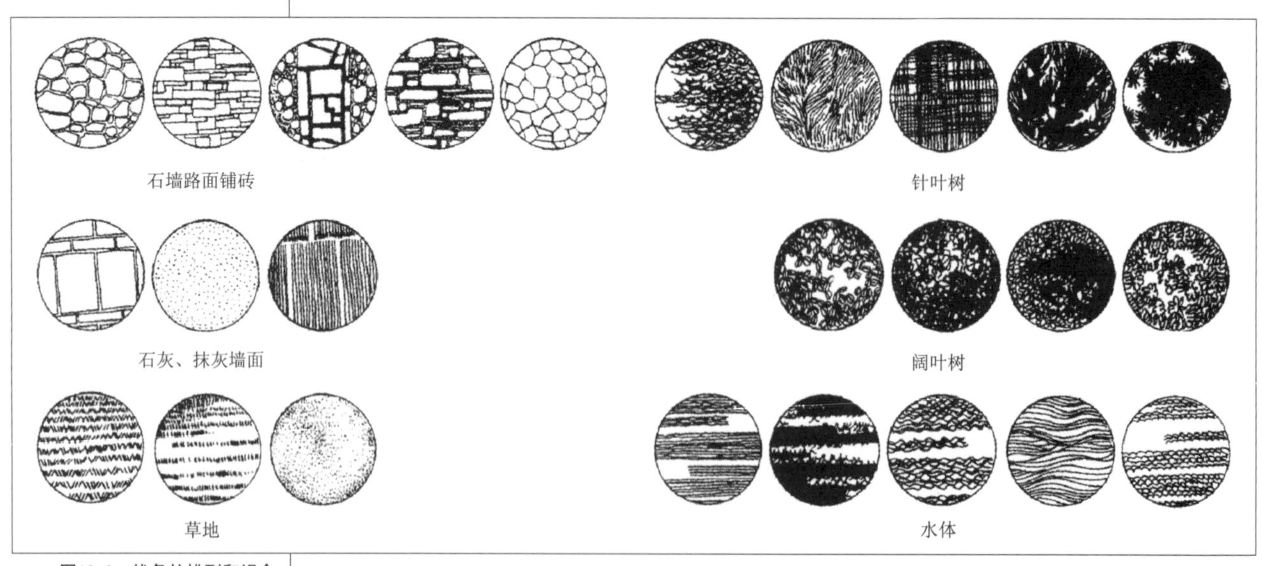


图10-3 线条的排列和组合

图10-4 钢笔线条质感表现实例

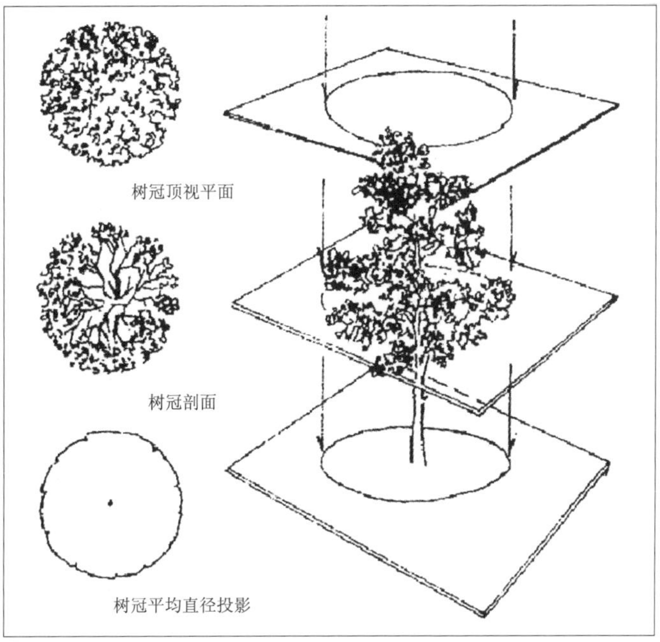

树冠顶视平面

树冠剖面

树冠平均直径投影

图10-5 树木平面表示类型的说明

### (3) 植物的平面画法

①树木的平面表示方法

园林植物是园林景观设计中应用最多，也是最重要的造园要素。园林植物的分类方法较多，这里根据各自特征，将其分为乔木、灌木、攀援植物、竹类、花卉、绿篱和草地七大类。这些园林植物由于它们的种类不同，形态各异，因此画法也不同。但一般都是根据不同的植物特征，抽象其本质，形成“约定俗成”的图例来表现的。

园林植物的平面图是指园林植物的水平投形图（图10-5）。一般都采用图例概括表示，其方法为：用圆圈表示树冠的形状和大小，用黑点表示树干的位置及树干粗细（图10-6），树冠的大小应根据树龄按比例画出，成龄的树冠大小如表10-1所示。

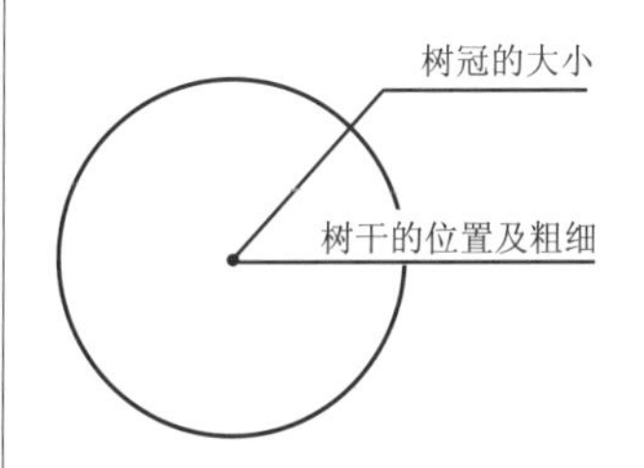


图10-6 植物平面图图例的表示方法

表10-1 成龄树的树冠冠径 （单位：米）

| 树种 | 孤植树 | 高大乔木 | 中小乔木 | 常绿乔木 | 花灌丛 | 绿篱 |
|---|---|---|---|---|---|---|
| 冠径 | 10～15 | 5～10 | 3～7 | 4～8 | 1～3 | 单行宽度：0.5～1.0<br>双行宽度：1.0～1.5 |

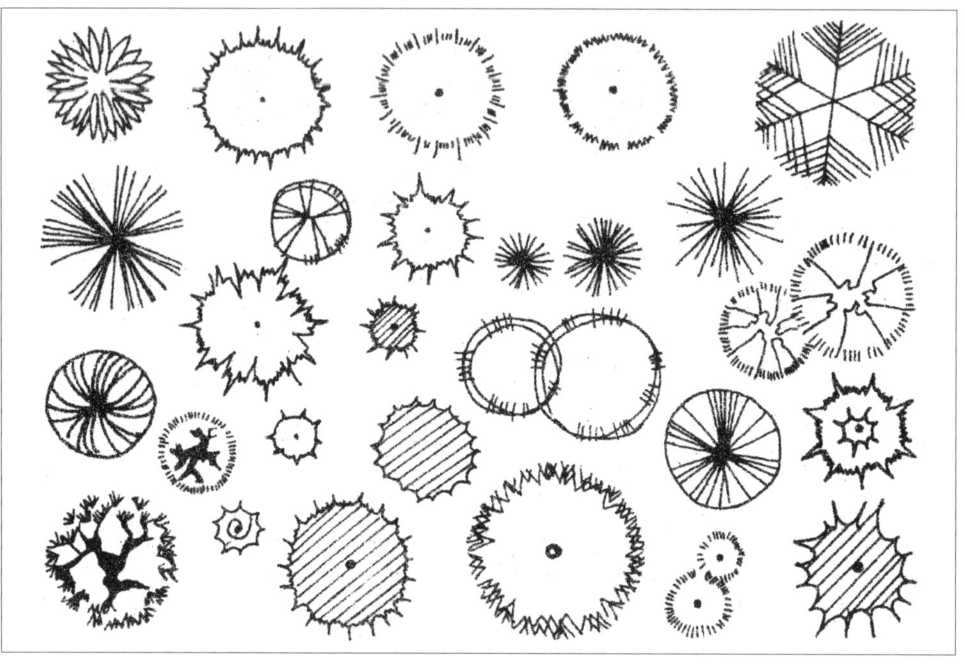

图10-7 针叶树、阔叶树平面画法

为了能够更形象地区分不同的植物种类，常以不同的树冠线型来表示（图10-7）。

针叶树常以带有针刺状的树冠来表示，若为常绿针叶树，则在树冠线内加画平行的斜线。

阔叶树的树冠线一般为圆弧线或波浪线，且常绿的阔叶树多表现为浓密的叶子，或在树冠内加画平行斜线，落叶的阔叶树多用枯枝表现。

树木平面画法并无严格的规范，实际工作中根据构图需要，设计师可以创作出许多画法。

当表示几株相连的相同树木的平面时，应互相避让，使图面形成整体（图10-8）。当表示成群树木的平面时可连成一片。当表示成林树木的平面时可只勾勒林缘线（图10-9）。

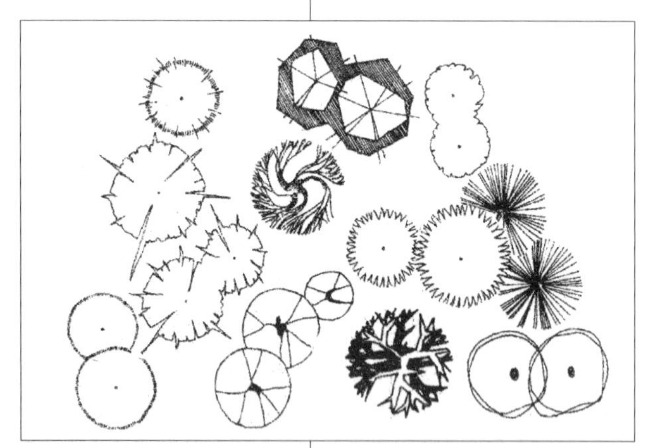

图10-8 相同相连树木的平面画法

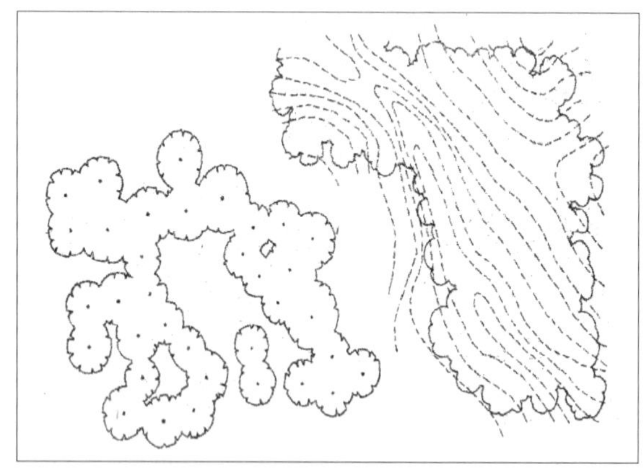

图10-9 大片树木的平面画法

②灌木和地被植物的表示方法

灌木没有明显的主干，平面形状有曲有直。自然式栽植的灌木丛的平面形状多为不规则形，修剪的灌木和绿篱的平面形状多为规则形或不规则形，但表面平滑。灌木的平面表示方法与树木类似，通常修剪的规模灌木可用轮廓、分枝或枝叶型表示，不规则形状的灌木平面宜用轮廓型和质感型表示，表示时以栽植范围为准。由于灌木通常丛生，没有明显的主干，因此灌木平面很少会与树木平面相混淆。

地被植物宜采用轮廓勾勒和质感表现形式。作图时应以地被栽植的范围线为依据，用不规则的细线勾勒出地被的范围轮廓。

③草坪和草地的表示方法

草坪和草地的表示方法很多，下面介绍一些主要的表示方法（图10-10）。

a.打点法：打点法是较简单的一种表示方法。用打点法画草坪时所打的点的大小应基本一致，无论疏密，点都要打得相对均匀。

b.小短线法：将小短线排列成行，每行之间的间距相近排列整齐，可用来表示草坪，排列不规整的可用来表示草地或管理粗放的草坪。

c.线段排列法：线段排列法是最常用的方法，要求线段排列整齐，行间有断断续续的重叠，也可稍许留些空白或行间留白。另外，也可用斜线排列表示草坪，排列方式可规则，也可随意。

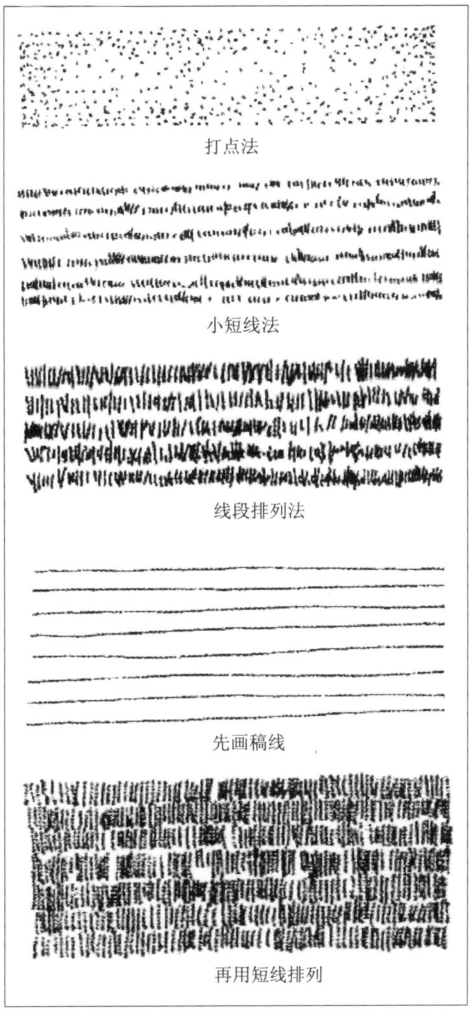

打点法

小短线法

线段排列法

先画稿线

再用短线排列

图10-10 草坪的表示法

**(4) 植物的立面画法**

自然界中的树木千姿百态，有的颀长秀丽，有的伟岸挺拔，各具特色。各种树木的枝、干、冠的构成以及分枝习性决定了各自的形态和特征。因此学画树时，首先应学会观察各种树木的形态、特征及各部分的关系，了解树木的外轮廓形状，整株树木的高宽比和干冠比，树冠的形状、疏密和质感，掌握冬态落叶树的枝干结构，这对树木的绘制是很有帮助的。初学者学画树可从临摹各种形态的树木图例开始，在临摹过程中要做到手到、眼到、心到，学习和揣摩别人在树形概括、质感表现和光线处理等方面的方法和技巧，并将已学得的手法应用到临摹树木图片、照片或写生中去，通过反复实践学会合理地取舍、概括和处理。临摹或写生树木的一般步骤为（图10-11）：

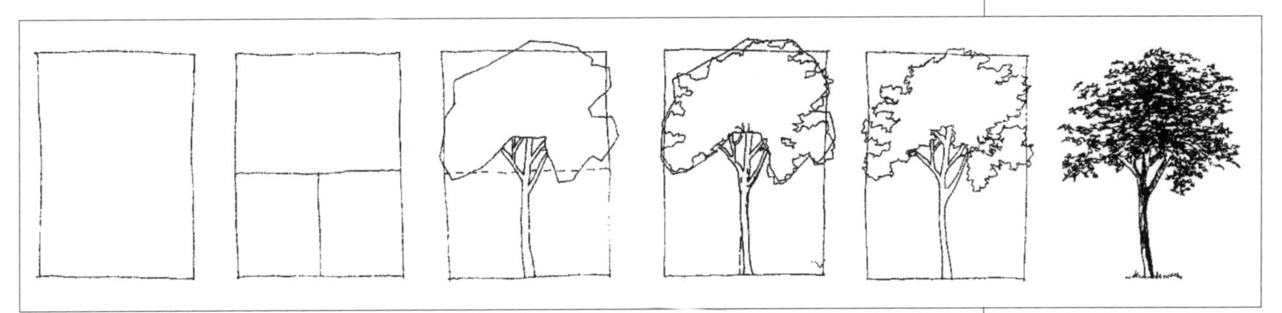

图10-11 树木临摹和写生的一般步骤

a.确定树木的高宽比，画出四边形外框，若外出写生则可伸直手臂，用笔目测出大约的高宽比和干冠比；

b.略去所有细节，只将整株树木作为一个简洁的平面图形，抓住主要特征修改轮廓，明确树木的枝干结构；

c.分析树木的受光情况；

d.最后，选用合适的线条去体现树冠的质感和体积感，主干的质感和明暗对比，并用不同的笔法去表现远、中、近景中的树木。

树木的表现有写实的、图案式的和抽象变形的三种形式。写实的表现形式较尊重树木的自然形态和枝干结构，冠叶的质感刻画得也较细致，显得较逼真，即使只用小枝表示树木也应力求自然错落。图案式的表现形式较重视树木的某些特征，如树形、分枝等，并加以概括以突出图案效果。因此，有时并不需要参照自然树木的形态，可以很大程度地加以发挥，而且每种画法的线条组织常常都很程式化。抽象变形的表现形式虽然也较程式化，但它加进了大量抽象、扭曲和变形的手法，使画面别具一格。

画树应先画枝干，枝干是构成整株树木的框架。画枝干以冬季落叶乔木为佳，因为其结构和形态较明了。画枝干应注重枝和干的分枝习性。枝的分枝应讲究粗枝的安排、细枝的疏密以及整体的均衡。主干应讲究主次干和粗枝的布局安排，力求重心稳定、开合曲直得当，添加小枝后可使树木的形态栩栩如生（图10-12）。

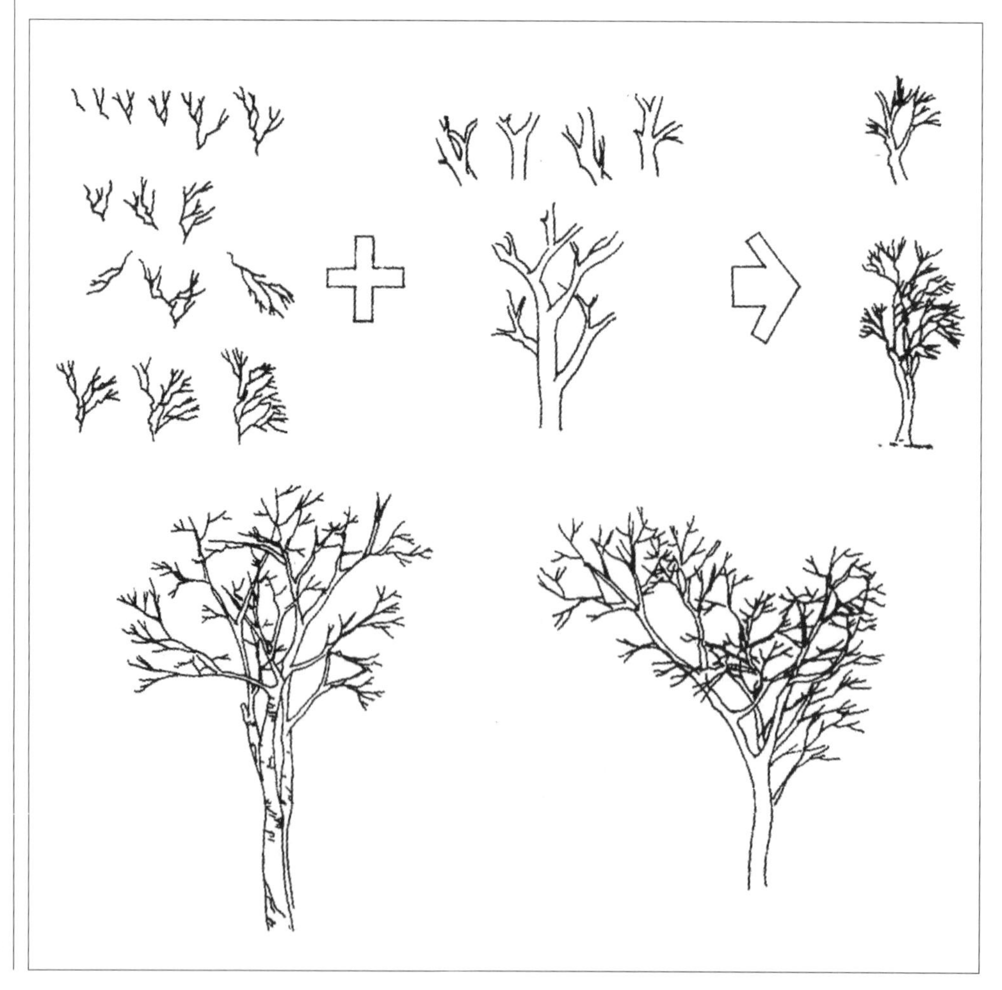

图10-12　树木枝干的画法步骤

树木的分枝和叶的多少决定了树冠的形状和质感。当小枝稀疏、叶较小时，树冠整体感差；当小枝密集、叶繁茂时，树冠的团块体积感强，小枝通常不易见到。树冠的质感可用短线排列、叶形组合或乱线组合法来表现。其中，短线法常用于表现像松柏类的针叶树，也可表现近景树木中叶形相对规整的树木；叶形和乱线组合法常用于表现阔叶树，其适用范围较广，且近景中叶形不规则的树木多用乱线组合法表现。因此应根据树木的种类、远近、叶的特征等来选择树木的表现方法。

自然界树木千姿百态，由于树种的不同，其树形、树干纹理、枝叶形状表现出不同的特征。为了在以后的工作中更准确地表达设计意图，初学者需对树木的不同形态特征作深入了解。现分述如下（图10-13~图10-120）：

树形可以叶丛的外形和枝干的结构形式为其特征，后者也常见于画面。尤其在建筑物前，为了减少对建筑物的遮挡，常以枝干的表现为主。也可以叶丛的外形为主表现树形（图10-13）。

树的生长是由主干向外伸展的。它的外轮廓的基本形体按其最概括的形式来分，有球或多球体的组合、圆锥、圆柱、卵圆体等。除非经过人工的修整，在自然界中很少呈完整的几何形，且都是比较多姿和灵活的。如果按完整的几何形体来画，往往不免流于呆板粗俗。但是，在带有装饰性的画面中，也可允许树木呈简单的几何形变化。这时必须注意与整体在格调上协调一致，并在细部上（枝叶的疏密分布及纹理堆织）有所变化。

在画面中，树木对建筑物的主要部分不应有遮挡。作为中景的树木，可在建筑的两侧或前面。当其在建筑物的前面时，应布置在既不挡住重点部分又不影响建筑完整性的部位。远景的树木往往在建筑物的后面，起烘托建筑物和增加画面空间感的作用，色调和明暗与建筑要有对比，形体和明暗变化应尽量简化。近树为了不挡住建筑物，同时也由于透视的关系，一般只画树干和少量的枝叶，使其起“框”的作用，不宜画全貌。

图10-13　树形

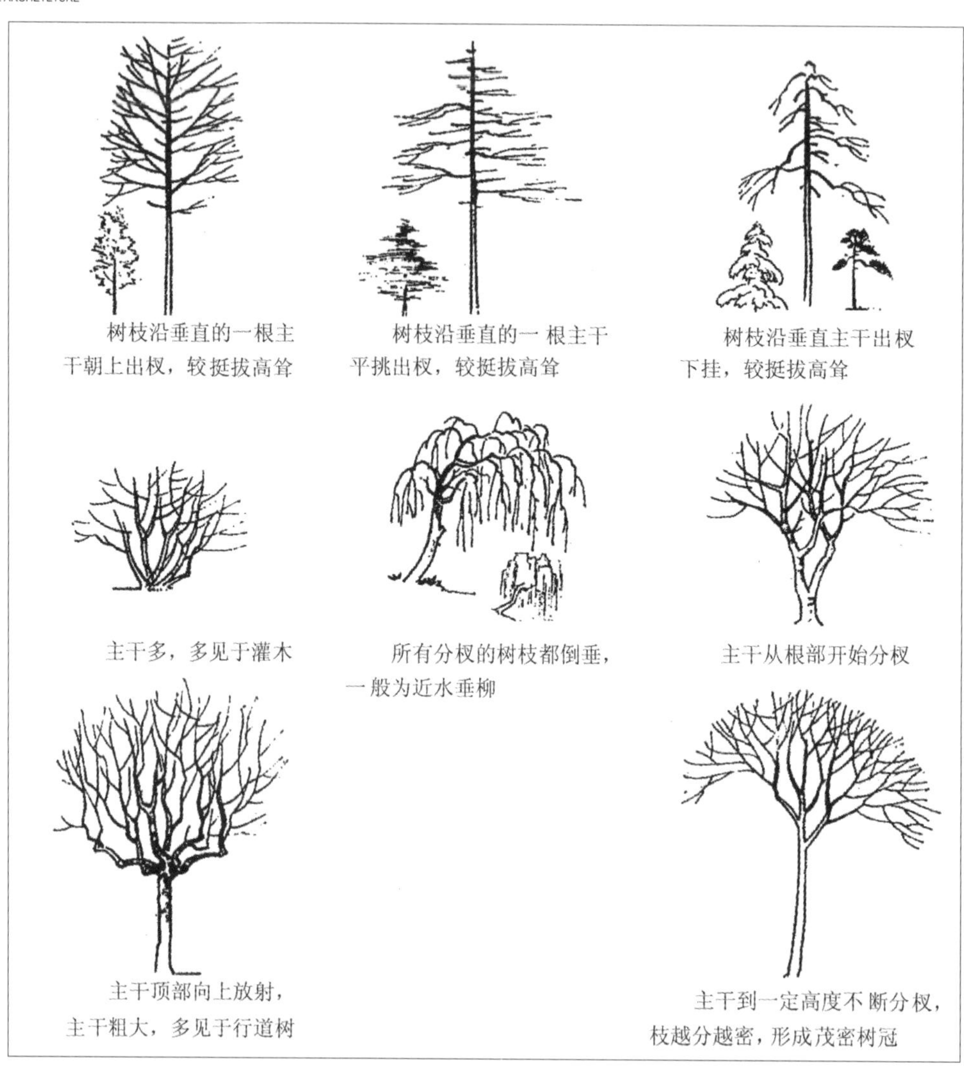


图10-14 树干的结构形态

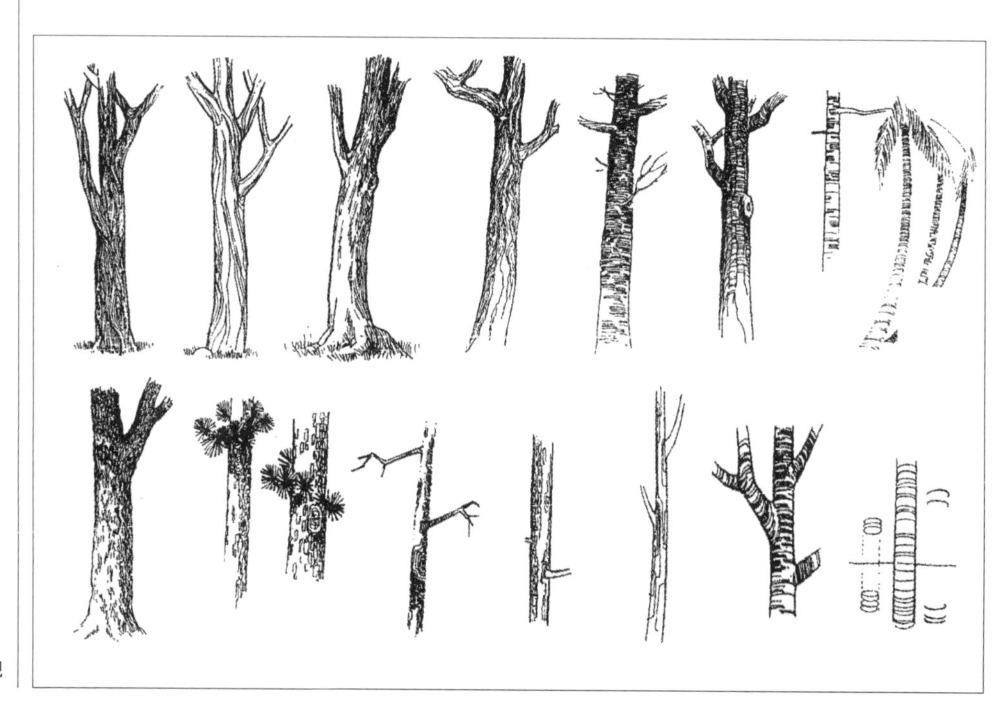

图10-15 树干纹理的表现

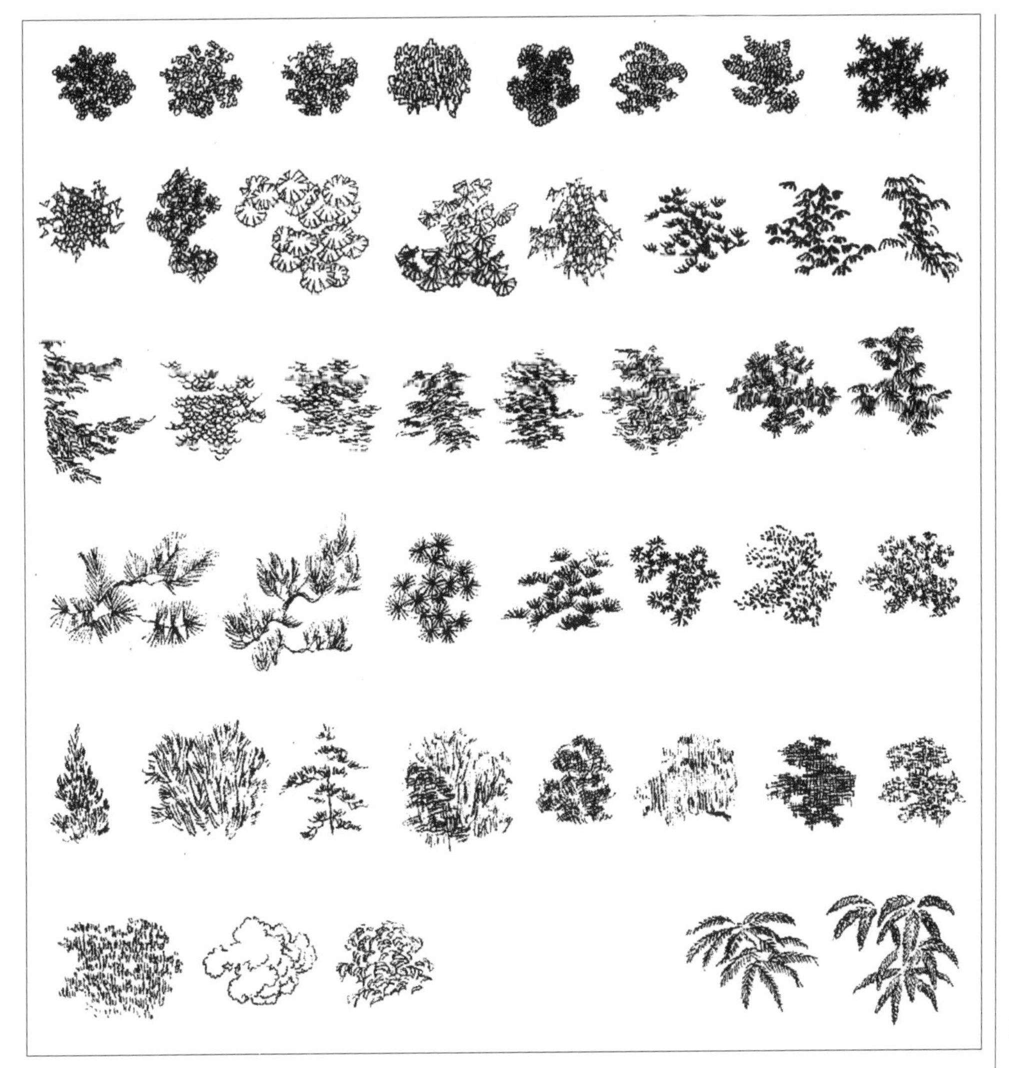

图10-16 叶丛的表现

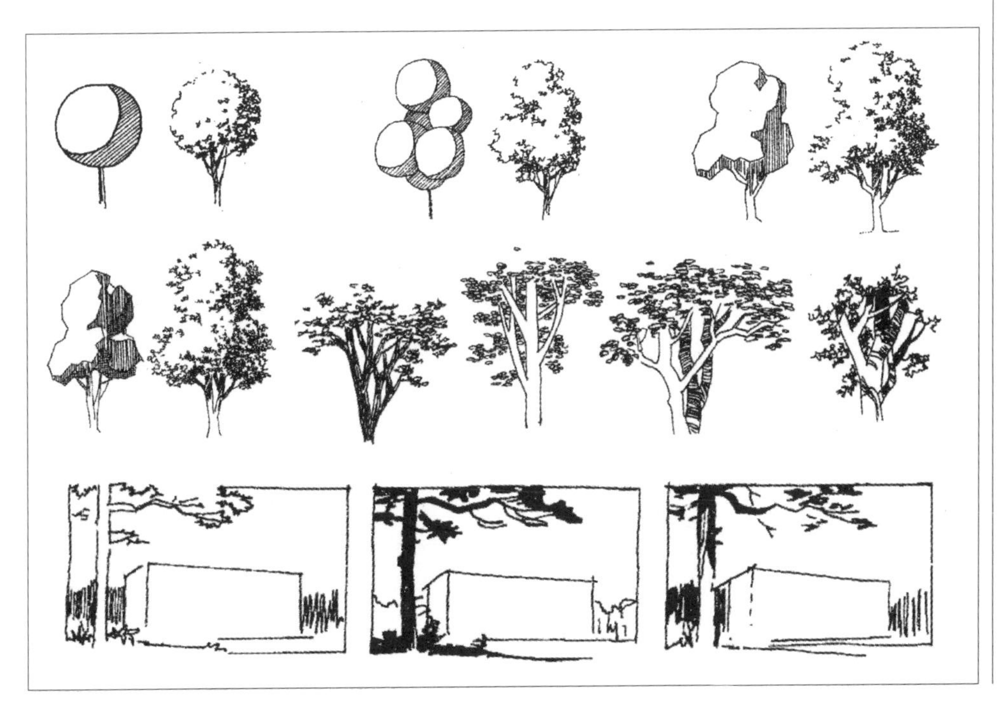

图10-17 树木的明暗对比

图10-18　树木的层次

图10-19　树叶的形状

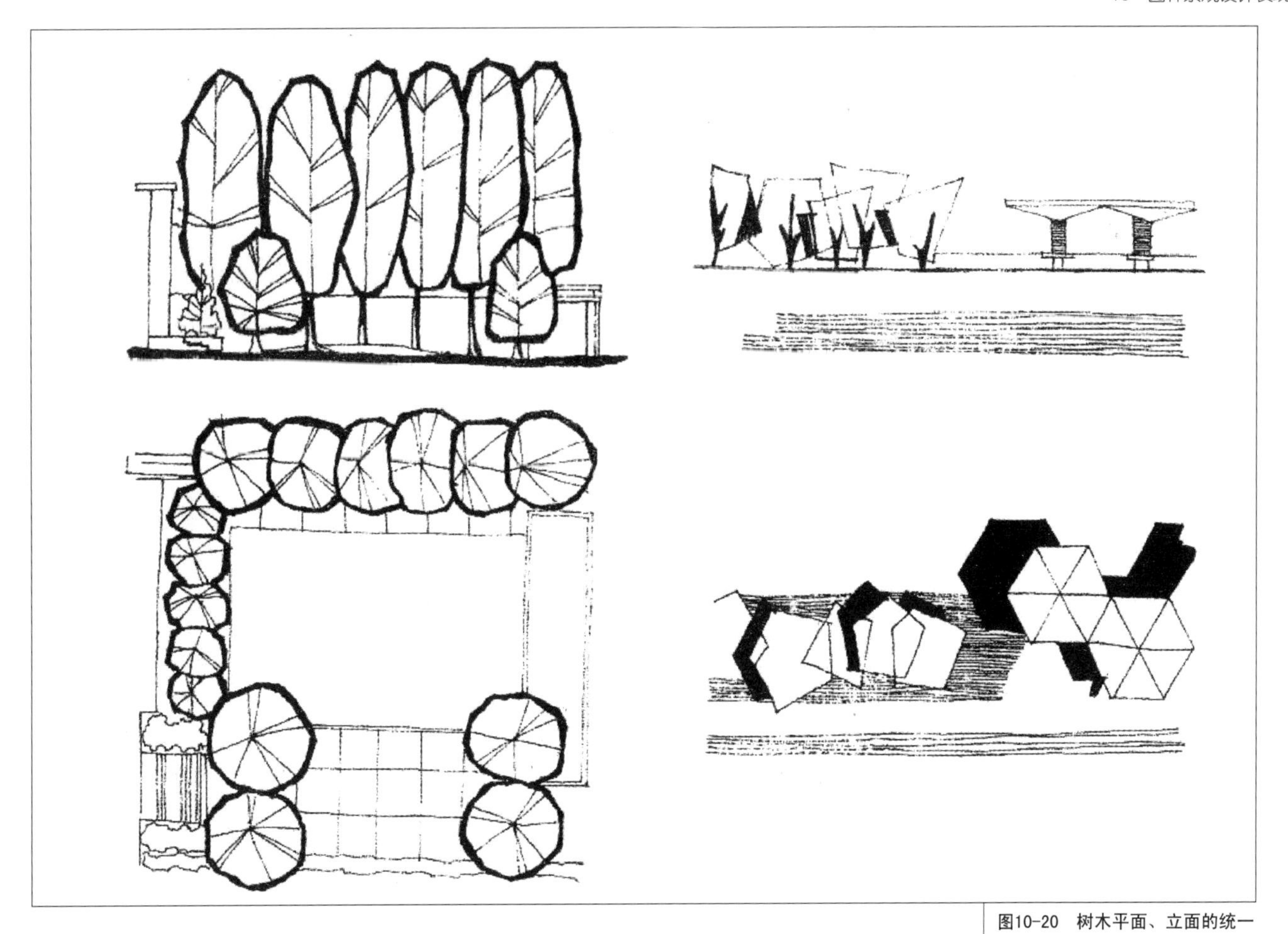

图10-20　树木平面、立面的统一

（5）山石的表现方法

平、立面图中的石块通常只用线条勾勒轮廓，很少采用光线、质感的表现方法，以免造成凌乱。用线条勾勒时，轮廓线要粗些，石块面、纹理可用较细较浅的线条稍加勾绘，以体现石块的体积感。不同的石块，其纹理不同，有的浑圆，有的棱角分明，在表现时应采用不同的笔触和线条。剖面上的石块，轮廓线应用剖断线，石块剖面上还可加上斜纹线（图10-21）。

假山和置石中常用的石材有湖石、黄石、青石、石笋、卵石等。由于山石材料的质地、纹理等不同，其表现方法也不同。

湖石即太湖石，为石灰岩风化溶蚀而成，太湖石面上多有沟、缝、洞、穴等，因而形态玲珑剔透。画湖石时多用曲线表现其外形的自然曲折变化，并刻画其内部纹理的起伏变化及洞穴形态。

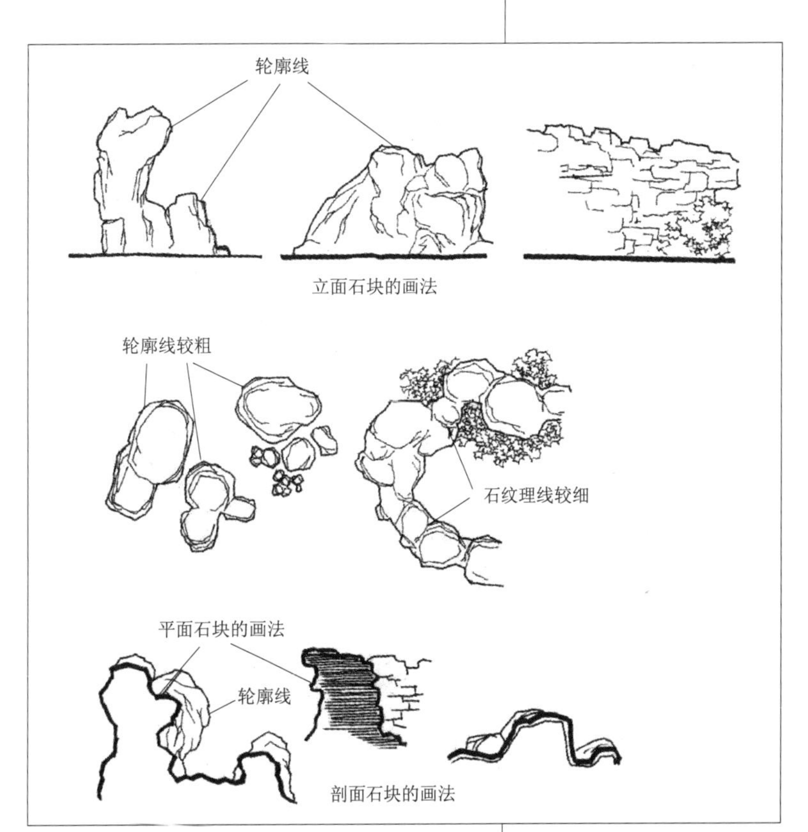


图10-21　石块的立面、平面、剖面表示法

黄石为细砂岩受气候风化逐渐分裂而成，故其体形敦厚、棱角分明、纹理平直，因此画时多用直线和折线表现其外轮廓，内部纹理应以平直线为主。

青石是青灰色片状的细砂岩，其纹理多为相互交叉的斜纹。画时多用直线和折线表现。

石笋为外形修长如竹笋的一类山石。画时应以表现其垂直纹理为主。可用直线，也可用曲线来表现。

卵石体态圆润，表面光滑。画时多以曲线表现其外轮廓，再在其内部用少量曲线稍加修饰即可。图10-22所示为山石的平面与立面图画法。

叠石常常是大石和小石穿插，以大石间小石或以小石间大石来表现层次，线条的转折要流畅有力（图10-23、图10-24）。

图10-22　山石平面（左）与立面（右）的画法

图10-23　叠石画法

图10-24　石块的画法

(6) 水体的表现方法

①水面的表示法：在平面上，水面表示可采用线条法、等深线法、平涂法和添景物法，前三种为直接的水面表示法，最后一种为间接表示法。

a.线条法

用工具或徒手排列的平行线条表示水面的方法称线条法。作图时，既可以将整个水面全部用线条均匀地布满，也可以局部留有空白，或者只局部画些线条。线条可采用波纹线、水纹线、直线或曲线。组织良好的曲线还能表现出水面的波动感。

水面可用平面图和透视图表现。平面图和透视图中水面的画法相似，只是为了表示透视图中深远的空间感，对于较近的景物线条则表现得要浓密，越远则越稀疏。水面的状态有静动之分，它的画法如下：

静水面是指宁静或有微波的水面，能反映出倒影，如宁静时的海、湖泊、池潭等。静水面多用水平直线或小波纹线表示（图10-25）。

动水面是指湍急的河流、喷涌的喷泉或瀑布等，给人以欢快、流动的感觉。其画法多用大波纹线、鱼鳞纹线等活泼动态的线形表现（图10-25）。

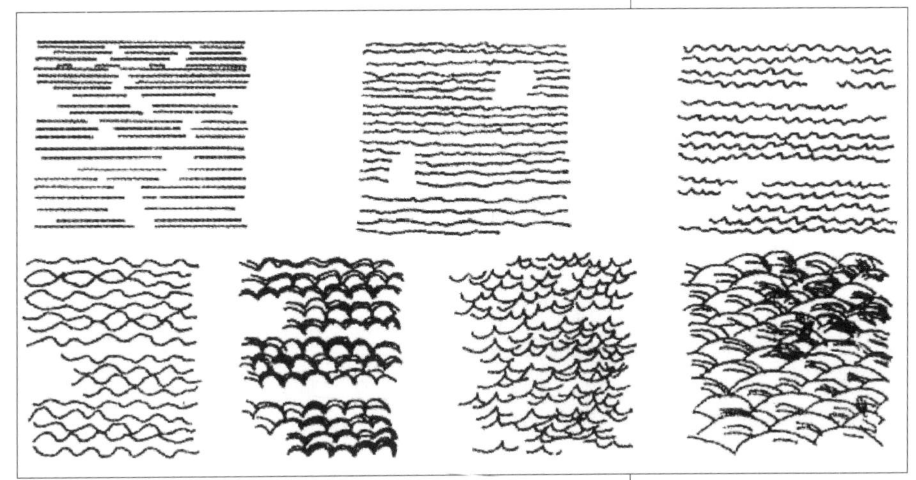

图10-25　水面的画法

b.等深线法

在靠近岸线的水面中，依岸线的曲折作两三根曲线，这种类似等高线的闭合曲线称为等深线。通常形状不规则的水面用等深线表示（图10-26）。

c.平涂法

用水彩或墨水平涂表示水面的方法称平涂法。用水彩平涂时，可将水面渲染成类似等深线的效果。先用淡铅作等深线稿线，等深线之间的间距应比等深线法大些，然后再一层层地渲染，使离岸较远的水面颜色较深。也可以不考虑深浅，而均匀涂黑（图10-27）。

d.添景物法

添景物法是利用与水面有关的一些内容表示水面的一种方法。与水面有关的内容包括一些水生植物（如荷花、睡莲）、水上活动工具（船只、游艇等）、码头和驳岸、露出水面的石块及周围的水纹线等（图10-28）。

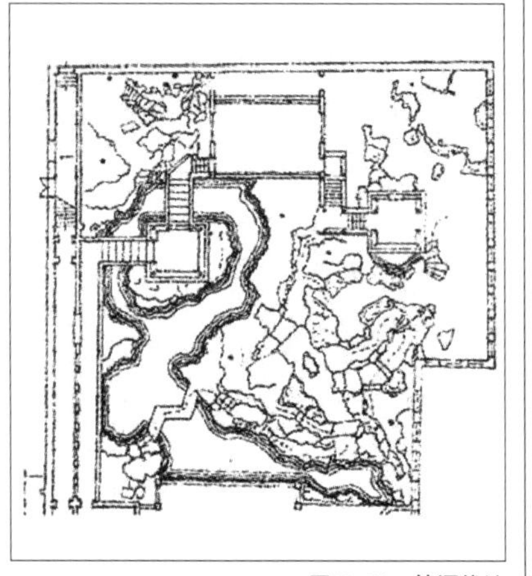

图10-26 等深线法

图10-27 平涂法

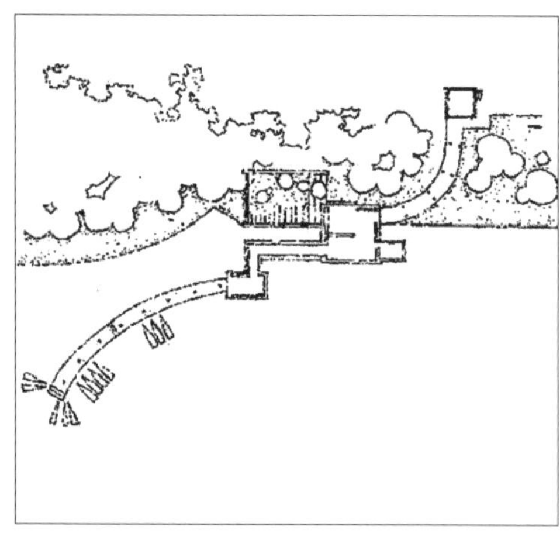

图10-28 添景物法

②水体的立面表示法：在立面上，水体可采用线条法、留白法、光影法等表示。

a.线条法

线条法是用细实线或虚线勾画出水体造型的一种水体立面表示法。线条法在工程设计图中使用得最多。用线条法作图时应注意：第一，线条方向与水体流动的方向保持一致。第二，水体造型要清晰，但避免外轮廓线过于呆板生硬（图10-29）。

图10-29 线条法

跌水、叠泉、瀑布等水体的表现方法一般也用线条法，尤其在立面图上更是常见，它简洁而准确地表达了水体与山石、水池等硬质景观之间的相互关系（图10-30）。用线条法还能表示水体的剖（立）面图（图10-31）。

b.留白法

留白法就是将水体的背景或配景画暗，从而衬托出水体造型的表示手法。留白法常用于表现所处环境复杂的水体，也可用于表现水体的洁白与光亮（图10-32）。

c.光影法

用线条和色块（黑色和深蓝色）综合表现出水体的轮廓和阴影的方法叫水体的光影表现法。光影法主要用于效果图中（图10-33）。

图10-30 跌水、叠泉、瀑布

图10-31 景观茶室景点立面图

图10-32 留白法

图10-33 光影法

### 10.1.2 马克笔、彩色铅笔上色

一幅好的景观效果图，除了有优美的线条以及正确的透视关系外，上色也是非常重要的环节之一。它是作者设计能力、绘画技巧及个人艺术修养等诸多方面的综合体现。

马克笔表现随意、自然，给人以生动、轻松之感（图10-34）；彩色铅笔所绘图案飘逸稳定，虚实变化且笔触丰富细腻（图10-35），可根据它们的特点来表现不同的物体。一般景观表现主要以马克笔为主，它讲究笔触；以彩色铅笔为辅，更适合过渡，可弥补马克笔的不足。

图10-34　马克笔上色园林景观手绘效果图

图10-35 彩色铅笔上色园林景观手绘效果图

## 10.2 计算机辅助园林景观设计

近几年来，计算机已得到极大普及，计算机技术已经渐渐深入到许多学科，在设计行业中，计算机辅助设计Aoto CAD（Computer Aid Design）已成为一种方便、快速的设计手段，它具有先进的三维模式，结合绘图、计算、视觉模拟等多功能为一体，能将方案设计、施工图绘制、工程概预算等环节形成一个相互关联的有机整体，可大大节省设计人员制图的时间，并在校核方案时，具有良好的可观性、修改方便快捷等优点。

目前，在进行园林景观设计时，常用多种计算机作图软件来完成从平面图到效果图的绘制，形成了完全不同于手绘图的表现特色。

手绘表现图缩短了图面想象与建成实景的距离。但这种传统的表现方式有时仍会有一些表达上的遗憾。很多设计师常常感到建成作品明显达不到图面与模型效果。比如：画透视图，是为了以较为实际的视觉效果来验证设计效果，但我们在透视图上往往不自觉地忽略或淡化材质和颜色的误差，故意美化设计作品及其周围环境。有时存在取悦于自己，特别是业主，来达到投标成功的目的，这在无形中使得设计师的感受和想象产生曲解，直到看到建成作品时才“如梦初醒”。虽然手绘表现有了较好的场景表现，但对材料与颜色的淡化，以及光线的失真，都使得表达效果不那么准确。

当然，这些难题对于有着丰富经验与卓越能力的设计师影响较小，但对于大多数设计师，特别是刚刚从事设计工作及学生来说，影响很大。计算机应用于辅助设计方面，在弥补上述不足时，扮演了重要角色。

图10-36 电脑表现效果图

计算机影像处理与合成系统可以将现实照片输入计算机，直接在真实的透视图上进行快速设计，设计理念和表现形式都直接用最真实的方式表达，尽可能避免前述淡化问题或人为美化的现象。周围环境也是真实的再现，如此“因地制宜”，让业主也更加明白设计意图，进而对设计者产生信任感。真实环境的照片输入计算机后也可以作为计算机生成模型的背景，通过图面处理，显得更为真实，与周围环境也更为协调。

计算机生成模型与后期的处理弥补了传统模型与手绘表现的一些不足，它可以改变多个视角，以此获得许许多多不同的透视效果。也可以分解模型，用来呈现各部分的组织关系，计算机建模可以对材料、质感、光线等进行精密分析及传神模拟。例如：计算机可以很快地模拟出各种天气光线下的效果及夜间灯光效果（图10-36）。

在计算机模型中，可以模拟人的视点转换来设置路径，将路径上每个设定视点的透视效果图一张张存起来，制作成动画，连续播放出来，就是人们游览整个环境（公园、广场、街道、从室外到室内等）的视觉感受过程。这种设定相对于人自由灵活的视点变换来说仍显得过于简单、不够真实。因此，20世纪90年代中后期开始发展“虚拟现实”（Virtual reality）系统，把人的资料输入计算机模型中，让人们自由地在空间中感受自己想要看的效果，来进一步缩短想象与实景的差距。

当然计算机辅助设计除了以上这些独到功能以外，它还可以被用来做设计筹备阶段的资料分析、数据整理、制定文字表格等工作。可以在设计制图中替代人力来绘制总平面图、平面图、立面图、剖面图、细部大样图、结构图及透视图等。这些绘图系统早已得到普遍应用，有方便储存、可复制、易修改、速度快等优点。计算机还可在施工阶段精确、快速地进行复杂的结构分析与计算，大大节省了人力。更为重要的是，越来越多的人使用计算机来进行空间分析，开发其在设计构思阶段的应用潜力，使计算机成为设计中真正人脑的延伸产品。

计算机几乎可以提供所有手绘图纸与模型所能涵盖的信息。这是不是说明计算机可以替代手绘的表现方式了？手绘表现方式有着很强的艺术性，有时它的随意性更能给设计师带来创作灵感。环境艺术设计是艺术与科学的统一，也就是说感性与理性同样重要。因此手绘表现方式也有其自身的长处。计算机辅助设计目前还不能代替设计师进行设计构思，过于夸大它的作用会导致进入误区，计算机有时带来设计中的程式化，导致雷同，而且其表现效果有时因过于理性化而显得呆板。总之，在环境艺术设计过程中，应参照个人习惯与具体设计的不同，在设计的不同阶段中，将两种表达方式相结合，加以灵活应用。

### 10.2.1 计算机的软硬件配置

随着科技的迅猛发展，在园林景观设计中对计算机硬件配置要求要高于普通商用、家用电脑，特别是在制作效果图时，需要较大的内存和显存才能提高图像的显示速度和作图速度。现在随着科技的发展，计算机的硬件配置更新速度较快，基本上目前所购计算机配置都能满足绘图要求。

在软件应用方面，一般常用AutoCAD、Photoshop、Coreldraw、3DS MAX等作图软件，结合一些关于建筑、植物、小品等专业素材库，完成从平面图、立面图、剖面图、效果图，甚至动画效果的绘制。

### 10.2.2 园林图纸的绘制

（1）平面图、立面图

①绘图软件简介

绘制平、立面图常用的软件是AutoCAD，是美国Autodesk公司推出的通用计算机辅助绘图和设计软件包，目前已广泛应用于机械、建筑、结构、城市规划等各种领域。随着技术的创新，AutoCAD已进行了多次升级，功能日益完善，操作更为简便，现在常用的版本是AutoCAD2007、AutoCAD2008、AutoCAD2009等。

②AutoCAD在园林设计中的应用

AutoCAD具有完善的图形绘制功能，能够精确地绘制线、圆、弧、曲线、多边形等各种几何图样。同时，该软件还提供了各种修改手段，具有强大的图形修改功能，比如删除、复制、镜像、修剪、偏移等，大大提高了绘图的效率。

在绘制平、立面过程中，根据设计构思，通过这些命令完成各部分的尺寸、纹样等。对于铺装的表现可根据CAD提供的各种纹样通过填充功能来完成。而其他一些表现素材，如植物、汽车、人物等则可从素材库中调用即可，通过AutoCAD绘制的平面图、立面图主要是线条图形，它能清楚、准确地表达设计意图。通过定义层的颜色可生成彩色的图像，但是图面效果稍欠丰富。为了弥补CAD表现图的不足，目前，在设计界还经常采用另一种方法，即通过另一种绘图软件Photoshop和CAD结合共同来完成。它是把CAD文件导入到Photoshop中，充分利用Photoshop强大的渲染功能来绘制平面效果图（图10-37、图10-38）。

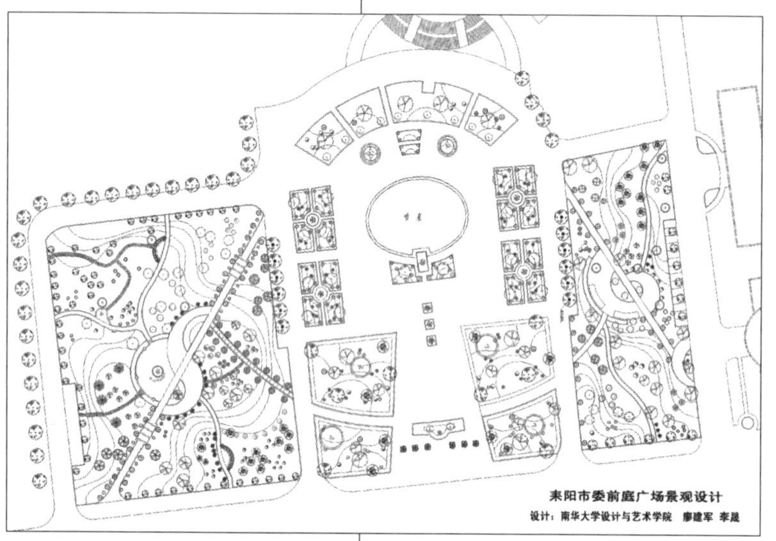


图10-37 CAD平面图

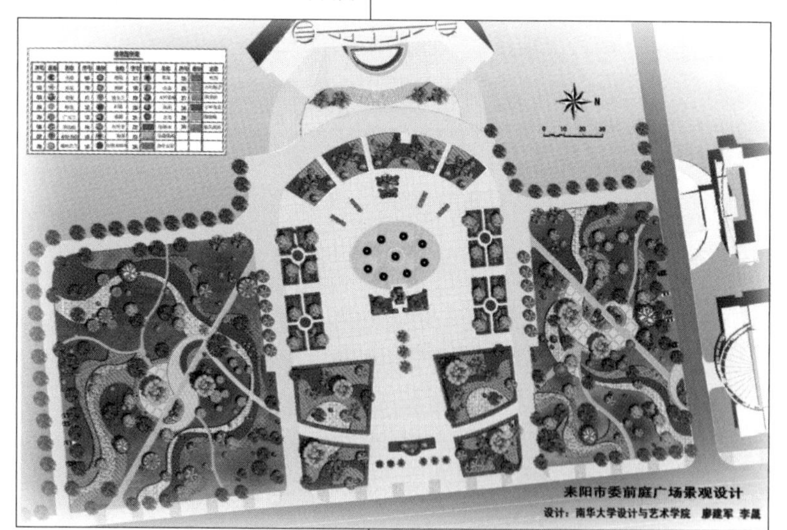


图10-38 Photoshop软件处理后平面图

### （2）效果图

在园林景观设计中，常用效果图来直观、清楚地表达设计意图，与手工绘制的效果图相比，电脑表现图具有准确、逼真的特点，并且根据设计意图，更容易调整。

①常用软件简介

进行园林景观设计表现图的制作一般需要经历三个历程：a.三维建模（3D Modeling）；b.渲染（Ilendering）；c.后期图像处理（Image processing）。这三个步骤常用的核心软件如表10-2所示。

表10-2 常用软件简介

| 步骤 | 常用软件 |
|---|---|
| 建模 | AutoCAD、3DS MAX系列等 |
| 渲染 | 3DS：MAX、Vray、LightScape等 |
| 后期图像处理 | Photoshop等 |

这些软件相结合，能较好地绘制园林效果图。

②绘制过程

在园林景观设计效果图的绘制过程中，每个阶段都各有侧重。园林景观设计效果图不同于建筑表观图，主要是侧重室外景观环境整体效果的表达。因此，在建模阶段，除了设计中的园林建筑和建筑小品、道路、水体、地形需精心刻画外，对于设计环境周围的建筑物表现则要粗略得多。效果图中的植物、人物、天空、汽车的表现基本上都是在后期处理阶段完成的。

a.三维建模

三维建模是制作园林效果图的第一步，这一过程对渲染、后期处理及最后的效果都有至关重要的影响。

AutoCAD系列和3DS MAX系列均可用于模型制作。二者都是Autodesk公司的产品，在数据传输方面几乎实现了无缝连接，将两者相结合建模效果较好。

在建模之前，首先要透彻理解设计方案，才能通过效果图较好地表达设计意图。其次，确定待建模型的繁简程度。因为模型的繁简程度对表现图的制作影响巨大，既影响建模的效率，又影响后期渲染的速度和成图以后的整体效果。因此，在建模时，要预先估计透视角度，省略透视图中不可见部分。对设计重点部位仔细刻画，其余可作适当简化，做到重点突出。

在AutoCAD环境下建模时，要注意将同一材质的物体尽量放在同一层上，这样在导入3DS MAX后，可以将每层上的物体视为一个对象进行处理，这给对象定义材质极为方便。

和建筑建模内容略有不同的是，园林表观图中经常用一些自由曲线建模，比如地形建模等。用AutoCAD进行地形建模不方便，而3DVIZ中已有对地形建模的成熟方法，操作者只需在AutoCAD中绘出等高线，并赋予各条等高线不同高度，即可在3DVIZ中进行拟合建模。

b.渲染

渲染是在三维模型的基础上，选择视角、设计光照或日照为不同构件定义材质，再配以环境等。只要设计者精心操作，就能真实再现材料的质感，光的特性，包括阴影、倒影、高光等情况，这是手工渲染难以表现之处。

在3DS MAX中，设置灯光是非常重要的，它的作用是影响场景中构件的明暗程度，光源的颜色和亮度也影响对象空间的光泽、色彩和亮度。在光源和材质的共同作用下，才能产生强烈色彩和明暗对比。在模拟日光时，一般都用聚光灯来进行模拟，将聚光灯放置在离场景较远的地方，可以产生近似平行的光线，较好地进行日光模拟。

在3DS MAX中还提供了多种贴图类型，能满足各种效果的需要。在赋予“材质”时要注意各种材质的尺度把握。

在对模型布置好“灯光”和“材质”，并通过设置“相机”选择好合适的透视角度后，可以进行“渲染”。渲染速度与计算机硬件配置、模型的复杂程度，场景中的阴影，反射，贴图的数量，光源的设置都有直接关系。经过渲染所得的JPG、TIF、TGA格式文件，可在Photoshop后期处理软件中直接调用（图10-39）。

c.后期处理

后期处理过程对于园林景观设计表观图来讲相当重要，效果图中的植物、天空、

图10-39　经3DS MAX软件建模、渲染的原文件图

图10-40　经过Photoshop软件后期处理的最终效果图

人物等配景基本上都是在这一过程中完成的。常用Photoshop软件来处理完成。

在Photoshop中增加配置时，需注意背景图片的透视角度和色调要与整个画面相协调统一（图10-40）。

以上通过计算机绘制的平、立面图和效果图属于静态园林景观的表现，为了更为逼真形象地体现设计思想，现在可以通过计算机辅助设计中的视觉模拟来表现所设计园林的动态景观，使设计对象与人产生动态联系，它是通过动画设计软件的照相机视窗，模拟人的视点、视域在游览线上的旋转、移动，形成一连串的视点轨迹，使人有身临其境的真实感，这是手工设计不可能实现的。目前，常用的制作计算机动画的软件是美国Autodesk公司推出的以微机为平台、被誉为"动画制作大师"的3D Studio MAX（3DS MAX）软件包。具体的制作过程较为复杂，可以参考相关动画制作书籍来学习。

随着计算机硬件和软件技术以及园林景观设计行业本身的发展，计算机辅助设计会越来越多地应用到园林景观设计之中，使园林景观设计建立在更科学、精确的基础上，推动园林景观设计向更为科学的方向发展。

## 思考题

1. 在设计过程中电脑重要还是手绘更重要？为什么？

2. 谈谈怎样才能画好手绘效果图？

3. 用电脑进行园林景观鸟瞰图的设计时需要哪些软件？在后期处理过程中要注意哪些问题？

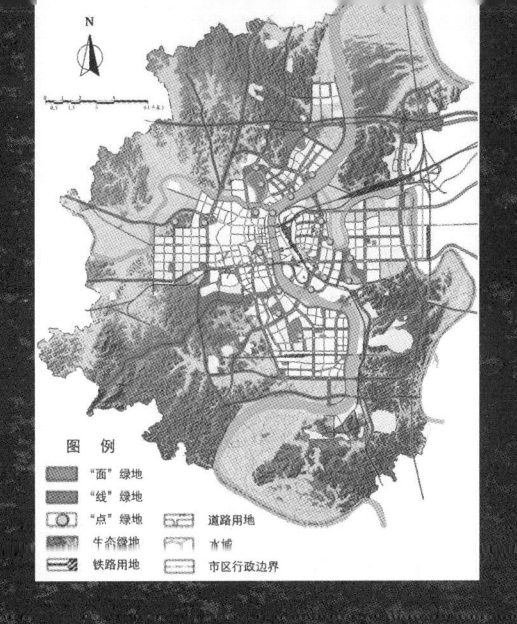


# 11

# 城市园林景观绿地系统规划

城市园林景观绿地系统是城市总体规划的一个重要组成部分。城市园林景观绿地系统的规划，就是在城市用地范围内，根据各种不同功能用途的园林绿地，合理地来布置，使园林景观绿地能够改善城市小气候条件，改善人民的生产、生活环境条件，并创造出清洁、卫生、美丽的城市。园林景观绿地还具有内容丰富的设施、高度的思想性及艺术性，并与城市各组成部分组成完美的有机整体。在另一方面城市园林景观绿地系统规划又是指导城市园林景观绿地详细规划和建设管理的依据。它是城市总体规划阶段的深入及继续。

## 11.1 城市园林景观绿地系统规划的基本知识

### 11.1.1 城市园林景观绿地系统规划的内容

城市园林景观绿地系统规划包括以下几个方面的内容：

①确定城市园林景观绿地系统规划的目标及原则。

②根据城市的自然条件、社会经济条件、城市性质、发展目标、用地布局等要求，确定城市绿化建设的发展目标和规划指标。

③统筹安排各类城市园林景观绿地，确定其性质、位置、范围和面积等，使其与整个城市总体规划的空间结构相结合，形成一个合理的系统。

④提出对总体规划中城市园林景观绿地系统进行调整、充实、改造、提高的意见，进行树种及生物多样性保护与建设规划，并提出园林景观绿地分期建设及重要修建项目的实施计划，以及画出需要控制和保留的绿地的红线。

⑤编制城市园林景观绿地系统规划的图纸及文件。

⑥对重点的公园绿地提出规划设计方案，提出重点地段绿地设计任务书以备详细规划使用。

值得一提的是，城市园林景观绿地系统规划内容第④项中的“生物多样性保护与建设规划”是近期出台的“城市绿地系统规划编制纲要（试行）”中明确规定要完成的内容。生物多样性保护与建设规划是指在对规划区域的生物多样性进行总体现状分析的基础上，确定生物多样性保护与建设的目标与指标，划分保护的层次，做出生物物种、基因、生态系统、景观多样性的规划，提出生物多样性保护的措施、生态管理对策及珍稀濒危植物的保护与对策等。通过以上的工作，可提高整个城市生物物种的多样性，提高整个城市生态系统的稳定性。因此，生物多样性保护与建设规划是城市绿地系统规划的重要组成部分，在规划中应给予高度的重视。

### 11.1.2 城市园林景观绿地系统规划的目标

在进行城市园林景观绿地系统具体规划以前，首先应确定城市园林景观绿地系统的规划目标。目标的制定针对不同阶段有所不同，即分别提出近期目标及远期目标。此外，由于各城市的性质、规模与现状条件等各不相同，其目标的确定也有较大的差别。但就绿地系统对城市的作用来看，绿地系统规划总的目标应为：使各级各类绿地以最适宜的位置和规模，均衡地分布于城市之中，最大限度地发挥其环境、经济及社会的综合效益，同时使各类绿地本身能正常持续地发展。

### 11.1.3 城市园林景观绿地系统规划的原则

要搞好城市园林景观绿地系统规划，达到预期的目标，必须遵守以下原则：

①以生态学的观念，从城市整体空间体系的角度出发，重新认识城市绿地，使城市绿地系统充分发挥其改善城市环境的生态功能。

随着对城市及城市绿地系统研究的深入，我们发现，一个城市的绿地只有在依照一定的科学规律加以沟通、连接，构成一个完整有机的系统，同时保证这一系统与自然山系、河流等城市依托的自然环境以及林地、农牧区等相沟通，形成一个由宏观到微观，由总体至局部，由外向内渗透的完整绿化体系时，才能充分发挥其改善城市环境，维护城市生态系统平衡的生态功能。因此，我们在进行城市绿地系统规划时，首先要以生态观念为指导，从城市整体空间体系的角度出发，对整个城市及城市周边地区的绿地进行规划和控制，使其生态效益得到最大限度地发挥。

②城市园林景观绿地系统规划应结合城市其他组成部分的规划，综合考虑、全面安排。

我国现有的耕地不多，城市用地紧张，因此在城市各项用地的布局方面，一方面要合理选择绿化用地，使园林绿地更好的发挥改善气候、净化空气、备战抗灾、美化生活环境等作用；另一方面，要注意少占良田，在满足植物生长条件的基础上，尽量利用荒地、山冈、低洼地和不宜建筑的破碎地形等布置绿化。

绿地在城市中的布局要与工业区布局、居住区详细规划、公建布局、道路系统规划等密切配合、协作、统一考虑和安排。例如在工业区及居住区布局的同时应考虑卫生防护林带的设置；在居住区详细规划中则应考虑居住区各级绿地的均衡分布；在公共建筑及广场的布局时则应考虑如何与绿地结合，突出公建的性格以及广场的景观和城市重点景观的轮廓线等；在道路系统规划时则应根据道路的性质、功能、宽度、朝向、地下地上管线位置等，合理布置行道树及卫生防护的隔离林带、通风防风林带等；在河湖水系规划时则应考虑水源涵养林和城市通风廊道的形成以及开辟滨水的公共绿化带供市民休憩游览。

③城市园林景观绿地系统规划必须结合当地的特点，实事求是、因地制宜地进行。

我国地域辽阔，幅员广大，地区性强，各地的气候、地形地貌、土壤等自然条件差异很大。同时，城市的现状条件、绿化基础、性质特点、规模范围也各不相同，即使在同一城市中，各区的条件也不同。各类绿地的选择、布置方式、面积大小、定额指标的高低，

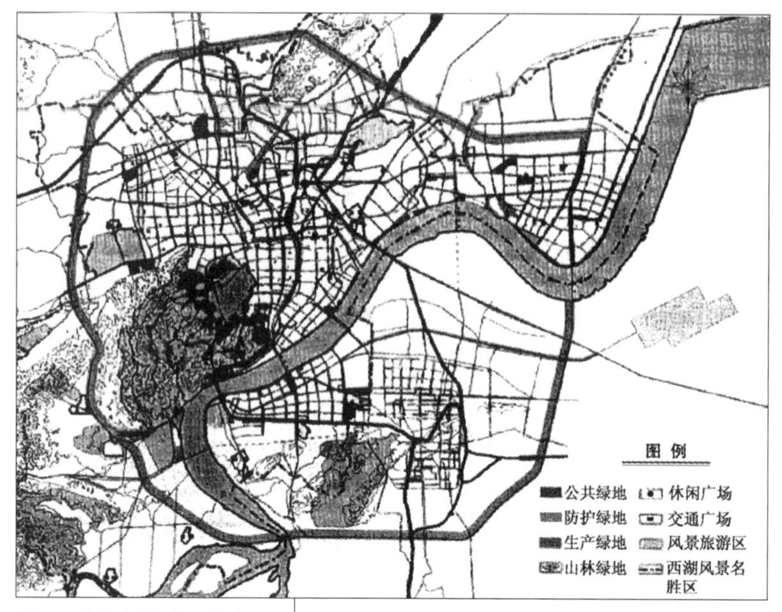


图11-1 自然山水条件好的城市——杭州，公共绿地的面积大一些

要从实际的需要和可能出发，编制规划，切忌生搬硬套，单纯追求某一种形式、某些指标，致使事半功倍，甚至事与愿违。20世纪90年代中后期，全国出现过一股“草坪热”，许多城市不顾及自身实际情况照搬一些其他城市的绿地建设模式，砍大树、修草坪，不仅使这些城市的绿化失去特色，同时也使城市绿化的生态效益受到影响。有的城市从外地引进了大量不适合当地自然条件的树种，因生长不良，纷纷淘汰，只能重新培育乡土树种，致使城市面貌长期不能得到改善。对于名胜古迹多、自然山水条件好的城市，公共绿地面积就会大些；北方城市风沙大，就必须设立防护带；夏季气候炎热的城市，就要考虑通风降温作用的林带；而老城市，建筑密集，空地少，市内绿地面积不足，绿化条件差，需要充分利用建筑区的边角地、道路两旁的空地，设置街头小游园、绿带、绿岛等，使其星罗棋布地分散在旧市区，既创造了居民日常游憩的场地，也美化了旧城面貌，天津是这方面成功的范例。

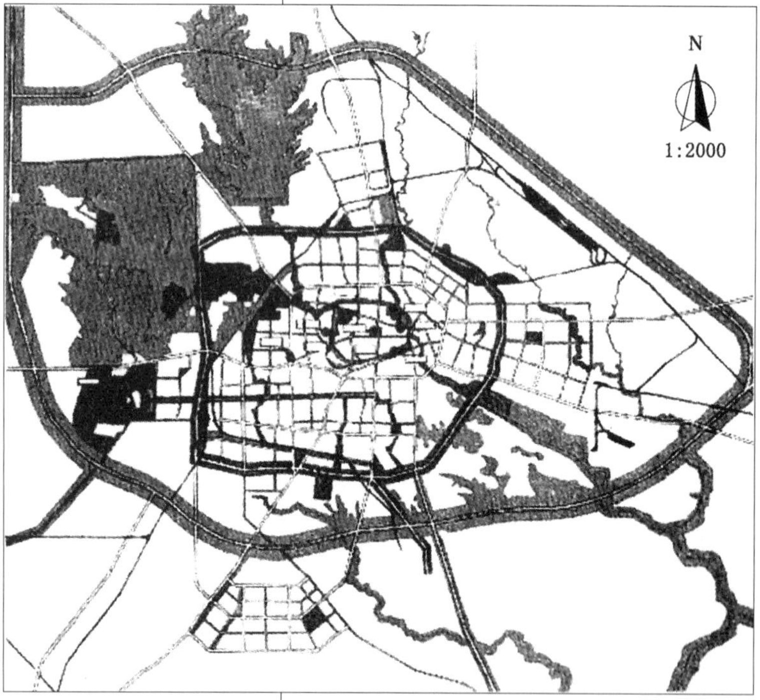

④城市园林景观绿地应均衡分布，有合理的服务半径，满足全体市民的休闲需要。

家庭核心化、生活休闲化、人口老龄化是现代城市的三大特点。随着生活水平的逐步提高，人们拥有了越来越多的空闲时间，需要更多休闲活动场所。另外，随着老龄化时代的到来，越来越多的老年人对锻炼身体、社会交往等日常活动提出了要求。而我国多数城市的市级公园绿地，除特大和大城市外，一般都只有两个左右，很难做到均匀分布，这远不能满足人们的这一要求。因此，在城市园林景观绿地规划中必须考虑将其他的公园绿地（区级公园、居住区、居住小区公园、街头小游园、绿化广场、带状绿地等）按合理的服务半径，进行均衡地布局，形成一个可供全体市民方便使用的绿色休闲空间网络，满足全体市民休憩、游览、娱乐、健身等休闲活动的需求（图11-3）。

图11-2 合肥城市环形绿化带的形成，和城市本身保留的环城的河道和城墙等条件密切相关

⑤城市园林绿地系统应在统一规划的前提下分期实施，保证各阶段的绿化效果及质量。

城市园林景观绿地系统规划既要有远景的目标，也要有近期的安排，做到远近结合。规划中要充分研究城市远期发展的规模，根据人民生活水平逐步提高的要求，制定出远期的发展目标，同时还要照顾到远近的过渡措施。如，对于建筑密集、环境较差、人口密度高的地区，应相应结合旧城改造留出适当的绿化保留用地，到时机成熟，即可迁出居民，拆迁建筑，开辟为公共绿地。又如，在城市不断向外扩展的情况下，一些远期规划的公园地段正处在现在城市的边沿地带，为了防止远期的公园用地被其他用地侵占，可在近期规划中将该地段规划为苗圃用地，这样既可以保证公园用地的完整性，又可为远期公园建设提供一定的绿化基础，同时还可保证近期绿化水平的提高，可谓一举多得。我国许多城市具有相当数量的名胜古迹和近代革命历史遗址，在绿地规划中，就须使风景名胜、文物古迹的保护工作与园林绿地的建设结合起来，努力发掘，积极恢复，妥善保护，充分利用。总之，城市绿地系统的规划应考虑近期及远期目标的可实施性以及由近到远过渡时期的绿化措施。

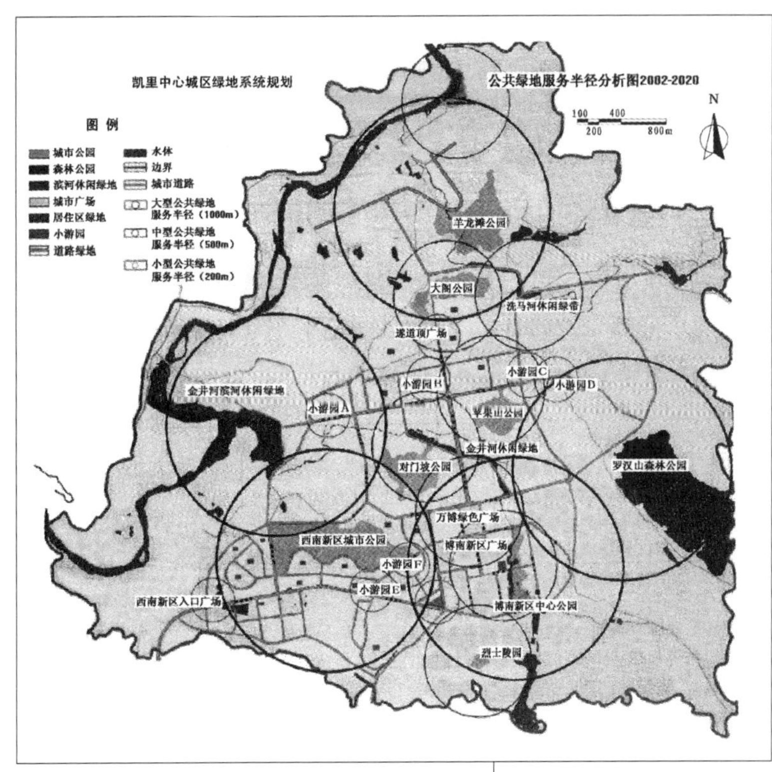

图11-3　公园绿地应按合理的服务半径进行均衡布局

⑥在城市绿地系统规划建设的经营管理中，除要充分发挥其环境、社会效益外，还可结合生产实际，创造经济价值。

城市园林绿地系统的规划除应充分考虑其环境及社会效益外，对其经济效益的发挥也应予以重视。城市绿地系统经济效益的发挥主要体现在以下几个方面。其一，通过良好的绿化建设提高土地的经济价值。美国的有关研究表明，理想的绿化环境其地产价值可提高6%，有的甚至可提高15%。其二，通过绿色植物的一系列生态效益，可节约能源以创造经济价值。日本的有关研究表明，当气温超过35℃，每升高1℃，东京变电站管辖范围内空调耗电量达120万千瓦时，通过绿化降低温度，则可以节约电力，创造经济价值。另外通过湿地生态系统来净化水质，同样可以达到节约资金的目的。其三，可因地制宜地在某些地段种植果树和具有芳香、药用价值的经济作物及油料作物等，以取得一定的经济效益。

# 11.2 城市园林景观绿地的类型

## 11.2.1 国内外不同分类情况简介

城市园林景观绿地（以下简称城市绿地）的分类在国际上尚无统一标准，因此各个国家的分类情况不尽相同。另外，在不同时期，由于对城市绿地认识的不同，也会形成不同的分类标准。因此即使是同一个国家，在不同时期也会形成不同的分类结果。以下将对不同国家以及我国不同时期的园林景观绿地分类情况做一个简单的介绍。

**(1) 苏联城市园林景观绿地分类情况**

苏联在20世纪50年代按城市绿地的不同用途，将城市绿地分为三大类，即：

①公共使用绿地，包括：文化休息公园、体育公园、植物公园、动物园、散步休息公园、儿童公园、小游园、林荫大道、住宅街坊绿地等。

②局部使用绿地，包括：学校，幼托，俱乐部，文化宫，医院，科研机关，工厂企业，休、疗养院等单位所属的绿地。

③特殊用途绿地，包括：工厂企业的防护林带（防风、沙、雪等），防火林带，水土保护绿地，公路、铁路防护绿地，苗圃，花场等。

在1990年以后，苏联实行了新的建筑法规，将城市用地分为生活居住用地、生产用地和景观游憩用地。其中园林绿地则属于景观游憩用地。综合这些绿地的位置、规模及功能等特征，景观游憩用地可分为城市森林、森林公园、森林防护带、蓄水池、农业用地及其他耕地、公园、花园、街心花园和林荫道。

**(2) 日本城市绿地的分类情况**

日本自20世纪60年代以来，工业迅速发展，人口剧增，城市环境严重恶化。为改善城市环境，城市绿地的建设受到重视。自此以后日本形成了一套非常严密的绿地分类系统，该系统对各类城市绿地的功能、性质、规模及服务半径等都做了明确的规定，并同时用法律形式将这些规定加以明确，保证了城市绿地的发展。

日本的城市绿地系统由居住区公园、城市骨干公园、特殊公园、广场公园、缓冲绿地、城市绿地、绿道、国营公园等九大类绿地组成（表11-1）。

表11-1 日本的城市绿地系统组成

| 类型 | | 功能及标准 |
|---|---|---|
| 居住区公园城市骨干公园 | 街区公园 | 主要为本居住区的老人及儿童利用，服务半径250米，每居住小区设4处 |
| | 近邻公园 | 本居住区居民休息活动场所，服务半径500米，每处面积2公顷，每居住小区1处 |
| | 地区公园 | 居住区内居民步行可达，休息活动设施、景致均较好，服务半径1000米，每处面积4公顷，每4个居住小区设1处 |
| | 综合公园 | 供全市居民休息、观赏、散步、游戏运动用，有较好的景观和完善的设施，每处10～50公顷 |
| | 运动公园 | 供市民运动用，设有各种运动设施或体育馆，每处15～75公顷 |
| 特殊公园 | | 包括景致公园、动物公园、植物园、墓园和为保护特别的自然文化遗产而设立的历史公园 |
| 广场公园 | | 为一个以上城市服务的大公园，由所在县（府）政府建造和管理，每处50公顷以上 |
| 缓冲绿地 | | 城市里的居住、商业区或其他可能的污染源之间的绿化隔离带，用以防止和减少空气污染、噪声污染等，防止工业区内发生的灾难向城市其他地区扩大 |
| 城市绿地 | | 用以维持和改善城市自然环境和景观的绿化小区，每处0.05～0.1公顷 |
| 绿道 | | 为确保灾难发生时通向避难地的道路畅通和保障城市生活安全和舒适而建立的绿化道路，标准宽度10～20米 |
| 国营公园 | | 为一个以上的县（府）服务的大公园或为纪念日本某一重大事件而建立的公园，由中央政府建立和管理，标准面积300公顷 |

**（3）我国各时期的分类情况**

我国城市绿地的分类情况随着绿地建设及规划思想的发展而在各个时期有所不同。其中几个有代表性的时期及分类情况如下：

①1961年出版的高等学校教科书《城乡规划》中，将城市绿地分为城市公共绿地、小区及街坊绿地、专用绿地和风景游览、休疗养区的绿地四大类。

表11-2　　城市各种绿地与城市用地关系

| 城市用地分类 / 城市绿地分类 | | 分类代号 | R | C | M | W | T | S | U | G | D | E |
|---|---|---|---|---|---|---|---|---|---|---|---|---|
| | | 分类名称 | 居住用地 | 公共设施用地 | 工业用地 | 仓储用地 | 对外交通用地 | 广场道路用地 | 市政公用设施用地 | 绿地 | 特殊用地 | 水域或其他用地 |
| 公共绿地 | 市、区级综合公园 | | | | | | | | | | | |
| | 专类公园 | | | | | | | | | | | |
| | 历史文物公园 | | | | | | | | | √ | | |
| | 游憩林荫带 | | | | | | | | | | | |
| | 街头小游园 | | | | | | | | | | | |
| 居住绿地 | | | √ | | | | | | | | | |
| 附属绿地 | 工业绿地 | | | | √ | | | | | | | |
| | 仓储绿地 | | | | | √ | | | | | | |
| | 公共设施绿地 | | | √ | | | | | | | | |
| | 市政公用设施绿地 | | | | | | | | √ | | | |
| | 特殊用地附属绿地 | | | | | | | | | | √ | |
| 交通绿地 | 道路绿地 | | | | | | | √ | | | | |
| | 公路、铁路防护绿地 | | | | | | √ | | | | | |
| 风景区绿地 | 风景名胜区 | | | | | | | | | √ | | √ |
| | 休疗养区 | | | | | | | | | √ | | √ |
| 生产防护绿地 | 苗圃、花圃 | | | | | | | | | | | |
| | 果园、林场 | | | | | | | | | √ | | |
| | 城市防风林带 | | | | | | | | | | | |
| | 卫生防护林带 | | | | | | | | | √ | | |

②1963年中华人民共和国建筑工程部《关于城市园林绿化工作的若干规定》中规定，将城市绿地分为公共绿地、专用绿地、园林绿化生产用地、特殊用途绿地和风景区绿地五大类。这是我国第一个法规性的城市绿地分类。

③1975年由国家建委城建局发布的《城市建设统计指标计算方法试行本》中，将城市绿地分为公园绿地、公用绿地、专用绿地、郊区绿地四大类。

④1979年由国家城建总局发布的《关于加强城市园林绿化工作的意见》中，将城市绿地分为公共绿地、专用绿地、园林绿化生产用地、风景区和森林公园五类。

⑤1982年城乡建设环境保护部颁发的《城市园林绿化管理暂行条例》中，将城市绿地分为公共绿地、专用绿地、生产绿地、防护绿地、城市郊区风景名胜区五大类。

⑥1982年中国建筑工业出版社出版的高等学校试用教材《城市园林绿地规划》（同济大学等三校合编）中，将城市绿地分为公共绿地、居住绿地、附属绿地、交通绿地、风景区绿地和生产防护绿地六大类。

⑦1991年施行的国家标准《城市用地分类与规划建设用地指标》（GBJ137—90）中将城市绿地分为公共绿地和生产防护绿地两类。而将居住区绿地、单位附属绿地、交通绿地、风景区绿地等各归入生活居住用地、工业仓库用地、对外交通用地、郊区用地等用地项目之中，而没有单独列出（表11-2）。

⑧1993年建设部编写的《城市绿化条例释义》及1993年建设部文件《城市绿化规划建设指标的规定》中，将城市绿地分为公共绿地、居住区绿地、单位附属绿地、防护绿地、生产绿地和风景林地六类。

以上各个时期的城市绿地分类，是我国建国后逐步摸索、不断发展的产物，在各时期均对城市绿地的建设起过重要的指导作用。然而，随着我国城市化进程的不断加快以及人们对城市绿地系统认识的进一步提高，现行的城市绿地分类标准已不能适应新的城市建设需要，因而也引发了一系列问题。

这些问题主要表现在以下几个方面。其一，我国现行常用的分类有两种，一是在总体规划及控制性详细规划中，各城市基本是执行《城市用地分类及规划建设用地标准》中的"二类法"，即城市绿地分为公共绿地和生产防护绿地两类；另一种则是在绿地的建设、管理及统计过程中主要执行《城市绿化规划建设指标的规定》中的"六类法"，即城市绿地分为公共绿地、居住区绿地、附属绿地、防护绿地、生产绿地和风景林地六大类。由于两种标准的存在，在实际工作中，客观上造成了统计中的一些混乱现象。其二，由于没有专门的城市绿地分类法规，因此，在其他相关法规中出现的绿地分类，并未对各类绿地作出明确、详细的划分及定义，这样导致了在全国范围内各城市的绿地分类存在着较大的差别，有的即使为同类绿地，名称相同，但其内涵及统计口径却不相同。绿地分类及统计口径的不规范，导致绿地系统规划与城市规划之间缺少协调关系，使城市之间的绿地规划建设指标缺乏可比性，直接影响到绿地系统规划的编制审批，影响到绿地的建设和管理。其三，随着城市布局结构的变化，许多城市，如烟台、上海、深圳等出现了组团分隔带，并在城市绿地系统的规划中提出"生态绿地"、"绿化空间控制区"、"组团分隔绿地"等新的绿地类型，如何统一规范这些新的绿地类型，也是现行的分类标准无法解决的问题。

其四，现行的绿地分类中的某些名称不能准确反映绿地的主要功能特性。以“公共绿地”为例，“公共绿地”是从综合的角度进行城市绿地分类时采用的分类名称，其分类依据主要是服务对象和归属管理体制，该名称不能直接反映这类绿地供市民游览、休息、游戏、文娱、体育等活动的主要功能特征。而且，随着绿化投资渠道、开发方式和管理机制的多元化，许多私人或企业兴建的公园绿地出现，这些绿地同样担负着公共绿地的功能，如果继续选用“公共绿地”的名称，将不利于调动社会各界力量参与城市绿地的多渠道建设，最终将阻碍新体制下城市绿地的持续发展。因此，对于现行绿地分类中的“公共绿地”的名称，许多专家都提出过异议，建议用“游憩绿地”或“公园绿地”等代替原有的“公共绿地”。

鉴于以上情况，出台新的城市绿地分类标准已势在必行。新的分类标准应该与现有的标准相协调，保持现有分类的延续性，同时根据新形势下的具体情况，主要从绿地的功能角度进行分类，使其能为城市绿地的规划、建设、管理、统计服务，并能对城市绿地系统的内部结构、城市大环境绿化的发展起推动、引导作用，同时对园林及城市绿地规划学科的建设发展作出贡献。

### 11.2.2 分类原则

城市绿地的分类要达到上述要求，应遵循以下原则。

**(1) 以主要功能为分类的根本依据**

城市绿地的分类应以其主要功能作为根本依据，同时也应兼顾其管理特点。城市绿地通常具有生态、景观、游憩、防护、减灾等多种功能，以其主要功能作为分类依据，使其名副其实，有利于城市绿地系统的规划、建设和管理，可以正确地把握工作重点，引导绿地建设。另外，随着市场经济的发展，绿地的投资主体及管理的权属关系发生了很大变化，绿地分类兼顾其管理特点，有助于在新的形势下理顺绿地建设与使用的责、权、利之间的关系。

**(2) 应包含城市范围内所有绿化用地**

城市绿地的分类应包含城市范围内的所有绿化用地。现行的城市用地分类标准中，只有公共绿地（G1）和生产防护绿地（G2）参与总体层次上的城市用地平衡。这种统计方法很不全面，因为在其他几类城市用地中，尚有总量两倍于公共绿地和生产防护绿地的绿地未单独计入城市的绿化用地中。这些用地同样承载着绿色植物，同样起着改善环境，塑造城市景观等功能。由此可见，城市绿地分类中的绿地应包含城市中所有的绿化用地，这样将有助于各类绿地充分发挥其功能，保证城市绿地系统的持续发展。

**(3) 新的分类标准应具有延续性**

现在许多城市的绿地系统规划及建设都是在原有绿地的基础上进行的，因此新的分类应体现原有分类标准的延续性，这样才能达到平稳过渡的目的，否则会因为新旧标准的脱节造成混乱局面，这将对城市绿地的建设产生不利影响。

(4) 新的分类标准应具有可比性

新的分类标准应有利于进行纵向及横向的比较。纵向比较是指新的城市绿地分类应有利于与原有的城市建设、管理及统计资料进行比较；横向比较是指新的城市绿地分类有利于各城市之间以及与同时期国外的城市绿地建设进行比较。

(5) 新的分类标准应具有前瞻性

随着时代的发展，人们对城市绿地的认识已从原来狭义的城市建设用地中的绿地拓展到广义的城市周边地区“大绿化”的广度。另外，对于城市绿地系统规划的认识，也由原来在城市总体规划阶段后进行“见缝插绿”发展到与城市总体规划同步进行的绿地系统规划。绿地系统规划与总体规划的同步进行，使城市绿地系统的空间布局与城市的整体布局结构相融合，使整个城市的绿地形成一个完整的网络系统，更有利于城市生态建设。因此，新的城市绿地分类标准应体现人们对绿地及对绿地系统规划意识上的进步，使新的分类标准具有前瞻性。

(6) 新的分类标准应具有可操作性

新的城市绿地分类应注意从宏观至微观的系统性，在具体的类、项等划分中作科学的处理，即可用分级代码的形式进行各个层次如大类、中类、小类的划分，使分类概念及编码方法统一，并同新颁法律法规接轨，这样将有助于把所有城市绿地纳入有关法律法规的适用范围，使城市绿地得到更好发展，保证绿地分类的可操作性。

## 11.2.3 城市绿地分类标准

根据新形势下绿地建设的需要，建设部颁布了新的《城市绿地分类标准》，设置为行业标准，于2002年9月1日起正式实施。该标准首先对城市绿地做了明确的定义，即“所谓城市绿地，是指以自然植被和人工植被为主要存在形态的城市用地。它包含两个层次的内容：一是城市建设用地范围内用于绿化的土地；二是城市建设用地之外，对城市生态、景观和居民休闲生活具有积极作用、绿化环境较好的区域”。在这样的定义之下，该标准采用英文字母和阿拉伯数字混合编码的形式，将城市绿地分为5个大类、13个中类、11个小类。它们分别是：

五大类：G1公园绿地、G2生产绿地、G3防护绿地、G4附属绿地、G5其他绿地。

十三中类：公园绿地中的G11综合公园、G12社区公园、G13专类公园、G14带状公园、G15街旁绿地；附属绿地中的G41居住绿地、G42公共设施绿地、G43工业绿地、G44仓储绿地、G45对外交通绿地、G46道路绿地、G47市政设施绿地、G48特殊绿地。

十一小类：综合公园中的G111全市性公园、G112区域性公园；社区公园中的G121居住区公园、G122小区游园；专类公园中的G131儿童公园、G132动物园、G133植物园、G134历史名园、G135风景名胜公园、G136游乐园、G137其他专类公园。具体分类及内容见表11-3。

表11-3 城市绿地分类

| 类别代码 | | | 类别名称 | 内容与范围 | 备注 |
| --- | --- | --- | --- | --- | --- |
| 大类 | 中类 | 小类 | | | |
| G1 | | | 公园绿地 | 向公众开放，以游憩为主要功能，兼具生态、美化、防灾等作用的绿地 | |
| | G11 | 综合公园 | | 内容丰富，有相应设施，适合公众开展各类户外活动的规模较大的绿地 | |
| | | G111 | 全市性公园 | 为全市居民服务，活动内容丰富、设施完善的绿地 | |
| | | G112 | 区域性公园 | 为市区一定区域的居民服务，具有较丰富的活动内容和设施完善的绿地 | |
| | G12 | | 社区公园 | 为一定居住用地范围内的居民服务，具有一定活动内容和设施完善的集中绿地 | 不包括居住组团绿地 |
| | | G121 | 居住公园 | 服务于一个居住区的居民，具有一定活动内容和设施，为居住区配套建设集中绿地 | 服务半径：0.5～1.0千米 |
| | | G122 | 小区游园 | 为一个居住小区的居民服务、配套建设的集中绿地 | 服务半径：0.3～0.5千米 |
| G1 | G13 | | 专类公园 | 具有特定内容或形式，有一定游憩设施的绿地 | |
| | | G131 | 儿童公园 | 单独设置，为少年儿童提供游戏及开展科普、文体活动，有安全、完善设施的绿地 | |
| | | G132 | 动物园 | 在人工饲养条件下，移地保护野生动物，供观赏、普及科学知识，进行科学研究和动物繁育，并具有良好设施的绿地 | |
| | | G133 | 植物园 | 进行植物科学研究和引种驯化，并供观赏、游憩及开展科普活动的绿地 | |
| | | G134 | 历史名园 | 历史悠久，知名度高，体现传统造园艺术，并被批审为文物保护单位的园林 | |
| | | G135 | 风景名胜公园 | 位于城市建设用地范围内，以文物古迹、风景名胜点（区）为主形成的具有城市公园功能的绿地 | |
| | | G136 | 游乐园 | 具有大型游乐设施，单独设置，生态环境较好的绿地 | 绿化占地比例应大于等于65% |
| | | G137 | 其他专类公园 | 除以上各种专类公园外具有特定主题内容的绿地。包括雕塑园、盆景园、体育园、纪念性公园等 | 绿化占地比例应大于等于65% |
| | | G14 | 带状类公园 | 沿城市道路、城墙、水滨等，有一定游憩设施的狭长形绿地 | |
| | | G15 | 街旁绿地 | 位于城市道路用地之外，相对独立的绿地，包括街道广场绿地、小型沿街绿化用地等 | 绿化占地比例应大于等于65% |
| G2 | | | 生产绿地 | 为城市绿化提供苗木、花草、种子的苗圃、花圃、草圃等圃地 | |
| G3 | | | 防护绿地 | 城市中具有卫生、隔离和安全防护功能的绿地。包括卫生隔离带、道路防护绿地、城市高压走廊绿化带、防风林、城市组团隔离带等 | |

续表

| 类别代码 | | | 类别名称 | 内容与范围 | 备注 |
|---|---|---|---|---|---|
| 大类 | 中类 | 小类 | | | |
| G4 | | | 附属绿地 | 城市建设用地中绿地之外各类用地中的附属绿化用地。包括居住用地、公共设施用地、工业用地、仓储用地、对外交通用地、道路广场用地、市政设施用地和特殊用地中的绿地 | |
| | G41 | | 居住绿地 | 城市居住用地内、社区公园以外的绿地，包括组团绿地、宅旁绿地、配套公建绿地、小区道路绿地等 | |
| | G42 | | 公共设施绿地 | 公共设施用地内的绿地 | |
| | G43 | | 工业绿地 | 工业用地内的绿地 | |
| | G44 | | 仓储绿地 | 仓储用地内的绿地 | |
| | G45 | | 对外交通绿地 | 对外交通用地的绿地 | |
| | G46 | | 道路绿地 | 道路广场用地的绿地，包括行道树绿化带、分车绿化带、交通岛绿地、交通广场和停车场绿地等 | |
| | G47 | | 市政设施绿地 | 市政公用设施用地内的绿地 | |
| | G48 | | 特殊绿地 | 特殊用地内的绿地 | |
| G5 | | | 其他绿地 | 对城市生态环境质量、居民休闲生活、城市景观和生物多样性保护有直接影响的绿地。包括风景名胜区、水源保护区、郊野公园、森林公园、自然保护区、风景林地、城市绿化隔离带、野生动植物园、湿地、垃圾填埋场恢复绿地等 | |

注：该标准为中华人民共和国行业标准，在今后城市绿地的规划、设计、建设、管理和统计中应严格执行。

# 11.3 城市园林景观绿地的定额指标

城市园林景观绿地定额指标指城市中平均每位居民所占的城市园林景观绿地面积，通常指公共绿地人均面积。绿地系统各项指标制定的合理与否，与整个城市园林景观绿地系统规划及建设工程的成败密切相关，因此指标制定的问题在城市园林景观绿地系统规划中应受到高度重视。

## 11.3.1 城市园林景观绿地定额指标的作用

①通过城市绿地指标可以衡量一个城市绿化水平的高低，城市环境的好坏以及居民生活质量的优劣。

②依靠城市绿地指标，可以将城市绿地量化获得的数据作为城市总体规划各阶段调整用地的依据，也可用于评价规划方案的经济性、合理性。

③通过城市绿地指标可计算出各类绿地规模的制定工作（如推算城市公园及苗圃的合理规模等）以及估算城建投资计划，保证绿地能按规划实施。

④城市绿地指标的制定，有利于在统计及研究工作中统一全国的计算口径，为科学研究积累经验数据，既可以为城市规划学科的定量分析、数量统计、电子计算技术应用等更先进、更严密的方法的制订提供可比的数据，又可为国家有关技术标准或规范的制订与修改提供基础数据。

园林景观绿地指标是城市园林景观绿化水平的基本标志，它反映着一个时期的经济水平、城市环境质量及文化生活水平。为了能够充分发挥园林绿化在保护环境、调节气候方面的功能与作用，兼顾节省城市用地及城市建设的投资，方便人民的生产、生活，城市中园林景观绿地的比重要适当合理，在一定时期内应有一个合理的指标。

## 11.3.2 影响城市园林绿地指标的因素

由于各个国家、各个地区及城市具体条件不同，绿地指标也应有所不同，影响城市绿地指标的因素主要有以下几点：

(1) 国民经济水平

随着国民经济的发展，人民物质文化生活的改善，对环境质量的要求也会提高。我国20世纪50年代以来，不同时期所制定的绿地指标有所变化，这除受当时的规划指导思想影响外，与国民经济发展的情况也有一定关系。

**（2）城市性质**

不同性质的城市对园林绿地的要求不同，如以风景游览、休养疗养性质为主的城市，由于游览、开放、美化等功能的要求，指标定额要高一些。一些重工业城市，如钢铁化工及交通枢纽城市，由于环境保护的需要，指标也应高些。

**（3）城市规模**

在我国100万人口以上的城市定为特大城市，50万～100万人口的城市为大城市，20万～50万人口的城市为中等城市，20万人口以下的城市为小城市。

城市规模大小的不同，对绿地指标定额也不一样。由于中、小城市与自然环境联系较为密切和方便，因此绿地系统中的各种类型园林绿地不一定像大城市那样齐全。在大城市中，由于人口密集、工业多、建筑密度高、居民远离郊区自然环境，故在市内应有较多的绿地，其绿地定额指标应高于小城市。

**（4）城市自然条件**

城市中的地形、地貌、水文、地质、土壤等条件对城市绿化建设有重要影响。城市用地中地形起伏大，或用地破碎、低洼等不宜建筑的用地，辟作园林用地，将增加园林艺术的景观效果，并改善城市卫生环境。反之，城市用地是良田，则要考虑适当减少园林绿地面积。

水文及土壤条件对城市园林景观绿地位置的选择和面积的确定具有决定意义。水源丰富，且分布均匀，或地下水位较高，有利于绿化建设，适合于作绿化用地。反之，则会对绿化建设造成很大困难，并增加日常养护费用。地下水位过高或沼泽地，土壤常处于水分饱和状态，对植物的生长不利，需经过大量的工程处理才能用于绿化，这类绿地面积过多，也将增加绿化建设的费用。水资源的过多或过少都不利于植物的生长。

土壤条件是决定城市园林植物类型选择以及绿地面积的依据。石砾地、沙荒地、盐碱地的土壤缺乏团粒结构，无法保正供应多数植物生长所需要的水分和肥料，盐碱地则因土壤的盐碱度过高而无法为多数植物提供良好的生长环境。因此，绿化时应进行局部换土。在这种条件下，市区公共绿地面积不宜过大，否则将增加绿化建设的费用，而是在郊区进行大面积的固沙植树。确定城市绿地指标应以土壤条件为主要依据。

**（5）城市现状**

城市现状条件的不同也会影响绿地指标的制定。如北京、杭州、苏州等历史文化名城，城内名胜古迹众多，自然山水条件也好，同时还有发展绿地的潜力和余地，那么这些城市的绿地指标则较高。而像另一些老的工业城市，如上海、天津、重庆等，旧城中建筑密度大，用地紧张，本身的绿化基础差，旧城中另外开辟绿地的难度也较大，这些城市的绿地指标也就相应较低。

上述几项因素，主要是从历史、现状、自然条件等来分析影响城市园林景观绿地指标的因素。但最重要的因素，是国民经济的发展水平。

### 11.3.3 城市园林绿地指标的计算

反映城市园林绿地水平的指标，可以有多种表示方法，其目的都是为了能充分反映绿化的数量与质量，并便于统计。指标名称要求与城市规划的其他指标名称相一致。为全面反映城市园林景观绿化的水平，目前采用下列七种绿地指标的计算方法，其中最主要的是前三种。

①城市园林绿地总面积（公顷）＝公共绿地＋居住绿地附属绿地＋交通绿地＋风景区绿地＋生产防护绿地

②每人公共绿地占有量（平方米/人）=市区公共绿地面积（公顷）/市区人口总数（人）

③绿地率（%）＝（城市园林景观绿化用地总面积÷城市用地总面积）×100%

④城市绿化覆盖率（%）＝（市区各类绿地绿化覆盖面积总和÷市区总面积）×100%

⑤苗圃拥有量＝城市苗圃面积÷建成区面积

⑥每人树木占有量（株/人）＝市区树木总数（株）÷市区人口总数（人）

⑦市区公共绿地面积率（%）＝（市区公共绿地面积÷市区面积）×100%

关于城市园林绿地指标计算方法的几项说明：

#### （1）城市建设用地（简称建设用地）的远期规划控制标准

城市各类绿地指标受城市总体规划的宏观指标控制。

城市建设用地包括居住用地、公共设施用地、工业用地、仓储用地、对外交通用地、道路广场用地、市政公用设施用地、绿地和特殊用地九大类用地，不包括水域和其他用地。

在计算建设用地标准时，人口计算范围必须与用地计算范围相一致，人口数应以非农业人口数为准。规划建设用地标准包括规划人均建设用地指标、规划人均单项建设用地指标和规划建设用地结构三部分。

新建城市的规划人均建设用地指标（表11-4）宜在第3级内确定，当城市的发展用地偏紧时，可在第2级内确定。边远地区和少数民族地区中地多人少的城市，可根据实际情况确定规划人均建设用地的指标，但不得大于150平方米/人。

表11-4　规划人均建设用地指标分级

| 指标级别 | 1 | 2 | 3 | 4 |
|---|---|---|---|---|
| 用地指标/（平方米/人） | 60.1～75.0 | 75.1～90.0 | 90.1～105.0 | 105.1～120.0 |

现有城市的规划人均建设用地指标应根据现状人均建设用地水平，按表11-5所示规定确定。

**表11-5 现有城市的规划人均建设用地指标**

| 现有人均建设用地水平/(平方米/人) | 允许采用的规划指标 | | 允许调整幅度/(平方米/人) |
|---|---|---|---|
| | 指标级别 | 规划人均建设用地指标/(平方米/人) | |
| ≤60.0 | 1 | 60.1～75.0 | +0.1～+25.0 |
| 60.1～75.0 | 1<br>2 | 60.1～75.0<br>75.1～90.0 | >0<br>+0.1～+20.0 |
| 75.1～90.0 | 2<br>3 | 75.1～90.0<br>90.1～105.0 | 不限<br>+0.1～+15.0 |
| 90.1～105.0 | 2<br>3<br>4 | 75.1～90.0<br>90.1～105.0<br>105.1～120.0 | -15.0～0<br>不限<br>+0.1～+15.0 |
| 105.1～120.0 | 3<br>4 | 90.1～105.0<br>105.1～120.0 | -20.0～0<br>不限 |
| >120.0 | 3<br>4 | 90.1～105.0<br>105.1～120.0 | <0<br><0 |

首都和经济特区城市的规划人均建设用地指标宜在第4级内确定，当经济特区城市的发展用地偏紧时，可在第3级内确定。

在编制和修订城市总体规划时，居住、工业、道路广场、绿地四大类主要用地的规划人均单项指标应符合表11-6所示的规定。

**表11-6 规划人均单项建设用地指标**

| 类别名称 | 居住用地 | 工业用地 | 道路广场用地 | 绿地 | 其中公共用地 |
|---|---|---|---|---|---|
| 用地指标/(平方米/人) | 18.0～28.0 | 10.0～25.0 | 7.0～15.0 | ≥9.0 | ≥7.0 |

大城市的规划人均工业用地指标宜采用下限；设有大中型工业项目的中小工矿城市，其规划人均工业用地指标可适当提高，但不宜大于30平方米/人。

规划人均建设用地指标为第1级的城市，其规划人均公共绿地指标可适当降低，但不得小于5平方米/人。

在编制和修订城市总体规划时，居住、工业、道路广场和绿地四大类主要用地占建设用地的比例应符合表11-7所示的规定。

**表11-7 规划人均单项建设用地指标**

| 类别名称 | 居住用地 | 工业用地 | 道路广场用地 | 绿地 |
|---|---|---|---|---|
| 占建设用地比例/% | 20～32 | 15～25 | 8～15 | 8～15 |

规划人均建设用地指标为第4级的小城市，其道路广场用地占建设用地的比例宜取下限。风景旅游城市及绿化条件较好的城市，其绿地占建设用地的比例可大于15%。居住、工业、道路广场和绿地四大类用地总和占建设用地的比例宜为60%～75%。

（2）各类绿地面积的计算问题

①公共绿地

在我国公园中，一般建筑物、构筑物占全园用地面积的1%～7%，占道路广场面积的3%～5%，但由于各类公共绿地情况复杂，为简化计算过程，可按总用地100%计算面积。公园范围内的水面，不论面积大小，如不属于城市水系用地面积而又起公共绿地游憩作用的，应作为公园面积计。但也有的城市，如南京玄武湖公园，水面按60%计入绿地。另外，紧邻市区的大面积风景区中的游览区，实际上起城市公园的作用，可以计入公共绿地面积内。

②居住绿地

建设部1994年2月1日颁布实施的《城市居住区规划设计规范》建标［1993］542号中规定（表11-8）：居住区内绿地应包括公共绿地、宅旁绿地、配套公共建筑所属绿地和道路绿地等。新建居住区绿地率不应低于30%，旧区改造不宜低于25%。中心公共绿地的绿化面积（含水面）不宜小于70%，组团绿地的设置应满足1/3的绿地面积在标准的建筑日照阴影线范围之外的要求，并便于设置儿童游戏设施和适于成人游憩活动。

表11-8　居住区用地平衡控制指标

（单位：%）

| 用地构成 | 住宅用地 | 公建用地 | 道路用地 | 公共绿地 | 居住区用地 |
|---|---|---|---|---|---|
| 居住区 | 45～60 | 20～32 | 8～15 | 7.5～15 | 100 |
| 小区 | 55～65 | 18～27 | 7～13 | 5～12 | 100 |
| 组团 | 60～75 | 6～18 | 5～12 | 3～8 | 100 |

居住区内公共绿地的总指标，应根据居住人口规模，分别达到标准：组团不少于0.5平方米/人，小区（含组团）不少于1平方米/人，居住区（含小区与组团）不少于15平方米/人，并应根据居住区规划组织结构类型统一安排，灵活使用。旧区改造可酌情降低指标，但不得低于相应指标的50%。

（3）城市绿化覆盖率的计算问题

绿化覆盖面积是指乔灌木和多年生草本植物的覆盖面积，按植物的垂直投影测算，但乔木树冠下重叠的灌木和草本植物不再重复计算。所以，决定绿化覆盖率大小的因素，除绿地面积外，还有树种选择、植物配置形式、树龄等。

由于植物覆盖面积的大小与树种、树龄有关，而各城市地理位置不同，树种比例及树龄构成差异很大，即便是同一树种，在不同的环境中生长速度也不一样，同时由于植物的逐年生长，绿化覆盖率是经常变动的，因此绿化覆盖面积只能是概略性的估算，各个城市可以根据自身情况和特点，由专业人员，通过典型调查推算，如：

居住区绿地及专用绿地绿化覆盖面积＝［一般庭园树平均单株树冠投影面积×单位用地面积平均植树株数（株数/公顷）×用地面积］＋草地面积

道路交通绿地绿化覆盖面积＝[一般行道树平均单株树冠投影面积×单位长度平均植树株数（株/千米）×已绿化道路总长度]＋草地面积

行道树覆盖面积计算方法：一般行道树株距为5～8米，除去横道口、电杆、消防水栓、大院出入口等不能栽植的地方外，估计两侧单行树每千米约300株左右，单株树木的树冠覆盖面积一般按6～9平方米计算（也有按4～8平方米的），全市已植树道路总长度乘以每千米行道树覆盖面积，即可得出行道树的覆盖面积。也有的城市以绿化道路总长度乘以两行树8米宽计算（有几行算几行，每行宽度按4米计）。道路绿化的覆盖面积除乔灌木垂直投影面积外，所有铺设草皮的面积也要计入。由于道路绿化覆盖面积为估计数，所以一般的交通道绿地也折算在行道树绿地面积中。

用绿化覆盖率作为城市园林绿地定额指标的计算方法之一，其优点是它能够在一定程度上反映绿化的生态环境效益（平衡二氧化碳和氧气浓度，降低太阳辐射强度，调节湿度、温度等），同时可以使规划者在树种的选择和搭配时考虑植物冠幅和枝叶的茂密程度及生长速度等。由于绿化覆盖率的计算方法也有其不足之处，即绿地的绿化覆盖率并不能反映实际绿地面积的数量和绿地的人均占有量，因此绿化覆盖率高并不一定代表绿地面积大和绿地的人均占有量大。

城市绿化覆盖率的计算方法主要有遥感、航测、卫星摄影技术等，较之过去的普查、抽样调查的估算方法要准确许多，还能定期取得其变化数据。

**（4）苗圃用地的估算问题**

苗圃用地面积可以根据城市绿地面积及每公顷绿地内树木的栽植密度，估算出所需的大致用苗量。然后，根据逐年的用苗计划，用以下公式计算苗圃用地面积（苗圃中需要20%辅助生产面积用地）。苗圃用地面积的需要量，应会同城市园林管理部门协作制定。

苗圃面积＝育苗生产面积＋非生产面积（辅助生产面积）

苗圃面积＝{[每年计划生产苗木数量（株）×平均育苗年限]÷单位面积产苗量（株/公顷）}×（1＋20%）

城市总体规划需要知道每平方千米建成区应有多少面积的苗圃用地（即建成区面积与苗圃面积的关系），以便在总体规划阶段进行用地分配。

苗圃拥有量反映一个城市园林绿化生产用地的多少，是城市园林绿化建设的物质基础。建设部在1986年公布并实施的相关文件要求各城市园林苗圃用地面积应为城市建成区面积的2%～3%。逐步做到苗木自给。

城市苗圃拥有量（$S$）＝城市苗圃面积÷建成区面积

据1977年我国100多个城市苗圃用地现状分析：苗圃总用地在面积6.5公顷以上，建成区在50平方千米以上的城市，建成区有苗圃0.5～4公顷/平方千米，中等水平的为2公顷/平方千米。我国改革开放走市场经济路线以来，苗圃的经营者由过去的单一的国家（园林局、林业局）投资、经营，逐渐向国家、集体、个人投资的经营方向发展，竞争促进了发展，许多城市在苗圃数量、苗木的质量与品种等方面都有了较大程度的增加和提高。

### 11.3.4 城市园林绿地指标的确定

由于影响绿地面积的因素是错综复杂的，它与城市各要素之间的关系是既相互联系又相互制约的，因此不能单从一个方面来观察。现仅从我国现状水平、国际发展趋势和水平、环境保护科学的理论、城市居民游览休息活动的需要等方面来分析，供编制绿地指标者参考。

#### (1) 我国城市园林绿地水平

由于历史及认识的原因，我国城市绿地面积普遍较少，如天津市：新中国成立时只有公共绿地49.9公顷，平均每人0.3平方米；此后，随着城市建设的不断发展，虽然绿地面积也相应得到增加，但到1979年每人仍只有0.92平方米。由于我国经济建设的飞速发展，人民生活水平的不断提高，综合国力的不断增强，到1997年人均公共绿地面积已达到3.45平方米，建成区绿地率为6.92%，建成区绿化覆盖率为19.34%。上海市：1949年人均公共绿地面积仅0.134平方米，到1997年人均公共绿地面积为1.9平方米，建成区绿地率为14.4%，建成区绿化覆盖率为17.21%。总之，我国城市园林绿地面积虽有所增长，但进展缓慢，特别是与发达国家的城市相比，我国的绿化数量与质量都很低。据统计，至1982年年底止，全国237个城市园林绿地总面积为1214.3平方千米，其中公共绿地面积为236.4平方千米，按城市人口平均每人2.46平方米计算，城市绿地覆盖率为15.4%；另据建设部门1997年全国658个城市绿化统计资料显示，我国城市人均公共绿地面积为5.29平方米时，建成区绿地率10.05%，建成区绿化覆盖率应为24.43%。

除上述各项绿地指标较低外，我国城市园林绿地还存在着汽车尾气污染严重、城市环境恶化、绿地分布不均、绿地周围的环境污染严重、园林绿化的养护管理水平差等在各项绿地指标中反映不出来的其他问题。

#### (2) 国外城市绿地水平及发展趋势

世界发达国家主要城市的绿地指标均比较高，据49个城市的统计资料显示，公共绿地面积在每人10平方米以上的占70%，最高的达每人80.3平方米（瑞典首都斯德哥尔摩），波兰首都华沙和澳大利亚首都堪培拉都超过人均70平方米。欧洲在第二次世界大战中被毁的许多城市在重建过程中，都十分重视绿地在城市中所占的比重，如华沙、莫斯科、布加勒斯特等，绿地面积从每人十几平方米发展到余70平方米，而且十分重视绿地在城市中的布局，尽量利用城市道路、河流等将郊区森林与城市绿地联为一个整体。

欧美许多国家在制定新城规划时，公共绿地面积指标均较高，如英国为人均42平方米，法国为人均23平方米，美国为人均28～36平方米，同时要求新城绿地面积占市区面积的1/5～1/3。

亚洲国家城市绿地指标普遍偏低。日本提出近期为6平方米/人，远期为9平方米/人。

#### (3) 城市环境保护科学提出的要求

决定城市园林绿地指标的因素很多，主要可以归纳为两类：一是保护环境，改善城市生态平衡；二是满足城市居民对户外活动的需要。

人的生存离不开新鲜空气，随着工业化的不断发展，由于燃料的燃烧和人的呼吸活动，城市中二氧化碳的含量成逐渐上升的趋势。绿色植物能够通过光合作用，吸收二氧化碳，放出氧气，促进了二氧化碳和氧气的平衡。1966年，德国学者在特雅公园有草坪和乔灌木的园林绿地中进行试验，结果表明，每公顷公园绿地白天12小时内能吸收二氧化碳900千克，呼出氧气600千克。考虑到人的呼吸活动和燃料的燃烧，他提出每个城市居民应有30～40平方米的绿地指标，这一实验结果成为一些国家制定城市园林绿地指标的科学依据。

另据日本1970年报道，1公顷阔叶林，一天可消耗1000千克二氧化碳，放出氧气730千克，而一个体重75千克的成年人，每天呼出的二氧化碳为0.9千克，消耗氧气0.75千克。这样计算，每个城市居民需要有10平方米森林面积才可以消耗掉每天呼出的二氧化碳及供给所需要的氧气。但是，城市工业燃烧及交通运输放出的二氧化碳和消耗的氧气，要远远多于居民的呼吸量，而且，城市的空气是随着大气流动而变动的。据国外学者研究，大气中60%的氧气来自陆地上的植物，其余40%从海上吹来。因此，一个城市的氧气与二氧化碳平衡问题，不仅仅是一个城市绿地自身能解决的问题，还要考虑城市周围的绿地（包括农田和森林），还要考虑整个大气环流的因素。我国北方许多城市在冬季无风的情况下，空气质量很差，其重要原因之一是冬季工业及生活燃料用氧量及排放的二氧化碳量较大，许多植物落叶无法进行光合作用，城市自身调节空气中氧气与二氧化碳含量的能力不强，加之大气环流弱。

我国城市人口密度一般平均为1万人／平方千米，按园林绿地面积为城市用地总面积的30%计算，则每人平均绿地面积为30平方米。从二氧化碳和氧气的平衡角度看，这个指标是合理的。

城市中人的生产、生活活动导致城市温度高于郊区，从而产生城市热岛现象。由于冷热空气的比重不同，使得城区的热空气上升，冷凉空气从城市郊区“侵入”，形成城市与郊区的空气对流，使城市小气候得到改善。苏联科学家舍勒霍夫斯基根据观测得出：当平静无风时，冷空气从大片绿地向无绿化地以1米/秒的速度移动，从而起到改善城市小气候的作用。据此舍勒霍夫斯基提出，城市园林绿地面积应占城市用地总面积的50%以上。

日本学者中岛严在《科学环境》一书中指出：从现实中可明显看出，当绿被率（植物叶覆盖地表的比例）低于25%～30%时，地表辐射热的曲线将急速上升，环境开始转向恶化。为了保护和改善城市环境，作为城市开发标准，绿被率可大概定为30%。因此，日本建设厅建议，在城市中公共绿地应占30%。该国环境厅指出，作为绿地环境指标，绿地应为城市面积的40%～50%（包括公共和私人的）。

俄罗斯首都莫斯科的城市绿地面积达全市用地面积的35%左右。澳大利亚首都堪培拉为58%（公共绿地占38%，私人花园占20%）。

我国从改善城市生态环境和城市小气候的角度出发，并结合我国实际国情和现状，提出城市景观绿地面积不得低于城市用地总面积的25%～30%的规划指标。

我国建设部以建城［1993］784号文正式下达了《城市绿化规划建设指标的规定》的通知。文件确定了我国到2000年及2010年的各项城市绿地指标（表11-9）。同时规定，为保证城市绿地率指标的实现，各类绿地单项指标应符合：①新建居住区绿地占居住区总用地比率不低于30%；②城市道路均应根据实际情况搞好绿化，其中主干道绿化带面积占道路总用地比率不低于20%，次干道绿化带面积所占比率不低于15%；③城市内河、海、湖等水体及铁路旁的防护林带宽度应不少于30米；④附属绿地面积占单位总用地面积比率不低于30%，其中工业企业、交通枢纽、仓储、商业中心等绿地率不低于20%，产生有害气体等污染的工厂的绿地率不低于30%，并根据国家标准设立不少于50米的防护林带，学校，医院，休、疗养院所，机关团体，公共文化设施，部队等单位的绿地率不低于35%；⑤生产绿地面积占城市建成区总面积比率不低于2%；⑥公共绿地中绿化用地所占比率，应参照《公园设计规范》执行。属于旧城改造区的，可对①②④项规定指标降低5个百分点。

表11-9　城市绿化规划建设指标

| 人均建设用地（平方米/人） | 人均公共绿地（平方米/人） | | 城市绿化覆盖率 | | 城市绿地率 | |
|---|---|---|---|---|---|---|
| | 2000年 | 2010年 | 2000年 | 2010年 | 2000年 | 2010年 |
| <75 | >5 | >6 | >30 | >35 | >25 | >30 |
| 75～105 | >6 | >7 | >30 | >35 | >25 | >30 |
| >105 | >7 | >8 | >30 | >35 | >25 | >30 |

建设部在相关文件的说明中明确指出：文件中所规定的各项指标既不是按照生态、卫生要求，也不是按照理想的社会发展需要来制定的，而是根据我国目前实际情况和发展速度，经过努力可以达到的低水平标准来制定的。因此我国城市绿化指标距达到满足生态需要的标准，相差甚远。

# 11.4 城市园林景观绿地系统的布局

## 11.4.1 城市园林景观绿地系统布局的原则

城市园林景观绿地系统布局主要有以下原则：

①城市园林景观绿地系统规划应结合城市其他部分的规划，综合考虑，全面安排。

②城市园林景观绿地系统规划必须因地制宜，从实际出发。结合当地自然条件、现状特点，根据地形、地貌等自然条件，充分利用原有的名胜古迹、山川河湖，有机地组织在园林景观绿地系统中。

③城市公园绿地应均匀分布，服务半径合理，满足全市居民文化休憩的需要。城市的中小型公园的布置必须按服务半径，使附近居民在较短时间内可步行到达。

### 11.4.2 城市园林景观绿地布局的目的及要求

随着人类社会科学技术的进步，城市建设的发展，城市的绿地布局也发生了变化，这种变化表现在从单个园林和为少数人服务发展到群体园林和为整个城市服务。绿地布局要从人与生物圈、人与自然协调发展、城市生态系统的高度来要求。

园林景观绿地布局的目的有以下几点：

①满足全市居民方便的文化娱乐、休憩游览的要求；

②满足城市生活和生产活动安全的要求；

③达到城市生态环境良性循环、人与自然和谐发展的目标；

④满足城市景观艺术的要求。

因此城市园林景观绿地布局首先应从功能上考虑形成系统，而不是单从形式上考虑。

城市园林景观绿地布局，总的目标是要保持城市生态系统平衡，其基本要求是要达到以下所述条件：

①布局合理。按照合理的服务半径，均匀分布各级公共绿地和居住区绿地，使全市居民都具有同样到达的条件。结合城市各级道路及水系规划，开辟纵横分布于全市的带状绿地，把各级各类绿地联系起来，相互衔接，组成连续不断的绿地网。

②指标先进。城市绿地各项指标不仅要分别列出近期与远期的，还要分别列出各类绿地的指标。

③质量良好。城市绿地种类不仅要多样化，以满足城市生活与生产活动的需要，还要有丰富的园林植物种类，较高的园林艺术水平，充实的文化内容，完善的服务设施。

④环境改善。在居住区与工业区之间要设置卫生防护林带，设置改善城市气候的通风林带，以及防止有害风向的防风林带，起到保护与改善环境的作用。

### 11.4.3 城市绿地的布局形式

绿地在城市中有不同的分布形式，总的来说可以概括为八种基本模式，即点状、环状、放射状、放射环状、网状、楔状、带状、指状（图11-4）。就我国各城市的绿地现状来看，城市绿地系统形式概括起来可以分为四种：

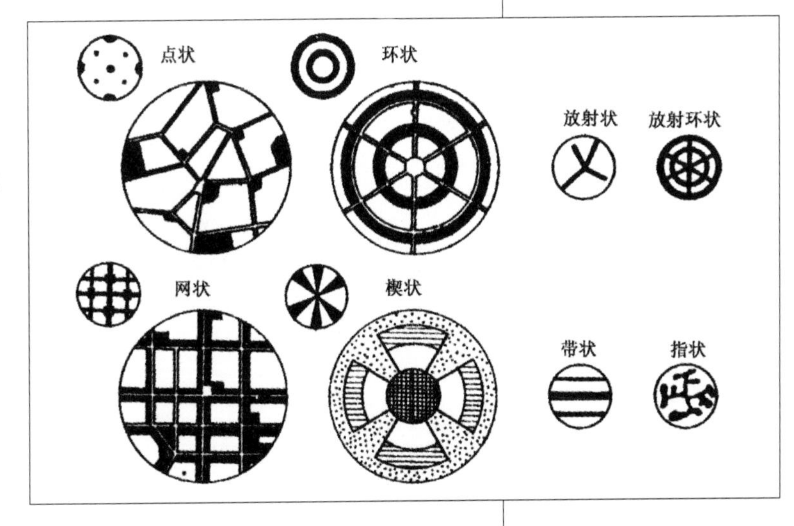


图11-4　绿地布局的几种基本模式

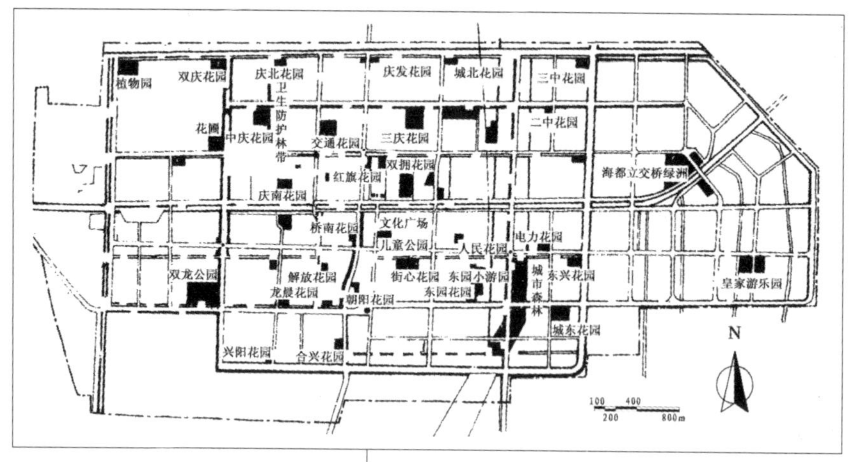


图11-5 以块状绿地为主的布局实例——射洪县绿地系统规划

### (1) 以块状绿地为主的布局

块状绿地是指绿地以大小不等的地块形式，分布于城市之中。这种以块状绿地为主的布局形式在较早的旧城改建中出现较多，如上海、天津、武汉、青岛等老城区及四川射洪县（图11-5）等城市。块状绿地的优点在于可以做到均匀分布，接近居民，便于居民日常休闲使用。但由于块状绿地规模不可能太大，加之位置分散，难以充分发挥绿地调节城市小气候，改善城市环境的生态效益和改善城市艺术面貌的功能。因此在旧城改造中，应将单纯的块状绿地与其他形式的绿地相结合，形成一个完善的绿地系统。

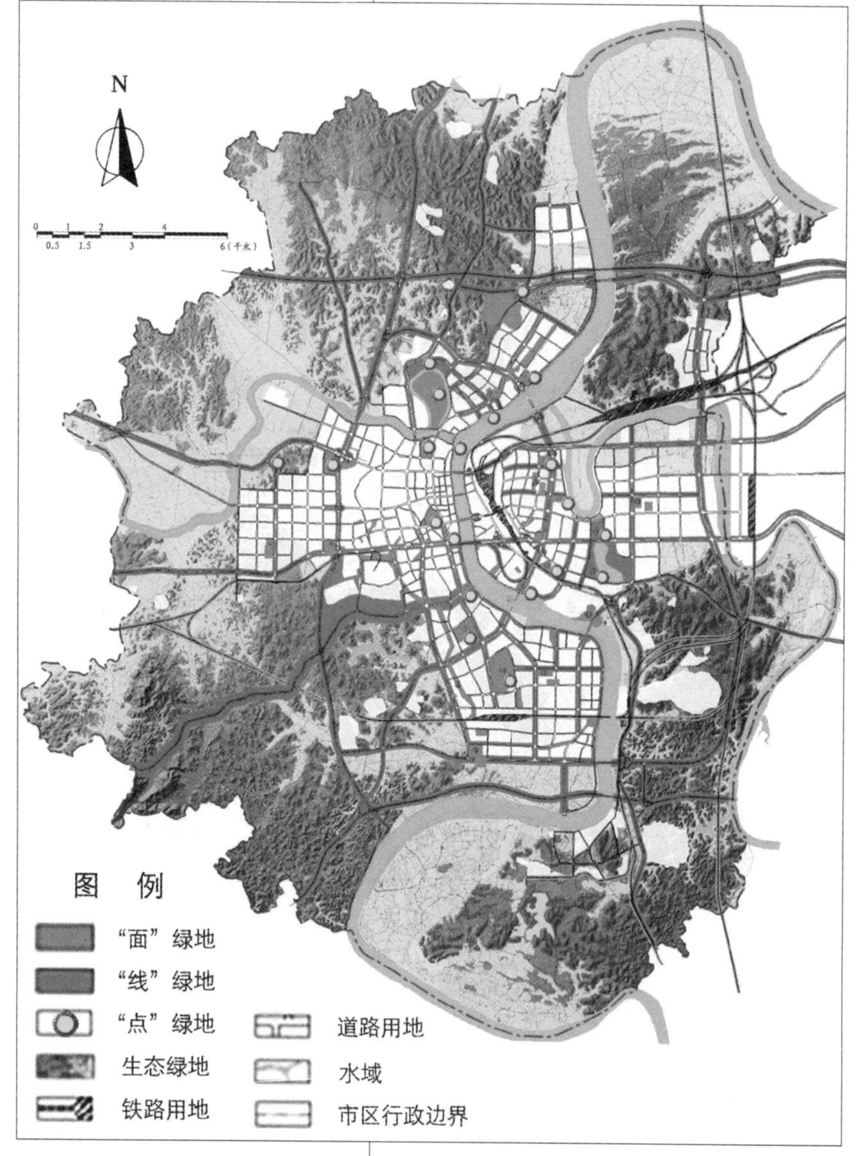


图11-6A 以带状绿地为主的布局实例之——湖南衡阳市绿地系统规划

### (2) 以带状绿地为主的布局

这种布局多数由于利用河湖水系、城市道路、山脊、谷地、道路、旧城墙等组合，形成的纵向、横向、放射状、环状等绿带，另外在城市周围及城市功能分区的交界处也需要布置一定规模的带状绿地，起防护隔离的作用。带状绿地的布局对一个城市来讲非常重要，因为它不仅可以联系城市中其他绿地使之形成网络，还可以创建生态廊道，为野生动物提供安全的迁移路线，从而保护了城市中生物的多样性。另外，带状绿地有利于引入外界新鲜空气、缓解热岛效应、改善城市气候以及有利于改善和表现城市的环境艺术面貌。如哈尔滨、苏州、西安、南京等地。

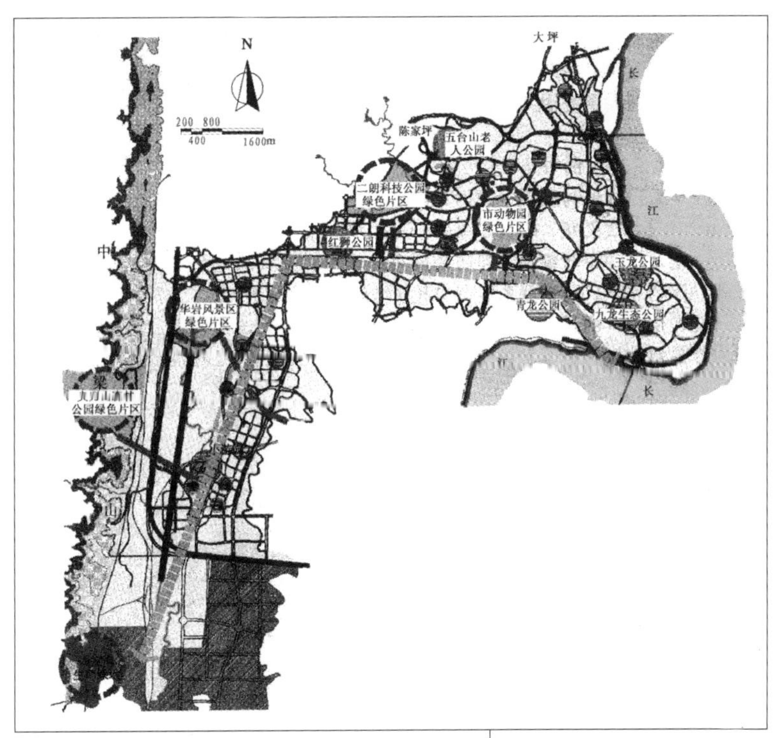


图11-6B　以带状绿地为主的布局实例之二——重庆九龙坡区绿地系统规划

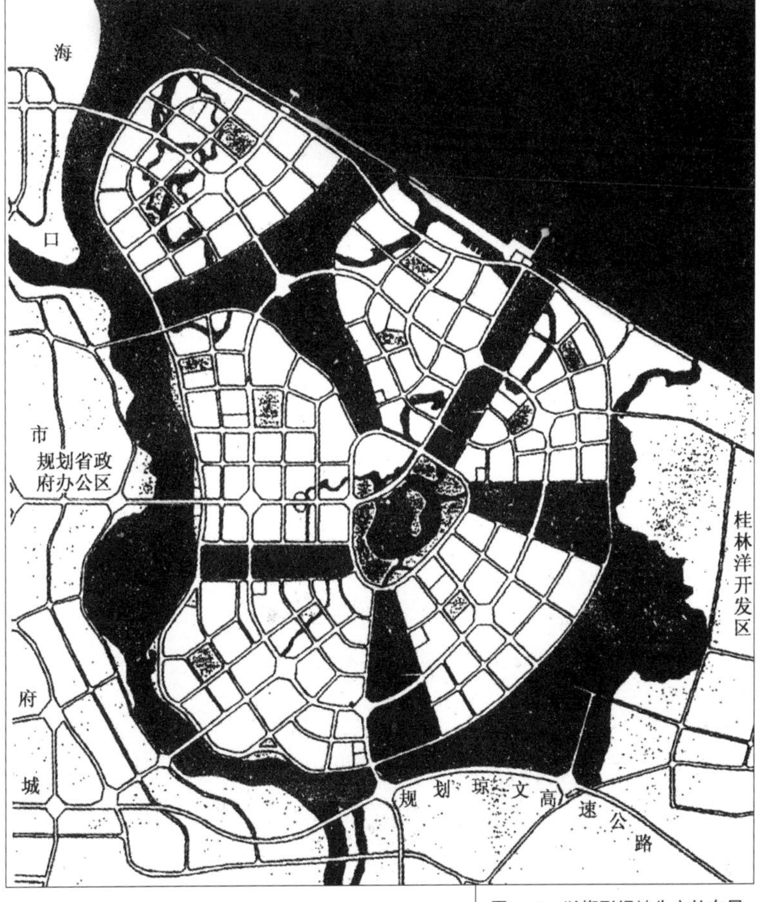


图11-7　以楔形绿地为主的布局实例——海南琼山市新市区绿地系统规划

(3) 以楔形绿地为主的布局

利用从郊区伸入市中心的由宽到狭的绿地。这种绿地对于改善城市小气候效果尤其显著，它可以将城市环境与郊区的自然环境有机地组合在一起，楔形绿地布局有利于将郊区新鲜的空气源源不断地引入市区，促进城镇空气库与外界的交流，较好地改善城市的通风条件，缓解城市中的热岛效应，维持城市的生态平衡。另外，楔形绿地对于改善城市的艺术面貌，形成一个人工和自然有机结合的现代化都市也有不可忽视的作用，如合肥(图11-7)。

### ⑷ 混合式绿地布局

混合式绿地布局是指将前面三种绿地布局形式有机地结合在一起的综合运用。在绿地布局中做到点、线、面的结合，形成一个较为完整的绿化体系。混合式绿地布局结合了前三种绿地布局的优点：可以使生活居住区获得最大的绿地接触面，方便居民游憩，有利于小气候的改善，有助于城市环境卫生条件的改善，有利于丰富城市总体与各部分的艺术面貌。如北京的园林景观绿地系统规划布局即按此种形式来发展（图11-8A、图11-8B）。

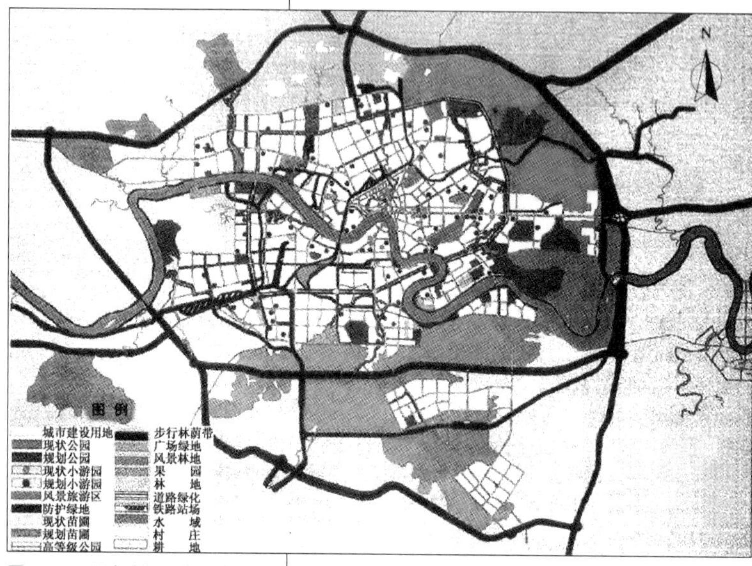


图11-8A 混合式绿地布局实例之一——南宁市绿地系统规划

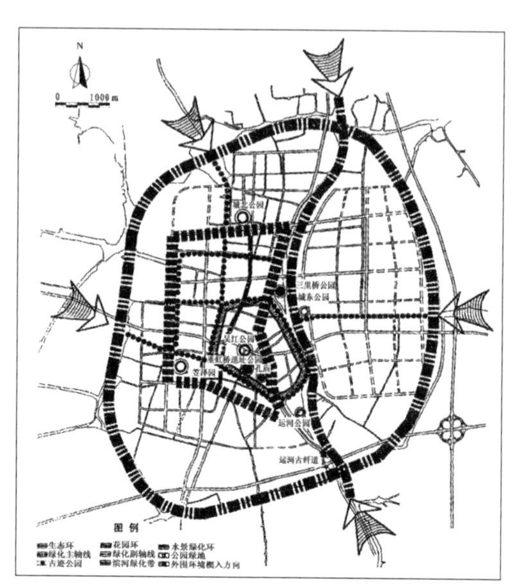


图11-8B 混合式绿地布局实例之二——吴江市松陵绿地系统规划

# 11.5 城市园林景观绿地树种规划

树种规划是城市园林景观绿地系统规划的一个重要组成部分。因为城市绿化的主要材料就是树木，树木这一自然材料与构成城市的其他人工材料不同，它所形成的效果需要几年甚至几十年的栽种培养，因此树种的选择直接关系到城市绿地质量的高低。如果树种选择恰当，树木能健康生长，符合绿化功能的要求，可以尽快形成郁郁葱葱的绿色环境；而树种选择不当，树木生长不良，则需不断地投入人力财力对树木进行养护及替换，这样不仅造成经济上的浪费，还使城市的环境质量及景观效果大受损失。总而言之，它决定整个绿化建设工作的成败，因此，我们在树种的选择上应该遵循一定的原则及方法，使城市绿地规划能真正起到指导城市绿地建设，提高城市绿化效益的作用。

树种规划一般由城市规划、园林、林业以及植物科学工作者共同配合制定。

### 11.5.1 树种选择原则

合理选择树种利于城市的自然再生产、城市生物多样性的保护、城市特色的塑造以及城市绿化的养护管理。城市绿化树种选择应遵循以下原则：

**(1) 以乡土树种为主，适当引入外来树种**

乡土树种是指适于本地的土壤及气候特征，有很长的栽培历史及数量上占绝对优势的树种。这种树种对土壤及气候的适应性强，苗源多，易存活，有广泛的种植基础，而且最能体现城市的地方特色，因此乡土树种应作为城市绿化的主要树种。另外，还可以选择一些有多年栽培历史，已适应当地土壤及气候条件的外来树种。对于一些自然生长条件差异较大、观赏价值、经济价值较高的外来树种，如有特殊需要可以引用，但外来树种需经过引种和驯化试验，成功以后才能推广。如果直接引用，效果往往事与愿违，如上海在20世纪60年代及70年代大量引种非地带性树种——桉树，结果全军覆没，均未能存活。

**(2) 选择抗性强的树种**

比起自然环境来说，以人工环境为主的城市是极不利于树木生长的。城市中空气污染严重，土壤板结贫瘠，日照时间短，水分散失快，这些条件或多或少都会影响到植物的正常生长。因此，在城市绿化的树种选择上，一定要选择抗性较强的树种。所谓抗性强是指树种对酸、碱、旱、涝、砂性、坚硬土壤有较强适应性，对烟尘、有毒气体以及病虫害有较强抗御性。只有这类树种才能在城市这种恶劣的环境中健康地生长。

**(3) 根据具体立地条件选择适宜该环境的树种**

在遵循优先选择乡土树种及抗性较强树种原则的前提下，应结合具体地段不同的立地条件，如各种小气候、小地形（岗地、洼地、阴阳坡）、土壤性质等，遵循适地、适树的原则，选择适合该立地条件下生长的树种。如上海的乡土树香樟、山茶、杜鹃等适于酸性土壤，所以不能直接种植于沿海的盐碱土中。环境中的污染情况不同，也应选择不同的树种，如在二氧化硫污染严重的环境中就应该选择龙柏、杜仲、铺地柏、金钟花等对二氧化硫有较强抗性的植物。而在氯气为主要污染气体的环境中，则应选择白皮松、矮紫杉、大叶黄杨、蜡梅等对氯气有较强抗性的植物。

**(4) 在保证树木能存活的前提下选择有观赏价值的树种**

城市绿地不仅要起到改善城市生态环境的作用，还有着提高城市景观、改善城市整体艺术面貌的功能。因此，在树种规划中就应该注意选择一些有一定观赏价值、能够形成亮丽的城市景观和能够改善城市形象的树种。

**(5) 速生树与慢生树相结合**

速生树（如杨、桦、刺桐等）容易成荫，早期绿化效果较好，但寿命较短，往往在三十年后就开始衰老，需要及时更新，否则将影响城市绿化效果。植物衰老的表现为枝叶不再茂密，易发生病虫害，出现干枝、死枝、树干开始空心，易发生折断危及安全，杨树等属于这类树。慢生树（如樟、柏、银杏等）则早期生长速度缓慢，一般要三四十年时间才能形成气候。这类树虽成形较慢，但寿命长（多在百年以上），材质较好，姿态美。因此，为了保证城市绿化远期的效果，应选择一些慢生树。从以上速生树和慢生树的特性来看，在树种规划中应遵循速生树与慢生树相结合的原则，近期以速生树为主，搭配一部分慢生树尽快进行普遍绿化，同时有计划分期分批地用慢生树替换衰老的速生树。

**（6）以植物群落为基本单元进行树种的选择及搭配**

据有关研究表明，绿色植物生态效益的高低与绿化三维量密切相关。所谓绿化三维量是指绿色植物所占据的空间体积。以乔木、灌木、草本建构的复层结构的植物群落其三维绿量远远高于单层的乔木、灌木、草坪的三维绿量。因此，选择适当的乔、灌、草植物进行合理的配植将极大地提高绿地的生态效益。以植物群落为单元的绿地可形成稳定的生态系统，不易遭受病虫害等外来因素的破坏，因此不必耗太多人力、财力进行养护，这又使绿地经济性大大提高。在塑造景观效果方面，以群落为单元的绿地将形成层次更为丰富的景观效果。综上所述我们在树种选择上，应遵循以植物群落为基本单元的原则，选择适当的乔木、灌木、草坪、地被，进行合理地搭配。

### 11.5.2 树种规划的步骤

城市绿地系统规划中的树种规划，可按以下步骤进行：

**（1）调查研究**

调查当地原有树种和从外地引种驯化成功的树种，以及它们的生活习性，对环境的适应性及对有害污染物的抗性和生长情况。调查中要注意各树种在不同立地条件下的生长情况，如各种小气候、各种小地形（山地、洼地、阴阳坡）、各种土壤条件的适应树种。调查污染源附近不同距离范围内生长的树种及其生长情况。同时，还要调查相邻地区（经、纬度，气候、土壤条件相似）的树种情况，为正确选择树种提供依据。

**（2）选择骨干树种**

在广泛调查及查阅有关历史资料的基础上，针对本地区自然条件选择骨干树种。选择骨干树种，应首先选择适合作行道树的树种，这是因为行道树所处的生态环境最为恶劣，这里日照时间短、人为破坏大、建筑垃圾多、土壤坚硬、空气中灰尘量大、汽车排放的有害气体多、天上地下管线复杂、地表反射太阳辐射强，环境条件相对较差对树种选择要求比其他绿地严格，在道路两侧能正常生长的树种也必然适合于其他绿地。行道树应以分枝点高的落叶大乔木为主，以满足人们冬天对阳光、夏季对遮阴和人与车辆的通行安全的要求。为丰富城市街景和增强绿化效果，应在常绿针叶类、常绿阔叶类、落叶乔木类、花灌木类、草坪及地被等不同类别树种中都选择一些适合于本地区生长的观赏价值高的骨干树种。骨干树种名录需经过多方面慎重研究才能制定出来。

因此选择行道树的条件最苛刻，应选择满足以下要求的树种为行道树：

①对土壤的适应性强，抗污染，抗病虫害能力强；

②耐修剪，又不易萌发根孽；

③不会落下有臭味或影响街道卫生的种毛、浆果等；

④易大量繁殖、育苗。

行道树种选定以后，还应选择一些适应性强，抗性强，有一定观赏价值，适合推广的阔叶、针叶的乔木和灌木作为城市的骨干树种，形成城市的绿化基调。

### （3）制定主要的树种比例

制定合理的树种比例，目的是有计划的生产，培育苗木、使其种类、数量符合各类型绿地的需要，否则，苗木生产与设计使用不一致，使苗木大量积压，造成经济损失，同时影响城市绿化速度。

制定树种规划要根据各种绿地的需要，安排好以下几个比例：

①乔木与灌木的比例

以乔木为主，乔木占用地面空间较小，遮阴效果好，是行道树和庭荫树的主要树种，一般应占70%。

②落叶树和常绿树的比例

落叶树和常绿树各有特征，落叶树一般生长较快，每年更换新叶，对有毒气体、尘埃的抵抗力较强。常绿树冬夏常青，可使城市一年四季都有良好的绿化效果和防护作用，但它的生长一般较慢，栽植时较落叶树费工费时。由于各城市自然条件及经济条件等现实情况不同，因此应根据各城市的具体情况制定不同的落叶树和常绿树的比例。有关资料显示：一般南方城市公园的常绿树比例较高，约为60%以上（50%～70%），中原地区为5∶5，北方地区的比例略低些，4∶6为好。

### （4）为城市重点地段推荐具有合理配植结构的种植参考模式

由于植物配植的结构不同可导致绿化三维量的不同，在相同的种植面积中，具有合理配植结构的绿地其三维量较大，则绿地所发挥的生态效益也越大。另外，配植结构合理的绿地其景观的丰富度也大大高于单一结构形式的绿地。因此在城市的重点地段应对绿地配植结构做一定的控制，在树种规划中应提供一些合理的种植参考模式。这项工作在以往的规划中还没有被提及，但其重要性已引起了有关专家的重视。在1997年通过的“八五”北京市科技攻关项目“北京城市园林绿化生态效益的研究”中，有关专家提出以乔、灌、草为基本形式的复层结构种植形式，并结合这种种植形式进行了耐阴植物分类、筛选以及对乔、灌、草的合理配植比例等方面的研究，提出了可供选择的耐阴植物种类和乔、灌、草配植的适宜比例。该比例建议乔∶灌∶草∶绿地为1∶6∶20∶29［即在29平方米的绿地上应设计1株乔木，6株灌木（不含绿篱），20平方米的草坪］。另外，该项目还具体提出了相应的种植参考模式。这些参考模式包括居住区用地、专用绿地以及隔离带林地的各类复层结构种植模式，以居住区绿化为例，结合居住区三种不同形式的绿地（多层楼楼区绿地、高层楼楼区绿地、居住组团绿地）提出了三大类共17种不同植物配植模式。例如居住区组团绿化种植参考模式有“小气候展示型”种植模式：

上层+中层+下层。上层：银杏（7株）+杂交马褂木（5株）+白玉兰（3株）+樱花（3株）+高桉大叶黄杨（3株）+雪松（1株）；中层：红王子锦带（20株）+海仙花（10株）+矮海棠（10株）+矮杉（5株）；下层：崂峪苦草（120平方米）+宽叶麦冬（160平方米）。

以上研究成果在城市绿地系统的树种规划中十分有用，特别是在城市的重点地段，为了保证其绿化的生态效益和景观效果，应该在树种规划中提出相应的种植参考模式。

在城市重点地段绿地布置中，还应注意避免过多使用草坪。20世纪90年代，许多城市都掀起过“草坪热”，单纯使用草坪带来的弊端后来逐一显现：首先，草坪的三维绿量远小于乔木、灌木，因此它对于净化空气、调节城市小气候等生态作用远不如乔木、灌木。研究表明，由乔、灌、草组成的植物群落的生态效益是草坪绿地的4～5倍。其次，草坪的养护费用大大高于由植物群落组成的绿地，往往是后者的2～3倍，因而给地方政府造成了较大的经济负担。第三，草坪往往只供观赏，游人一般不能进入，减小了公园绿地的容量，导致绿化与游憩空间相互矛盾。另外，草坪植物种类单一，不利于城市生物多样性的维护，也不利于保持生态系统平衡。因此，在城市中不宜盲目地大量发展草坪，而应通过以乔木、灌木和草坪的合理搭配来营造城市绿地。

## 11.6 城市园林景观绿地系统的基础资料及文件编制

### 11.6.1 基础资料工作

基础资料是编制城市绿地系统规划的基础，为了科学合理地进行城市园林景观绿地系统规划，必须首先搜集相关的基础资料，这些基础资料包括：

（1）城市概况

包括：①自然条件：如地理位置、地质地貌、气候、土壤、水文、植被与主要动植物状况等；②经济及社会条件：如经济、社会发展水平、城市发展目标、人口状况、各类用地状况等；③环境保护资料：如城市主要污染源、重污染分布区、污染治理情况与其他环保资料等；④历史与文化资料：如城市的历史沿革、民风民俗等。

（2）城市绿化现状

包括：①绿地及相关用地资料：如现有各类绿地的位置、面积及其景观结构，各类人文景观的位置、面积及可利用程度，主要水系的位置、面积、流量、深度、水质及利用程度等;②技术经济指标:如人均公园绿地面积、建城区绿化覆盖率、建城区绿地率、人均绿地面积、公园绿地的服务半径等,公园绿地、风景林地的日常和节假日的客流量等,生产绿地的面积、苗木总量、种类、规格、苗木自给率等,古树名木的数量、位置、名称、树龄、生长情况等;③园林植物、动物资料:如现有园林植物名录、动物名录,主要植物常见病虫害情况。

(3)管理资料

包括:①管理机构:如机构名称、性质、归口、编制设置、规章制度建设等;②人员状况:如职工总人数(万人职工比)、专业人员配备、工人技术等级情况等;③园林科研;④资金与设备;⑤城市绿地养护与管理情况等。

### 11.6.2 编制工作

城市园林景观绿地系统规划的编制工作,包括图纸绘制规划方案图、编写规划文本和说明书,经专家论证修改后定案,汇编成册,报送市政府有关部门审批。规划的成果文件一般应包括规划文本、规划图件、规划说明书和规划附件四部分。其中,经依法批准的规划文本与规划图件具有同等法律效力。

(1)规划文本

阐述规划成果的主要内容,应按法规条文格式编写,行文力求简洁准确,经市政府有关部门讨论审批,具法律效力。

(2)规划图件

表述园林景观绿地系统结构图、布局等空间要素,主要内容如下:

①城市区位关系图;

②城市概况与资源条件分析图;

③城市区位与自然条件综合评价图(比例尺为1∶10000～1∶50000);

④城市绿地分布现状分析图:该图可根据实际需要综合组成一张或数张分析图,分析图应包括用地现状、高程、坡度分析及现有绿地种类、位置、规模等(比例尺为1∶5000～1∶25000);

⑤市域绿地系统结构分析图(比例尺为1∶5000～1∶25000);

⑥城市园林景观绿地系统规划布局总图(比例尺为1∶5000～1∶25000);

⑦城市园林景观绿地系统分类规划图:包括公园绿地、生产绿地、防护绿地、附属绿地和其他绿地规划图等(比例尺为1∶2000～1∶10000);

⑧近期绿地建设规划图:该图应反映近期将要实施的城市绿地种类、名称、位置、面积,布局结构等(比例尺为1∶5000～1∶10000)。

⑨其他需要表达的规划意向图(如城市绿地管理规划图、城市重点地区绿地建设规划方案等)。

城市园林景观绿地系统规划图件的比例尺应与城市总体规划相应图件基本一致，并标明：城市绿地分类现状图和规划布局图，大城市和特大城市可分区表达。为实现园林景观绿地系统规划与城市总体规划的“无缝衔接”，方便实施信息化规划管理，规划图件还应制成AUTOCAD或GIS格式的数据文件。

**(3) 规划说明书**

对规划文本与图件所表述的内容进行说明，主要包括以下四个方面：

①城市概况（城市性质、区位、历史情况等有关资料）、绿地现状（包括各类绿地面积、人均占有量、绿地分布、质量及植被状况等）；

②绿地系统的规划原则、布局结构、规划指标、人均定额、各类绿地规划要点等；

③绿地系统规划分期建设规划、总投资估算和投资解决途径，分析绿地系统的环境与经济效益；

④城市绿化应用植物规划、古树名木保护规划、绿化育苗规划和绿地建设管理措施。

(4) 规划附件

包括相关的基础资料调查报告，如城市市域范围内生物多样性调查，专题（如河、湖、水系、水土保持等）规划研究报告、分区绿地规划纲要、城市绿地规划管理控制导则、重点绿地建设项目、概念性规划方案意向等示意图。

**思考题**

1. 试分析我国的城市绿地系统规划存在哪些问题。
2. 城市绿地系统规划的基本发展趋势如何？
3. 试举例说明树种规划是城市绿地系统规划的重要组成部分。
4. 城市绿地系统规划包括哪些内容？

# 12

# 城市园林绿地的功能与效益

要搞好城市园林景观绿地系统的规划和建设，使绿地在城市中充分发挥其特殊功效，同时保证城市园林景观绿地系统本身能持续健康地发展，必须首先认识和了解城市园林景观绿地的功能和作用。城市园林绿地具有多种功能，过去人们主要从美化环境、文化休息的观点去理解和认识城市园林绿地的功能，随着社会的进步和科学技术的发展，人们可以从环境学、生态学、生物学、医学等学科研究的成果中更深刻地认识和估价园林绿地对城市生活的重要意义。

## 12.1 城市园林绿地的功能与效益

城市生态系统，既是以城市为中心、自然生态系统为基础、人的需要为目标的自然再生产和经济再生产相交织的经济生态系统，又是在城市范围内以人为主体的生命子系统、社会子系统和环境子系统等共同构成的有机生态巨系统。城市园林景观绿地系统是城市生态系统的子系统之一，城市中的绿色植物通过一系列的生态效应，净化城市空气，改善城市气候，增强城市抗灾能力，给城市生态环境以反馈调节作用。城市园林景观绿地系统的存在对于维持城市生态系统的平衡至关重要。因此，城市园林景观绿地系统的生态功能越来越受到重视，主要表现在以下几个方面。

### 12.1.1 保护城市环境

19世纪中叶，特别是20世纪以来，随着工业的发展以及城市化进程的加速，城市人口急剧增加，工业生产中以“三废”为主的污染物大量地、无节制地排放到自然界，这些都造成了城市环境极大的污染，城市环境的恶化已日益威胁着人们的生产及生活。改善城市环境，创造一个适宜人类居住的城市空间已成为当前城市建设中一个迫切需要解决的问题，也是一个城市实行可持续发展战略目标的重要环节。改善城市环境一方面应致力于减少各种污染，另一方面则是要重视城市园林景观绿地的建设。通过科学研究及实践证明，绿色植物具有净化空气、水体和土壤，调节气候，降低噪声等功能。因此，城市园林景观绿地对于保护城市环境，防止污染有着极其重要的作用。

（1）净化空气、水体和土壤

①净化空气

城市规划设计的目的是为人们提供一个良好的生活和工作环境。良好环境的首要条件是有清新、纯净的空气，然而城市中工厂集中，人口密集，汽车拥有量大，因此而产生的二氧化碳及各种有害气体、烟灰粉尘等也特别多，城市中的空气质量日益下降，而城市园林景观绿地在净化空气方面有着非常显著的功效。

植物通过光合作用吸收二氧化碳释放氧气，又通过呼吸作用吸收氧气和排出二氧化碳，但是光合作用所吸收的二氧化碳要比呼吸作用中排出的二氧化碳多20倍，因此，最终结果是消耗了空气中的二氧化碳和增加了空气中的氧气含量。通常情况下大气中的二氧化碳含量为0.03%左右，氧气含量为21%，但在城市空气中的二氧化碳含量有时可达0.05%～0.07%，局部地区甚至高达0.20%。随着空气中二氧化碳含量的增加，氧气含量的减少，人们会出现呼吸不适、头晕耳鸣、心悸、血压升高等一系列生理反应，严重的甚至导致死亡。另外，二氧化碳是产生温室效应的气体，它的增加将导致城市局部地区的温度升高产生热岛效应，若地形不利，还会形成城市上空逆温层，从而加剧城市空气中的污染。因此，为了平衡城市中不断增加的二氧化碳，应加大城市绿化量。

有关资料表明，每公顷公园绿地每天能吸收900千克二氧化碳并生产600千克氧气；每公顷处在生长季节的阔叶林每天可吸收1000千克二氧化碳和生产750千克氧气，供1000人呼吸所需；生长良好的草坪，每公顷每小时可以吸收二氧化碳15千克。如果按成年人每天呼出二氧化碳0.9千克，吸收氧气00.75千克计算，为了自动调节空气中二氧化碳和氧气的比例平衡使空气保持新鲜，理论上每人需要面积为10平方米的树林或25平方米草坪的绿地。另据有关研究显示，当绿化覆盖率达到30%以上的时候，空气中的二氧化碳的瞬时浓度量将直线有规律下降；当绿化率达到50%时，空气中的二氧化碳则可保持正常浓度。

植物吸收二氧化碳，释放氧气的生理功能是有差异的。据“八五”国家科技攻关专题“北京城市园林绿化生态效益的研究”测试表明，对二氧化碳具有较强吸收能力的植物（指单位叶面积年吸收二氧化碳高于2000克的植物），落叶乔木有：柿树、刺槐、合欢、泡桐、栾树、紫叶李、山桃、西府海棠等；落叶灌木有：紫薇、丰花月季、碧桃、紫荆等；藤本植物有：凌霄、山荞麦等；草本植物有：白三叶等。在城市中二氧化碳浓度较高的地区可根据具体情况，选择这些对二氧化碳有强吸收能力的植物，以减少环境中二氧化碳浓度，补充氧气，达到净化空气的目的。

此外，在工业生产过程中，污染环境的有害气体甚多，最大量的是二氧化硫，有大气污染的“元凶”之称，其他的主要有氯气、氟化物、氮氧化物、碳氢化物、一氧化碳、臭氧以及汞、铅蒸气等有害气体，而绿色植物有明显的吸收这些有害气体的功能。在工厂集中、汽车密集的城市上空，二氧化硫的含量通常较高。二氧化硫是危害人类健康的最大“杀手”，为此，人们进行各种研究，希望减少这一致命的污染。通过许多试验研究发现，植物叶片的表面有较强的吸收二氧化硫的能力。当植物处于二氧化硫污染的大气中，其含硫量可为正常含量的5～10倍。研究还表明，绿地上空气中二氧化硫的浓度低于未绿化地区的上空，污染区树木叶片的含硫量高出清洁区许多倍，当煤烟经过绿地后有60%的二氧化硫被阻留。

不同生态习性的植物对吸收二氧化硫的能力有所不同，据日本在大阪市内对40多种树木的含硫量进行的分析表明：落叶树吸收二氧化硫的能力最强，常绿的阔叶树次之，较弱的是针叶树。另外不同种类的植物对二氧化硫的吸收能力也有所不同，一般对二氧化硫抗性越强的植物，对二氧化硫的吸收能力也较强，表12-1是不同植物不同季节每平方米叶片的硫积累量。从中我们可以看出，对二氧化硫有较强吸收能力的有海棠、构树、金银木、丁香、馒头柳、白蜡等，在二氧化硫污染较严重的区域，可以考虑选择种植这些植物，以减少空气中二氧化硫含量，净化空气、改善环境。

**表12-1　植物叶片硫积累量**

（单位：克／平方米）

| 植物名称 | 含硫量 | |
|---|---|---|
| | 7月 | 10月 |
| 馒头柳 | 5.24 | 6.25 |
| 丁香 | 0.90 | 2.21 |
| 海棠 | 0.90 | 7.20 |
| 连翘 | 0.80 | 1.38 |
| 白蜡 | 0.76 | 1.76 |
| 桧柏 | 0.68 | 1.39 |
| 金银木 | 0.61 | 4.20 |

| 植物名称 | 硫量 | |
|---|---|---|
| | 7月 | 10月 |
| 构树 | 0.47 | 4.65 |
| 泡桐 | 0.42 | 0.45 |
| 黄刺玫 | 0.40 | 0.42 |
| 桃树 | 0.36 | 0.40 |
| 元宝枫 | 0.38 | 0.45 |
| 月季 | 0.28 | 1.01 |
| 合欢 | 0.13 | 0.68 |

注：以上资料摘自陈自新等“北京市园林绿化生态效益的研究”专题。

城市的空气污染还在于空气中含有大量的粉尘。粉尘是常见的一种颗粒状污染物，其来源一是天然污染源（如火山爆发、尘暴、森林火灾等）；另一种是人为污染源（如工业生产过程中燃料燃烧，建设施工场地等）。粉尘污染是很有害的，一方面粉尘是各种有机物、无机物、微生物和病原菌的载体，通过呼吸道和皮肤，使人体容易引起各种疾病，如鼻炎、气管炎、肺炎、哮喘等。另一方面粉尘可降低阳光照明度和辐射强度，特别是减少紫外线辐射，造成细菌的滋生繁衍，不利于人体健康，也对植物的生长发育不利。据有关资料显示，城市空气中烟尘的含量惊人。由于我国大部分城市仍以煤为主要燃料，在燃烧的过程中，每烧1吨煤，即可产生11千克的煤粉尘，许多工业城市每年每平方公里降尘量平均为500吨左右，有的城市甚至达到1000吨以上。这些烟灰粉尘的存在，使人类健康受到极大的威胁，对许多现代的工业生产及城市形象也极为不利。

植物，特别是树木对烟尘具有明显的阻挡、过滤和吸附的作用。一方面由于植物能阻挡降低风速，使烟尘不至于随风飘扬；另一方面是因为植物叶子表面凹凸不平，有茸毛，有的还能分泌黏性的油脂或汁浆，能使空气中的尘埃附着其上，以此减少烟尘的污染。而随着雨水的冲洗，叶片又能恢复吸尘的能力。

我国对一般工业区的初步测定，空气中的的飘尘（直径小于10微米的粉尘）浓度，绿化区比未绿化的对照区少10%～50%，绿地中的含尘量比街道少1/3～2/3，在植物的生长季节中，树林下的含尘量比露天广场上空含尘量的平均浓度低42.2%。又如德国汉堡城测定几乎无树木的街道空气中含粉尘量为850毫克/平方米，而在树木茂盛的城市公园地区里平均值低于100毫克/平方米。从以上数据可以看出，植物对净化空气中的烟尘确实有良好的效果。因此，在城市工业区与居住生活区之间应发展隔离绿地，减少烟尘对城市空气的污染。

植物滞尘能力的高低与树冠的高度、总的叶片面积、叶片大小、着生角度、表面粗糙程度等条件有关。表12-2是部分主要园林植物滞尘能力的比较，从中可以看出滞尘能力较强的植物有：丁香、紫薇、桧柏、毛白杨、元宝枫、银杏、国槐等。

**表12-2　主要园林植物滞尘能力比较**

| 植物名称 | 滞尘能力面积（克/平方米） | | | |
|---|---|---|---|---|
| | 一周后 | 二周后 | 三周后 | 四周后 |
| 丁香 | 1.068 | 4.078 | 4.951 | 5.757 |
| 紫薇 | 1.125 | 2.875 | 3.750 | 4.250 |
| 月季 | 0.571 | 0.857 | 2.214 | 2.400 |
| 小叶黄杨 | 0.389 | 0.735 | 1.100 | 1.200 |
| 桧柏 | 0.294 | 0.708 | 2.579 | 4.113 |
| 毛白杨 | 0.671 | 1.924 | 2.472 | 3.822 |
| 元宝枫 | 1.500 | 1.667 | 2.917 | 3.458 |
| 银杏 | 1.619 | 3.093 | 3.299 | 3.433 |
| 国槐 | 1.132 | 1.887 | 2.830 | 3.396 |
| 臭椿 | 0.138 | 0.448 | 1.276 | 2.448 |
| 栾树 | 0.492 | 1.254 | 1.619 | 2.413 |
| 白蜡 | 0.325 | 0.584 | 1.039 | 1.494 |
| 垂柳 | 1.191 | 0.381 | 0.905 | 1.048 |

注：以上资料摘自陈自新等“北京市园林绿化生态效益的研究”专题。

空气中散布着各种细菌和病原菌等微生物，不少是对人体有害的病菌，时常侵袭着人体。而城市空气中的细菌含量也远远高于周围的乡村，这也使城市中的居民更容易患上由于这些病菌所引发的各种疾病，严重影响了人们日常的生活及工作。绿色植物对其生存环境中的细菌等病原微生物具有不同程度的减少、杀灭和抑制作用。这是由于植物可通过减少空气中的灰尘从而减少附着于其上的细菌。另外，有许多植物本身能分泌一种杀菌素而具有杀菌能力，从而减少空气中细菌的含量，改善环境。

据法国测定资料表明，在百货大楼内空气中的细菌为400万个/立方米，而公园内只有

图12-1 绿地中的活水园

1000个/立方米，百货大楼比公园中的细菌多4000倍。这证实植物能有效减少空气中细菌的含量。然而有关资料还表明，在绿地中植物种植结构不合理，使空气流通不畅，形成相对阴湿的小气候环境时，不仅不能减少空气中细菌的含量，相反还为细菌的滋生繁殖提供了有利条件。因此，在绿化的过程中，应合理安排物种结构，保持绿地一定的通风条件和良好的卫生状况，避免产生有利细菌滋生的阴湿小环境，这样方可达到利用植物减少空气中含菌量，净化空气的目的。

城市园林绿化植物中各种植物的杀菌能力各有不同，根据园林景观绿化工作的实际需要，可将这些植物杀菌作用分为"强"、"较强"、"中等"、"弱"四级，可根据实际情况的要求进行选择。第一类，杀菌力强的植物有：黑胡桃、樟树、油松、核桃、桑树等；第二类，杀菌力较强的植物有：白皮松、桧柏、侧柏、紫叶李、栾树、泡桐、杜仲、槐树、臭椿、黄栌、棣棠、金银木、紫丁香、中国地锦、美国地锦以及球根花卉美人蕉等；第三类，杀菌力中等的植物有：华山松、构树、绒毛白蜡、银杏、榆树、石榴、紫薇、紫荆、木槿、小叶黄场、鸢尾等。第四类：杀菌能力较弱的植物有：洋白蜡、毛白杨、玉兰、玫瑰、报春刺玫、太平花、樱花、榆叶梅、野蔷薇、山楂、迎春等。

②净化水体和土壤

城市水体污染源，主要有工业废水、生活污水、降水径流等，这些较易集中处理和净化；而大气降水，形成地表径流，冲刷和带走了大量地表污物，其成分和流量均难以控制，许多则渗入土壤，继续污染地下水。污水排入自然水体，虽可通过水的自净作用得到净化，但水的自净作用是有限的。因此对废水污水在排放前必须进行净化处理以达排放标准，同时重视利用植物的吸收污染物的能力，以净化水体。植物可以吸收水中的溶解质，减少水中的细菌数量。有关研究显示在通过了30～40米宽的林带后，一升水中所含的细菌量比不经过林带的减少1/2。另外，许多水生植物和沼生植物对净化城市的污水有明显作用。如芦苇能吸收酚及其他20多种化合物，每平方米土地上生长的芦苇一年内可积聚6千克的污染物质，还可消除水中的大肠杆菌等，这种有芦苇的水池中，其水的悬浮物要减少30%，氯化物减少90%，有机氮减少60%，磷酸盐减少20%，氨减少66%，总硬度减少33%。又如水葫芦能从污水里吸取银、金、汞、铅等金属物质及具有降低镉、酚、铬等有机化合物的能力（图12-1）。

植物的地下根系能吸收大量有害物质而具有净化土壤的能力。如有的植物根系分泌物能杀死进入土壤的大肠杆菌。另外有植物根系分布的土壤，其中的好气性细菌比没有根系分布的土壤多几百倍至几千倍，故能促使土壤中的有机物迅速无机化，因此既能净化土壤，又增加了肥力。草坪是城市土壤净化的重要地被植物，城市中一切裸露的土地，种植草坪后，不仅可以改善地上的环境卫生，而且也能改善地下的土壤卫生条件。

### （2）改善城市气候

由于城市中人口及建筑密度大，工业产业发达，因此城市的气候也受到相应的影响。与郊区的气候特征相比，城市气候有如下的特征：气温较高、空气相对湿度较小，日照时间短，辐射散热量少，平均风速较小，风向经常改变等等。这些特点对人们的生活均有不利的影响。据相关研究表明，绿色植物具有改善城市气候的不良特征，形成较好小气候的功能。这是因为植物叶面的蒸腾作用能降低气温，调节湿度，吸收太阳辐射热。另外经过规划设计的城市园林景观绿地还可以控制风向、风速。因此，城市园林景观绿地具有明显改善城市小气候，提高人们生活环境质量的作用。

①调节气温

影响城市小气候最突出的有物体表面温度、气温和太阳辐射温度，而气温对于人体的影响是最主要的。其原因主要是太阳辐射的60%～80%被成荫的树木及覆盖了地面的植被所吸收，而其中90%的热能为植物的蒸腾作用所消耗，这样就大大消弱了由太阳辐射造成的地表散热而减少了空气升温的热源。此外，植物含水根系的吸热和蒸发、树叶摇拂飘动的机械驱热及散热作用及树荫对人工覆盖层、建筑屋面、墙体热状况的改善，也都是降低气温的因素。

冬季由于树干树叶吸收的太阳热量散热缓慢的原因，而使绿地气温可能比非绿地气温高，如铺有草坪的绿地表面温度就比无草地的要高4℃。夏季时，人在树荫下和在直射阳光下的感觉差异是很大的。这种温度感觉的差异不仅仅是3℃～5℃的气温差，更主要是太阳辐射温度所决定的。经辐射温度计测定，夏季树荫下与阳光直射的辐射温度可相差30～40℃之多。

植物的蒸腾作用可蒸发水分，吸收大量的热量，从而降低周围的气温。相关研究表明，一株胸径为20厘米，总叶面积为209.33平方米的国槐，在炎热的夏季每天的蒸腾放水量为439.46千克，蒸腾吸热为83.9千瓦时，约相当于3台功率为1100瓦的空调工作24小时所产生的降温效应。另有大量研究资料证实绿地对于降低气温有显著的作用：在酷热的夏季，树林里的气温与未植树的空场地的最大温差可达8℃，草坪表面的温度则比裸露地面温度低6℃～7℃，比柏油路表面气温低8℃～20.5℃；有垂直绿化植物覆盖的墙面表面温度比无绿化覆盖的清水红砖墙表面温度低5.5℃～14℃。由大面积水面和植物组成的城市园林景观绿地，对于改善城市气温有更明显的作用，以杭州西湖、南京玄武湖、武汉东湖等为例，其夏季气温比市区低2℃～4℃。以上这些数据表明，在城市地区及其周围，尤其是在炎热地区大量种植树木，同时大力发展屋顶绿化及垂直绿化，提高整个城市的绿化覆盖率，是调节城市过高气温的有效手段（图12-2）。

②调节湿度

空气湿度过高，易使人感觉厌倦疲乏；过低使人感到干燥烦闷，同时易患咽喉及耳鼻疾病。一般认为最适宜的相对湿度为30%～60%。

城市空气的湿度较郊区和农村为低，城市大部分面积被建筑和道路所覆盖，大部分降雨成为径流迅速流入地下管道，蒸发部分的比例很少，而农村地区的降雨大部分涵蓄于土地和植物中，通过地区蒸发和植物的蒸腾作用回到大气中。

**图12-2　大力发展屋顶绿化及垂直绿化是调节城市过高气温的有效手段**

绿色植物因其蒸腾作用可以将大量水分蒸发至空气中，从而增加空气的湿度。有关试验证明，一般从根部进入植物的水分有99.8%被蒸发到空气中。夏天，一棵树每天可以蒸发200～400升水分，每公顷油松树每日蒸腾量为43.6～50.2升，每公顷加拿大白杨林每日蒸腾量为57.2升；一公顷阔叶林的蒸发量比同等面积的裸露土地蒸发量高20倍，相当于同等面积的水库蒸发量。由于绿化植物强大的蒸腾水分的能力，因此可向空气中不断输送水蒸气，提高空气湿度。此外有关资料显示：不同生态习性的植物、不同类型的绿地及不同种植结构的绿地其蒸腾水量及蒸腾吸热量等均有所不同。表12-3是北京城郊八大建成区所种不同类型绿地蒸腾水量及吸热量的比较。该表显示公共绿地对提高城市空气湿度效果最明显。表12-4是北京对不同生态习性的植物蒸腾水量及蒸腾吸热量的比较，该表则显示落叶乔木对改善城市湿度效果最明显。另据相关研究证实乔、灌、草结构的绿地空气湿度可以增加10%～20%，一般森林的湿度比城市高36%，公园的湿度比城市其他地区高27%。以上这些数据均说明，绿色植物对于改善城市空气中湿度较小的问题有明显的作用。通过调节城市空气湿度，城市园林景观绿地可以为人们提供一个舒适的生活环境。

近年来，城市除了受到“热岛”的困扰，“干岛”问题也日益突出。杭州植物园经过两年观测研究，在2003年提出杭州的干岛效应明显存在，其中风景区和城郊的相对湿度显著地高于城区。城区公园比城区相对湿度也大约要大2%左右。因此，通过调节城市空气湿度，城市园林绿地可以为人们提供一个舒适的生活环境。

**表12-3　　五种类型绿地平均每公顷日蒸腾吸热、蒸腾水量**

| 绿地类型 | 绿量（平方千米） | 蒸腾水量（吨/天） | 蒸腾吸热（兆焦/天） |
|---|---|---|---|
| 公共绿地 | 120.707 | 214.420 | 526 |
| 专用绿地 | 90.387 | 159.252 | 391 |
| 居住区 | 89.7746 | 120.402 | 295 |
| 道路 | 84.669 | 151.060 | 371 |
| 片林 | 23.797 | 43.912 | 108 |

注：①以上数据均摘自陈自新等“北京城市园林绿化生态效益的研究”专题。
②该统计数据为2002年9月1日以前的研究成果，因此未按新的分类标准进行。

**表12-4　　单株植物日蒸腾吸热、蒸腾水量**

| 植物类型 | 株数（株） | 数量 | 蒸腾水量（千克/天） | 蒸腾吸热（兆焦/天） |
|---|---|---|---|---|
| 落叶乔木 | 1 | 165.7 | 287.97 | 706.644 |
| 常绿乔木 | 1 | 112.6 | 239.29 | 586.8 |
| 灌木类 | 1 | 8.8 | 13.021 | 31.95 |
| 草坪（平方米） | 1 | 7.0 | 8.933 | 21.9204 |
| 花竹类 | 1 | 1.9 | 3.2136 | 7.8786 |

注：以上数据均摘自陈自新等“北京城市园林绿化生态效益的研究”专题。

③调控气流

由于城市中建筑密度大，硬质地面多，因此在夏季受太阳辐射热很大，一般情况下，在建筑密集的地段气温比较高。但是，如果这些地段的周围有大面积绿地存在，情况将会大不一样。由于绿地地段气温相对较低，与建筑密集地段形成气温差。气温差的存在则可形成区域性的微风和气体环流。这种气流将绿地中相对凉爽的空气不断传向城市建筑密集区，达到调节城市建筑密集区小气候的目的，为人们提供一个舒适的生活环境。另外，城市园林绿地相对于气流的调控作用还表现在形成城市通风道及防风屏障两个方面。当城市道路及河道与城市夏季主导风向一致时，可沿道路及河道布置带状绿地，形成绿色的通风走廊，这时如果与城市周围的大片楔形绿地贯通，则可以形成更好的通风效果。在炎热的夏季，可将城市周边凉爽清洁的空气引入城市，改善城市夏季炎热的气候状况。另一方面，在寒冷的冬季，大片垂直于冬季风向的防风林带，可以降低风速、减少风沙，改善城市冬季寒风凛冽的气候条件（图12-3）。

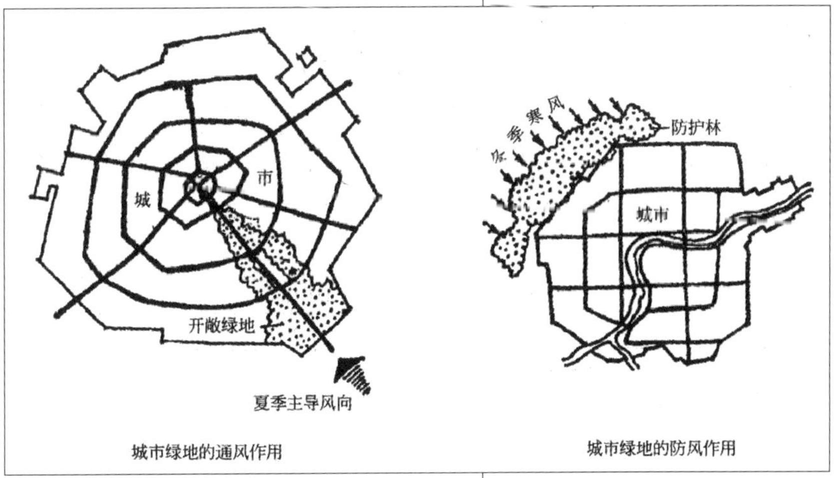

城市绿地的通风作用　城市绿地的防风作用

图12-3　城市绿地可很好地调控气流

（3）降低城市噪声

噪声污染是城市中的主要环境污染之一。现代城市中的汽车、火车、船舶和飞机所产生的噪声，工业生产、工程建设过程中的噪声，以及社会活动和日常生活带来的噪声，有日趋严重之势。城市中的噪声一旦超过卫生标准的30～40分贝，就会影响人们的日常生活及身心健康，轻则使人疲劳、烦躁和降低效率，重的则可以引起心血管及中枢神经系统方面的疾病。

要减轻城市的噪声污染，一方面应注意控制噪声源，另一方面应大力发展城市园林景观绿化。有关研究表明，植物特别是林带对降低城市噪声有一定的作用。是因为声能投射到树叶上被反射到各个方向，造成树叶微振而使声能消耗而消弱。因此，树木减噪的主要部位是树冠层，枝叶茂密的减噪效果好，而落叶树在落叶季节的减噪效能就降低，植物配置方式对减噪效果影响也很大，自然式种植的树群比行列式的树群效果好，阔叶树吸声能力比针叶树好，以绿篱、乔灌木与草坪相结合的复层配置形式构成的紧密的绿带降低噪声的能力强。据有关测定表明，40米宽的林带可以降低噪声10～15分贝，30米宽的林带可降低噪声4～8分贝。在公路两旁设有乔、灌木搭配的15米宽的林带，可降低噪声一半，快车道的汽车噪声穿过12米宽的悬铃木树冠到达树冠后面的三层楼窗户时，与同距离空地相比降低噪声3～5分贝（图12-4）。

在城市中常因用地紧张，不宜有宽的林带，所以要对树木的高度、位置、配置方式及树木种类等进行分析，以便能获得最有利的减噪效果。

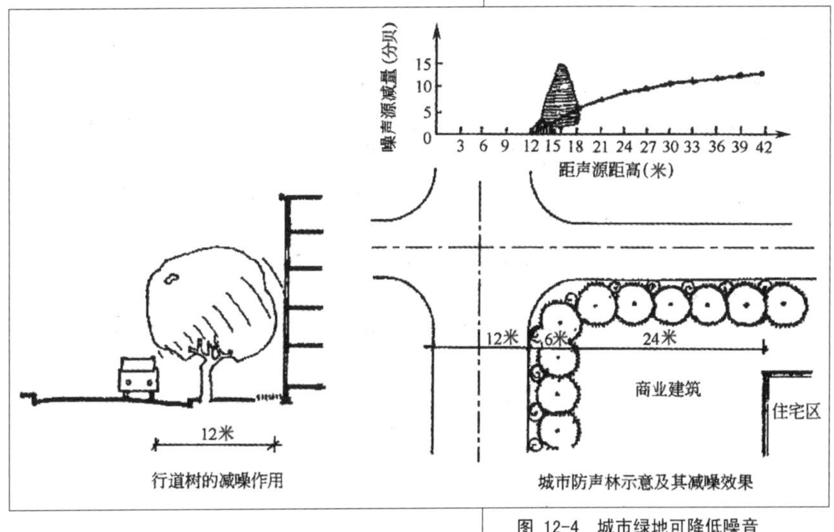


行道树的减噪作用　城市防声林示意及其减噪效果

图 12-4　城市绿地可降低噪音

## 12.1.2 减灾防灾

城市也会有天灾人祸所引起的破坏，如台风、火灾、多雨山区城市的山崩、泥石流，濒水城市的毁，以及地震的破坏性灾害。多年的实践证明，合理布置城市园林景观绿地可以增强城市防灾减灾的能力，维持城市生态系统的平衡。

（1）防火防震

绿地防火防震的作用，1923年1月日本关东发生大地震，同时引发大火灾，城市公园绿地不仅起到了隔断和停息大火延烧的作用，而且成为城市居民避难的场所。在20世纪二三十年代才引起人们的重视。在以后的研究中，有关专家不断从各地震现场获得关于绿地对防火防震作用的第一手资料（表12-5）。据《日本阪神大地震后城市园林景观绿地的调查报告》及唐山地震后城市园林景观绿地的有关报告资料显示，地震以后大量不同类型的公园、绿地为居民提供了避难场所。据唐山地震后粗略的统计，仅凤凰山公园、人民公园、大城山公园部分地区（总面积约为50余公顷），就疏散灾民一万人以上。居民可在各种绿地内搭建简易房，利用各绿地内水体解决震后居民的用水问题，利用各种树木提供部分材料，搭建抗震篷解决居民震后的生活问题等。

表12-5　日本各类绿地在防震救灾中的作用

| 绿地类型 | 距离、面积 | 作用 |
| --- | --- | --- |
| 靠近住宅的小型绿地 | | 紧急避难场所 |
| 居住公园、区域性公园 | 居住圈周围150～200米范围内，面积1000～1500平方米 | 救援，堆物或搭建临时住宅的场所 |
| 市级大公园 | 居住圈周围300～500米，面积5000平方米以上 | 救援基地 |

绿地对防止火灾的蔓延非常有效。许多绿化植物的枝干树叶中含有大量水分，一旦发生火灾，可以阻止蔓延，隔离火花飞散。由于树种不同，其耐火程度也有差别，常绿阔叶树的树叶自燃临界温度为455℃，落叶阔叶树的树叶自燃临界度为407℃。银杏、厚皮香、山茶、槐树、白杨等均是较好的防火树种。

由于绿地有较强的防火防震作用，因此在城市规划中应充分利用的这一功能，合理布置各类大型绿地及带状绿地，使城市园林景观绿地同时成为避灾场所及防火墙，构成一个城市避灾的绿地空间系统。有的国家已规定避灾公园的定额为每人1平方米。而日本提出公园面积必须大于10公顷，才能起到避灾防火的作用。

（2）防风固沙

防止沙尘对城市的污染已迫在眉睫。

植树造林、保护草场是防止风沙对城市污染的一项有效措施。一方面，植物的根系及匍匐于土地上的草及植物的茎叶具有固定沙土、防止沙尘随风飞扬的作用；另一方面，由多排树林形成的城市防风林带可以降低风速，从而滞留沙尘。据有关资料报道，一民营企业在内蒙古磴口县境内的乌兰布和沙漠开展100万亩沙漠种树、种草、封沙、育林的生态保护工程，几年间，原来的沙丘地已变成树木成行、牧草丛生的田园，对阻挡乌兰布和沙漠南移起到了很好的作用。另外，随着三北防护林建造的不断完善，许多城市沙尘暴污染问题也将得到不同程度的缓解。

（3）涵养水源，保持水土

由于人类对森林进行了掠夺式的砍伐，近年来山洪、泥石流、山体坍塌、土壤流失等自然灾害频繁发生，由此也反过来促使人们对植物的涵水保土作用有了进一步的认识。树木和草地对保持水土有非常显著的功能，树木的枝叶茂密地覆盖着地面，当雨水下落时首先冲击树冠，然后穿透枝叶，不会直接冲击土壤表面，可以减少表土的流失。树冠本身还积蓄一定数量的雨水，不使降落地面。同时，树木和草本植物的根系在土壤中蔓延，能够紧紧地“拉着”土壤而不让冲走。加上树林下往往有大量落叶、枯枝、苔藓等覆盖物能吸收数倍于本身的水分也有防止水土流失的作用，这样便能减少地表径流，降低流速，增加渗入地中的水量。森林中的溪水澄清透澈，就是保持了水土的证明。近年来实施的长江天然防护林工程，就是利用植物涵养水源、保持水土的功能，对长江的水质进行很好的保护。

（4）防御放射性污染和有利备战防空

战争是对人类生命及财富造成极大损害的人为灾害。由于战争的可能性及突发性，因此在城市规划中应考虑一定的备战防空措施，其中的绿地系统是这一措施中的重要组成部分。绿色植物可以过滤、吸收和阻隔放射性物质，减低光辐射的传播以及冲击波的杀伤力，还可阻挡弹片飞散，并对重要建筑、军事设备、保密设施等起遮蔽作用。其中密林更为重要。

另外，绿色植物对于防止核工业地区对其他区域的核辐射也有一定的效果，因此，在这些区域均应划出一定的隔离区，在隔离区内进行大面积的绿化，形成防护林以保护其他城市区域免受核污染。例如，第二次世界大战时，欧洲某些城市遭到轰炸，凡是树木浓密的地方所受损失要轻得多。

### 12.1.3 提供城市野生动物生境，维持城市生物多样性

随着人们环境意识的不断提高，在城市中与自然和谐共处，共同发展已成为现代生活的新追求。绿色植物是城市中重要的自然要素，它的存在一方面为人们提供了接触自然、了解自然的机会，另一方面也为一些野生动物提供了必要的生活空间，使人们能在城市中就能体会到与动物和谐共处的乐趣。

城市中不同群落类型配植的绿地可以为不同的野生动物提供相应的生活空间，另外与城市道路、河流、城墙等人工元素相结合的带状绿地形成一条条绿色的走廊，保证了动物迁徙通道的畅通，提供了基因交换、营养交换所必要的空间条件，使鸟类、昆虫、鱼类和一些小型的哺乳类动物得以在城市中生存。据有关报道，在英国，由于在伦敦中心城区的摄政公园、海德公园内建立了苍鹭栖息区，因此伦敦中心城区内已有多达40～50种鸟类自然地栖息繁衍。另外，在生态环境良好的加拿大某些城市，浣熊等一些小动物甚至可以自由地进入居民家中，与人类友好地相处。

城市生物多样性是指在城市范围内除人以外的生物分异程度。城市生物多样性水平是一个城市生态环境建设的重要标志。城市生物多样性水平主要通过城市园林景观绿地系统所容纳的生物资源的丰富程度体现。因此城市园林景观绿地系统的建设对于保护和维

持城市生物多样性具有决定性的作用。一方面，可以利用城市园林景观绿地中的植物园、动物园、苗圃等技术优势，对濒危、珍稀动植物进行异地保护及优势物种的驯化。另一方面，可以通过丰富城市园林景观绿地的植物群落的物种数量，达到丰富生活与增加动物物种的数量，并以此来保护本地区物种的多样性。城市园林景观绿地正是通过对城市生物多样性的保护与建设来改善人与自然、植物与动物、生物与无机环境等之间的相互关系，从而最终达到维持城市园林景观绿地系统以及整个城市生态系统的稳定及平衡效果。

城市园林景观绿地作为城市结构中的自然生产力主体，通过植物的一系列生态效应完成了净化城市空气、水体、土壤，改善了城市小气候，降低了噪声以及防火防震，防风固沙，蓄水保土，为野生动物提供庇护所等一系列生态功能，实现了城市自然物流、能流的良性循环和流动，从而改善了城市环境，提高了人们的生活空间质量及生活水平。

## 12.2 城市园林绿地的使用功能

园林绿地在历史上就具有游憩的使用功能。我国古代的苑囿是帝王游乐的地方，一些皇家园林和私家园林则是皇家、官绅、士大夫的游憩场所，旧中国的一些城市公园是给殖民主义者和“高等华人”所享用的，只有解放后的公园才真正成为广大人民群众游憩娱乐的园地。随着人类社会的发展及科学技术水平的提高，人们的生活水平也不断提高，人们的劳逸时间有了新的变化，其表现之一在于工作时间缩短，闲暇时间增加。人们在闲暇时间所进行的休闲、游憩及娱乐活动成为现代生活不可或缺的重要组成部分。城市园林景观绿地具有满足人们多种休闲活动需要的功能，我们将这种功能称为城市园林景观绿地的使用功能。

据1995年北京的一项关于“实行双休日后市民休闲要求的调查”报告显示：在被调查的2490人中，有73.3%的人希望增加城市公共绿地以满足日常的休闲活动需要。另据不完全统计，北京晨练的人中，仅在天坛公园就有3万人。此外，地坛公园和景山公园各有1万人。这些数据表明，城市园林景观绿地的使用功能越来越受到人们的重视。城市园林景观绿地能有效改善人们的生活质量，提高人们的物质及精神生活水平，它的使用功能主要包括以下四个方面的内容。

### 12.2.1 日常休息娱乐活动

丹麦著名的城市设计专家杨•盖尔（JanGehi）在他的《交往与空间》一书中将人们的日常户外活动分为三种类型，即必要性活动、自发性活动和社会性活动。必要性活动是指上学、上班、购物等日常工作和生活事务活动。这类活动必然发生，与户外环境质量好坏关系不大。而自发性活动和社会性活动则是指人们在时间、地点、环境合适的情况下，人们有意愿参加或有赖于他人参与的各种活动。这两类活动的发生有赖于环境质量的好坏。人们日常的休息娱乐活动属于后两种活动类型，需要适宜的环境载体。这些环境包括：城市中的公园、街头小游园、城市林荫道、广场、居住区公园、组团院落绿地等城市园林景观绿地。人们在这些绿地空间中进行各种日常的休息娱乐活动。这些活动包括动、静两类，如晒太阳、小坐、散步、观赏、游戏、锻炼、交谈以及各种儿童活动等等。这些活动可以消除疲劳、恢复体力、调剂生活、促进身体及精神的健康，是人们身心得以放松的最好方式。

现代教育的研究证明，少年儿童的户外活动对他们的体育、智育、德育的成长有很积极的作用，因此很多经济发达的国家对儿童的户外活动颇为重视，一方面创造就近方便的条件，一方面设置有益的设施，把建造儿童游戏场体系作为居住区设计和园林绿地系统的组成部分。

### 12.2.2 观光及旅游

第二次世界大战后，世界旅游事业蓬勃发展，其原因是多方面的。其中很重要的一个因素就是人们希望投身到大自然的怀抱中，弥补其长期生活在城市中所造成的“自然匮乏”，从而锻炼身体，增长知识，恢复疲劳，充实生活，获得生机。由于经济和文化生活的提高，休假时间的增加，人们已不满足于在市区内园林绿地的活动，而希望离开城市，到郊区、到更远的风景名胜区甚至国外去旅游度假，领受特有的情趣。因此旅游已成为人们现代生活必不可少的休闲活动之一。我国幅员辽阔，历史悠久，自然风景资源及人文景观资源较为丰富。现有的677处风景名胜区中，国家级风景区177处，省级风景区452处，县（市）级风景区48处，风景区面积共约9.6万平方公里，占国土总面积的1%。其中的泰山、黄山、九寨沟等风景区还先后被联合国教科文组织列入世界自然遗产名录，成为中外旅游者向往的旅游胜地。除此之外，还有各具特色的城市公园、历史名胜、都市景观等都是人们观光旅游的对象。据世界旅游组织最新的预测表明，到2020年全球旅游人数将达16亿人次，中国将列世界旅游接待国首位，国际旅游人数将达到1.3亿人次，占世界总数的8.6%，旅游接待人次年均增长率将达到8%。城市的公共绿地、风景区绿地以及具有合理结构的城市园林景观绿地系统形成的优美城市环境等，都是人们观光旅游的重要组成部分。

### 12.2.3 休养基地

由于自然风景区景色优美，气候宜人，空气清新水质纯净，对于饱受城市环境污染和快节奏工作压力的现代人来说，是度假疗养的良好环境。因此，在城市规划中，往往会将这些区域规划为人们休假活动的用地。另外，在有些风景区及自然地段有着特殊的地理及气候等自然条件，如高山气候、矿泉、富含负氧离子的空气等。这些特殊条件对于治愈某些疾病有着非常重要的作用，因此，在这些区域也往往会规划一些疗养场所。如河北的北戴河、江西的庐山、山东青岛的崂山、四川成都的青城山、重庆的温泉、海南的三亚等均设有附属的服务设施。

### 12.2.4 文化宣传及科普教育

城市景观绿地还是进行文化宣传，开展科普教育的场所。在城市的综合公园名胜古迹风景点、居住公园及小区的绿地等设置展览馆、陈列馆、宣传廊等，以文字、图片形式对人们进行相关文化知识的宣传，利用这些绿地空间举行各种演出、演讲等活动，能以生动形象的活动形式，寓教于乐地进行文化宣传，提高人们的文化水平，可以收到非常积极的效果。

另外，一些主题公园还可以针对性地围绕某一主题介绍相关知识，让人们直观系统地了解与该主题相关的知识，这样不仅可以提高人们的见识，还使人有亲身体验，丰富人们的生活经历。

城市中的动物园、植物园以及一些特意保留的绿地，如湿地生态系统绿地等，是对青少年进行科普教育的最佳场所。青少年在这里有机会接触自然，可培养他们从小热爱自然、尊重自然的习惯，并从中学到一些生态学的基本知识和观念。

## 12.3 城市园林绿地的美化功能

园林绿化，作为社会主义精神文明建设的一项内容，要为人们安排健康、文明、生动活泼、丰富多彩的欣赏和娱乐活动。它应该负担思想教育的任务，要具有爱国主义、集体主义和共产主义的思想内容，能够提高人民的精神境界和道德情操，增强人民的革命意志和为创建和谐社会服务的精神；应该为满足人民正当娱乐和健康的艺术审美要求服务，使之能得到有益身心的美的享受和奋发向上的鼓舞力量，以利于陶冶情操、振奋精神。所以环境绿化和园林绿地对人们精神上多层次的要求的满足，说明了它具有精神上的社会属性。

植物是城市人工环境中重要的自然元素，它的存在不仅给城市带来了生机与活力，还给城市增添了富于变化的美丽景色。植物形态各异、种类繁多，不同的植物具有不同的姿态、质感及色彩，同样的植物在不同的季节也有不同的外形特征，即使在同一季节，对于不同的气候条件，如阴、晴、风、雨，同一种植物也会给人以不同的视觉、听觉及嗅觉感受。另外，植物之间的搭配也是丰富多变的，不同组成结构的植物群落也会给人以不同的视觉及其他生理和心理体验。因此，植物这种变幻莫测的美与城市中人工构筑物有机结合，相互映衬，可以构成丰富的城市景观，使人们充分领悟自然与人工和谐的美。

绿色植物的美化功能主要体现在以下几个方面。

## 12.3.1 丰富城市建筑群体的轮廓线

城市中的重要地段如滨海、滨江地带以及城市入口地区和中心地带的建筑群，对于城市形象的形成起着决定性的作用。运用绿色植物对这些建筑进行美化也十分必要。因此，在城市园林景观绿地的规划设计中，应特别注意绿化与建筑群体的关系，通过合理的设计及植物配植，使绿色植物与建筑群体成为有机的整体。以植物多变的色彩及优美起伏的林冠线为建筑群进行衬托，丰富建筑群的轮廓线及景观，使建筑群更具魅力，从而使整个城市给人们留下更加深刻和美好的印象。这种成功的例子很多，如图12-5所示的某城市海滨的建筑群，高低错落地散布在山丘上，掩映于绿树丛中，再衬之以蓝天白云，形成了丰富变化的轮廓线，构成让人过目不忘的优美城市景观。又如历史名城丽江，古城的传统建筑依玉河的自然流向排列，形成优美的街景，终年积雪的玉龙雪山则作为古城的背景，形成丽江古朴自然的风貌。上海的东外滩，在滨江地段开辟了滨江绿带，进行绿化装扮，既美化了环境又使高耸的建筑群有了衬景，增添了生气。

图 12-5 在绿化衬托下的城市建筑群显出蓬勃生机

## 12.3.2 美化市容

人们认识城市，主要通过“路”、“沿”、“区”、“节”、“标”这五个环节来实现。其中的“路”和“节”即是指城市道路和城市广场。因此，城市中的道路和广场是人们感受城市面貌的重要场所。广场和道路景观的好坏，将极大地影响到人们对整个城市的认识。绿化良好的广场及道路可以改善广场及道路环境，提高景观效果，从而达到美化市容市貌的目的。近年来植物的这一美化功能受到了相当高的重视，各城市都十分重视道路的绿化及广场的建设，出现了许多成功的范例（图12-6）。国内外许多城市都具有良好的园林绿化环境，又如北京、杭州、青岛、桂林、南京等均具有园林绿地与城市建筑群有机联系的特点。鸟瞰全城，郁郁葱葱，建筑处于绿色包围之中，山水绿地把城市与大自然紧密联系在一起。美国的华盛顿、法国的巴黎、瑞士的日内瓦、德国的波恩、波兰的华沙、澳大利亚的堪培拉等则更为大家所称颂。

图12-6 现代城市绿化

图12-7 配植合适的植物将对建筑形象、整体气氛等起到非常好的陪衬作用

### 12.3.3 衬托建筑美，强化建筑的艺术效果

城市中重要的公共建筑，是城市的标志和象征，这些建筑除了在建筑本身的造型、色彩、肌理等方面应精心设计以外，还应该充分重视绿化对建筑的衬托作用（图12-7）。配植合理的植物将对建筑形象、整体气氛以及特征的形成起到非常好的陪衬作用。如我们常用松、柏等常绿植物来烘托纪念性建筑庄严、肃穆的氛围和特点，以草坪、疏林、水池等配合办公、展览等建筑，形成宁静、优雅的氛围，另外还有一些建筑则通过中庭绿化的设计来突出其特点（图12-8）。

图12-8 一些建筑则通过中庭绿化的设计来突出其特点

### 12.3.4 形成不同的城市特色

由于城市中绿地系统布局结构的不同以及各地不同植物所显示的不同地域性特性，城市园林绿地有助于形成不同的城市特色。随着城市中的主要构筑物——建筑地方风格的削弱，各城市面貌越来越趋于同一，显得千篇一律，缺乏特色。为了改变这种状况，一方面应在城市建设中挖掘其地方文脉、地域精神对建筑的影响，搞好建筑设计。另一方面则应结合绿地建设，以不同地域的乡土植物为骨干树种，根据不同的环境因子组成多种结构的植物群落，结合城市总体布局形成不同结构形式的城市园林绿地系统，并以此形成不同地域的城市特色（图12-9）。

图12-9 不同的植物群落，不同结构形式的城市绿地系统可形成不同的城市特色

人们随着生活水平及审美意识的提高，对于城市园林绿地美化功能的运用也在不断深入及发掘，我们相信，城市园林绿地对于美化城市景观将发挥越来越大的作用。

# 12.4 城市园林绿地的经济效益

城市园林绿地及风景名胜区的绿化除了生态效益、环境效益和社会效益外，还有经济效益。一种是直接获得的货币效益，一种是间接获得的经济效益，间接的经济效益是通过环境的资源潜力所反映出来的，并且这个数量很大。

## 12.4.1 直接经济效益

**（1）物质经济效益**

早期的园林景观曾出现过菜园、果园、药园等生产性的园圃，但随着社会的发展，这些都有了专门性的生产园地，不再属于城市园林范畴。但城市园林绿地在发挥其环保效益、文化效益以及美化环境的同时，也可以结合生产增加经济效益。如种植一些有经济价值的植物，如果树、香料植物、油料植物、药用植物、花卉植物等，也可以制作一些盆景、盆花，培养金鱼，笼养鸣禽等，既可出售，又可丰富人们的生活。

**（2）旅游观赏收入**

该项收入不是以商品交换的形式来体现的，而是通过利用资源获得的。随着旅游事业的发展，我国的风景旅游区成为国内外游客游山玩水的好去处。1996年，国内旅游人次达到6.5亿人，国外旅游者达到5120万人，旅游外汇收入达102亿美元。加上国内旅游收入，总共达到2500亿人民币。这些钱将投入到城市建设、交通运输、轻工业、商业、手工业和旅游业等各方面的发展中。在有些贫困地区，如张家界每年的游客达100万人，如果每人消费500元，就有5亿元的收入，使当地居民获得了较大收益，所以这部分的经济效益也是很可观的。

## 12.4.2 间接经济效益（隐性收入）

园林景观绿地的经济功能除了可以以货币作为商品的价值来表现外，有些无法直接以货币来衡量，但却又是实际存在的，故可以通过折算的方式来加以表现，即隐性收入。举例来说：

①一棵树的价值。人对森林的利用经历了初级利用、中级利用和高级利用三个阶段。根据一位农学家的分析，一棵生长了50年的树，其初级利用价值是300美元，而其环境价值

（高级利用）达20万美元。这是根据其在生态方面能改善气候，制造氧气，吸收有害气体和水土保持所产生的效益以及给人们提供休息锻炼、社会交往、观赏自然的场所而带来的综合环境效益所估算出来的。

②上海宝山钢铁厂是全国著名的花园单位，绿化面积达933公顷，1984～2000年，绿化建设及养护共计投资5.17亿元，种植了365万棵乔木、2900万棵灌木和112万平方米的草地，所获取的现有价值11.95亿元；而同时产生的生态环境效益则为60亿元，环境效益包括制氧、吸收二氧化碳、净化空气、涵养水源、防止噪声、降温、增湿等。其直接和间接效益合计价值72亿元，是总投资的13.58倍，体现了园林景观绿地巨大的经济效益。

③日本以替代法计算其森林的公益效益。1972年为128200亿日元，1991年为392000亿日元，2000年为749900亿日元，即相当于1998年日本国家预算总额（750000亿日元）。其中，保存降水功能的价值达87400亿日元，缓和洪水功能价值55700亿日元，净化水质功能价值128100亿日元，防止泥沙流失功能价值282600亿日元，防止塌方功能价值84400亿日元，保健休闲功能价值22500亿日元，野生动物保护功能价值39000亿日元。

④据报道，天津开发区建在渤海之滨原盐场卤化池上，土壤贫瘠，寸草不生。当地却在那里辟建绿地170公顷，总投资1.425亿元，十年后计算：树木增值180.3万元/年，释放氧气、滞尘降尘、蓄水保堤、增湿降温等环境效益5771万元，两者合计5951.3万元，其投资年回报率为41.8%，而且其效益将随着树木的生长逐年递增。

⑤园林景观绿地能创造良好的投资环境，能吸引大量资本和高素质的人口。城市环境的好坏对投资带来了很大的影响，环境良好的地区房地产价格一般较高。就上海来说，在几个大型绿地周围的房产价格同比高出1000～1500元/平方米，带来巨大的商业利润。

综合以上材料可见，园林景观绿地的价值远远超出其本身价值，结合其生态环境效益来计算，其价值是巨大的，并且随着时间的推移而增加，所以说“留得青山在，不怕没柴烧”。

以上说明了城市园林绿地的发展对城市带来的巨大经济效益。

**思考题**

1. 试从园林景观绿地的生态作用来说明其成为城市消毒剂和制氧剂的原因。

2. 园林绿地有哪些美的品质会影响到人们的生活？

3. 从园林绿地的无形价值谈谈其经济效益。

# 13

# 附　录

# 附录 园林景观设计图例图示

本附录图例图示适用于绘制风景名胜区、城市绿地系统的规划图及园林绿地系统规划和设计图。图例主要摘自《风景园林图例图示标准》(CJJ67—1995)。

## 一、风景名胜区与城市绿地系统规划图例

### 1 地界

| 序 号 | 名 称 | 图 例 | 说 明 |
|---|---|---|---|
| 1.1 | 风景名胜区(国家公园)、自然保护区等界 | — —·— —·— | |
| 1.2 | 景区、功能分区界 | —·—·—·—· | |
| 1.3 | 外围保护地带界 | ┴┴┴┴┴┴┴ | |
| 1.4 | 绿地界 | —— | 用中实线表示 |

### 2 景点、景物

| 序 号 | 名 称 | 图 例 | 说 明 |
|---|---|---|---|
| 2.1 | 景点 | ○ ● | 各级景点依圆的大小相区别;<br>左图为现状景点,右图为规划景点。 |
| 2.2 | 古建筑 | | 2.2～2.29所列图例宜供宏观规划时用,其不反映实际地形及形态。需区分现状与规划时,可用单线圆表示现状景点、景物,双线表示规划景点、景物。 |
| 2.3 | 塔 | | |
| 2.4 | 宗教建筑(佛教、道教、基督教……) | | |
| 2.5 | 牌坊、牌楼 | | |
| 2.6 | 桥 | | |
| 2.7 | 城墙 | | |
| 2.8 | 墓、墓园 | | |
| 2.9 | 文化遗址 | | |
| 2.10 | 摩崖石刻 | | |
| 2.11 | 古井 | ㊉ | |
| 2.12 | 山岳 | | |
| 2.13 | 孤峰 | | |

| 序 号 | 名 称 | 图 例 | 说 明 |
| --- | --- | --- | --- |
| 2.14 | 群峰 |  | |
| 2.15 | 岩洞 |  | 也可表示地下人工景点。 |
| 2.16 | 峡谷 |  | |
| 2.17 | 奇石、礁石 |  | |
| 2.18 | 陡崖 |  | |
| 2.19 | 瀑布 |  | |
| 2.20 | 泉 |  | |
| 2.21 | 温泉 |  | |
| 2.22 | 湖泊 |  | |
| 2.23 | 海滩 |  | 溪滩也可用此图例。 |
| 2.24 | 古树名木 |  | |
| 2.25 | 森林 |  | |
| 2.26 | 公园 |  | |
| 2.27 | 动物园 |  | |
| 2.28 | 植物园 |  | |
| 2.29 | 烈士陵园 |  | |

## 3 服务设施

| 序 号 | 名 称 | 图 例 | 说 明 |
| --- | --- | --- | --- |
| 3.1 | 综合服务设施点 |  | 各级服务设施可依方形大小相区别。左图为现状设施，右图为规划设施。 |
| 3.2 | 公共汽车站 |  | 3.2～3.23所列图例宜供宏观规划时用，其不反映实际地形及形态。需区分现状与规划时，可用单线方框表示现状设施，双线方框表示规划设施。 |
| 3.3 | 火车站 |  | |
| 3.4 | 飞机场 |  | |
| 3.5 | 码头、港口 |  | |

| 序号 | 名称 | 图例 | 说明 |
|---|---|---|---|
| 3.6 | 缆车站 | | |
| 3.7 | 停车场 | P P | 室内停车场外框用虚线表示。 |
| 3.8 | 加油站 | | |
| 3.9 | 医疗设施点 | | |
| 3.10 | 公共厕所 | W.C. | |
| 3.11 | 文化娱乐点 | | |
| 3.12 | 旅游宾馆 | | |
| 3.13 | 度假村、休养所 | | |
| 3.14 | 疗养院 | | |
| 3.15 | 银行 | ¥ | 包括储蓄所、信用社、证券公司等金融机构。 |
| 3.16 | 邮电所（局） | | |
| 3.17 | 公用电话点 | | 包括公用电话亭、所、局等。 |
| 3.18 | 餐饮点 | | |
| 3.19 | 风景区管理站（处、局） | | |
| 3.20 | 消防站、消防专用房间 | | |
| 3.21 | 公安、保卫站 | | 包括各级派出所、处、局等 |
| 3.22 | 气象站 | | |
| 3.23 | 野营地 | | |

## 4 运动游乐设施

| 序号 | 名称 | 图例 | 说明 |
|---|---|---|---|
| 4.1 | 天然游泳场 | | |
| 4.2 | 水上运动场 | | |
| 4.3 | 游乐场 | | |
| 4.4 | 运动场 | | |
| 4.5 | 跑马场 | | |
| 4.6 | 赛车场 | | |
| 4.7 | 高尔夫球场 | | |

## 5 工程设施

| 序号 | 名 称 | 图 例 | 说 明 |
|---|---|---|---|
| 5.1 | 电视差转台 | TV | |
| 5.2 | 发电站 | | |
| 5.3 | 变电所 | | |
| 5.4 | 给水厂 | | |
| 5.5 | 污水处理厂 | | |
| 5.6 | 垃圾处理站 | | |
| 5.7 | 公路、汽车游览站 | | 上图以双线表示，用中实线；下图以单线表示，用粗实线。 |
| 5.8 | 小路、步行游览站 | | 上图以双线表示，用细实线；下图以单线表示，用中实线。 |
| 5.9 | 山地步游小路 | | 上图以双线加台阶表示，用细实线；下图以单线表示，用虚线。 |
| 5.10 | 隧道 | | |
| 5.11 | 架空索道线 | | |
| 5.12 | 斜坡缆车线 | | |
| 5.13 | 高架轻轨线 | | |
| 5.14 | 水上游览线 | | 细虚线。 |
| 5.15 | 架空电力电讯线 | 代号 | 粗实线中插入管线代号，管线代号按现行国家有关标准的规定标注。 |
| 5.16 | 管线 | 代号 | |

## 6 用地类型

| 序号 | 名称 | 图例 | 说明 |
|---|---|---|---|
| 6.1 | 村镇建设地 | 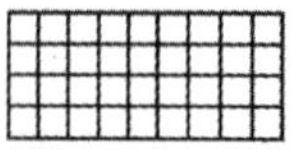 | |
| 6.2 | 风景游览地 | 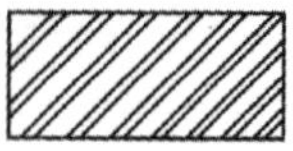 | 图中斜线与水平线成45度角。 |
| 6.3 | 旅游度假地 | 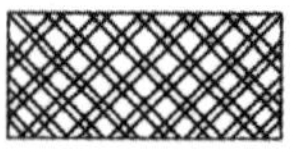 | |
| 6.4 | 服务设施地 | 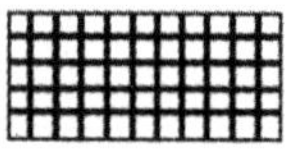 | |
| 6.5 | 市政设施地 | 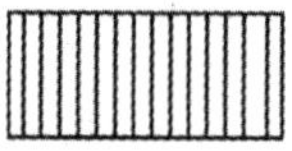 | |
| 6.6 | 农业用地 | | |
| 6.7 | 游憩、观赏绿地 | 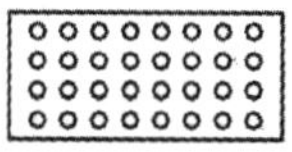 | |
| 6.8 | 防护绿地 |  | |
| 6.9 | 文物保护地 | 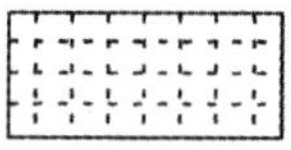 | 包括地面和地下两大类，地下文物保护地外框用粗虚线表示。 |
| 6.10 | 苗圃花圃地 | 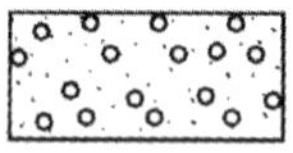 | |
| 6.11 | 特殊用地 | 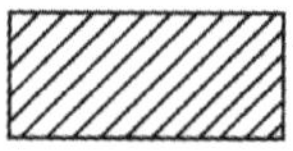 | |
| 6.12 | 针叶林地 |  | 6.12～6.17表示林地的线形图例中叶可插入GB7929—87的相应符号。需区分天然林地、人工林地时，可用细线界框表示天然林地，粗线界框表示人工林地。 |
| 6.13 | 阔叶林地 |  | |
| 6.14 | 针阔混交林地 |  | |
| 6.15 | 灌木林地 | 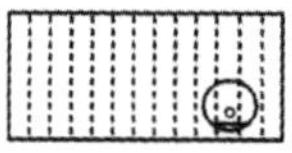 | |
| 6.16 | 竹林地 | 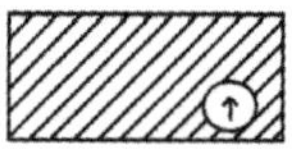 | |
| 6.17 | 经济林地 |  | |
| 6.18 | 草原、草圃 | 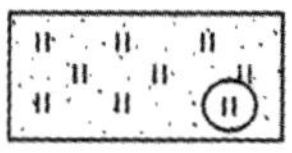 | |

## 二、园林绿地规划设计图例

### 1 建筑

| 序 号 | 名 称 | 图 例 | 说 明 |
|---|---|---|---|
| 1.1 | 规划的建筑物 | | 用粗实线表示。 |
| 1.2 | 原有的建筑物 | | 用细实线表示。 |
| 1.3 | 规划扩建的预留或建筑物 | | 用中虚线表示。 |
| 1.4 | 拆除的建筑物 | | 用细实线表示。 |
| 1.5 | 地下建筑物 | | 用粗虚线表示。 |
| 1.6 | 坡屋顶建筑 | | 包括瓦顶、石片顶、饰面砖顶。 |
| 1.7 | 草顶建筑或简易建筑 | | |
| 1.8 | 温室建筑 | | |

### 2 山石

| 序 号 | 名称 | 图例 | 说明 |
|---|---|---|---|
| 2.1 | 自然山石假山 | | |
| 2.2 | 人工塑石假山 | | |
| 2.3 | 土石假山 | | 包括“土包石”、“石包土”及土假山。 |
| 2.4 | 独立景石 | | |

### 3 水体

| 序 号 | 名 称 | 图 例 | 说 明 |
|---|---|---|---|
| 3.1 | 自然形水体 | | |
| 3.2 | 规划行水体 | | |
| 3.3 | 跌水、瀑布 | | |
| 3.4 | 旱涧 | | |
| 3.5 | 溪涧 | | |

### 4 小品设施

| 序 号 | 名 称 | 图 例 | 说 明 |
|---|---|---|---|
| 4.1 | 喷泉 | | 仅表示位置，不表示形态，以下也可依据设计形态表示。 |
| 4.2 | 雕塑 | | |
| 4.3 | 花台 | | |
| 4.4 | 座凳 | | |
| 4.5 | 花架 | | |
| 4.6 | 围墙 | | 上图为实砌或漏空围墙。<br>下图为栅栏或篱笆围墙。 |
| 4.7 | 栏杆 | | 上图为非金属栏杆。<br>下图为金属栏杆。 |
| 4.8 | 园灯 | | |
| 4.9 | 饮水台 | | |
| 4.10 | 指示牌 | | |

## 5 工程设施

| 序 号 | 名 称 | 图 例 | 说 明 |
|---|---|---|---|
| 5.1 | 护坡 | | |
| 5.2 | 挡土墙 | | 突出的一侧表示被挡土的一方。 |
| 5.3 | 排水明沟 | | 上图用于比例较大的图面。<br>下图用于比例较小的图面。 |
| 5.4 | 有盖的排水沟 | | 上图用于比例较大的图例。<br>下图用于比例较小的图面。 |
| 5.5 | 雨水井 | | |
| 5.6 | 消火栓井 | | |
| 5.7 | 喷灌点 | | |
| 5.8 | 道路 | | |
| 5.9 | 铺装路面 | | |
| 5.10 | 台阶 | | 箭头指向表示向下。 |
| 5.11 | 铺砌场地 | | 也可依据设计形态表示。 |
| 5.12 | 车行桥 | | 也可依据设计形态表示。 |
| 5.13 | 人行桥 | | |
| 5.14 | 亭桥 | | |
| 5.15 | 铁索桥 | | |
| 5.16 | 汀步 | | |
| 5.17 | 涵洞 | | |
| 5.18 | 水闸 | | |
| 5.19 | 码头 | | 上图为固定码头。<br>下图为浮动码头。 |
| 5.20 | 驳岸 | | 上图为假山石自然式驳岸。<br>下图为整形砌筑规划式驳岸。 |

## 6 植物

| 序 号 | 名 称 | 图 例 | 说 明 |
|---|---|---|---|
| 6.1 | 落叶阔叶乔木 | | 6.1～6.14中落叶乔、灌木均不填斜线；长绿乔、灌木加画45度细斜线。阔叶树的外围线用弧裂形或圆形线；针叶树的外围线用锯齿形或斜刺形线。乔木外形成圆形；灌木外形成不规则形乔木图例中粗线小圆表示现有乔木，细小十字表示设计乔木。灌木图例中黑点表示种植位置。凡大片树林可省略图例中的小圆、小十字及黑点。 |
| 6.2 | 长绿阔叶乔木 | | |
| 6.3 | 落叶针叶乔木 | | |
| 6.4 | 长绿针叶乔木 | | |
| 6.5 | 落叶灌木 | | |
| 6.6 | 常绿灌木 | | |
| 6.7 | 阔叶乔木疏林 | | |
| 6.8 | 针叶乔木疏林 | | 常绿林或落叶林根据图面表现的需要加或不加45度细斜线。 |
| 6.9 | 阔叶乔木密林 | | |
| 6.10 | 针叶乔木密林 | | |
| 6.11 | 落叶灌木疏林 | | |
| 6.12 | 落叶花灌木疏林 | | |
| 6.13 | 长绿灌木密林 | | |
| 6.14 | 长绿花灌木密林 | | |
| 6.15 | 自然形绿篱 | | |
| 6.16 | 整形绿篱 | | |
| 6.17 | 镶边植物 | | |
| 6.18 | 一二年生草本花卉 | | |
| 6.19 | 多年生及宿根草本花卉 | | |
| 6.20 | 一般草皮 | | |
| 6.21 | 缀花草皮 | | |
| 6.22 | 整形树木 | | |
| 6.23 | 竹丛 | | |
| 6.24 | 棕榈植物 | | |
| 6.25 | 仙人掌植物 | | |
| 6.26 | 藤本植物 | | |
| 6.27 | 水生植物 | | |

## 三、园林绿地规划设计图例

### 1 枝干形态

| 序号 | 名称 | 图例 | 说明 |
|---|---|---|---|
| 1.1 | 主轴干侧分枝形 | | |
| 1.2 | 主轴干无分枝形 | | |
| 1.3 | 无主轴干多枝形 | | |
| 1.4 | 无主轴干垂枝形 | | |
| 1.5 | 无主轴干丛生形 | | |
| 1.6 | 无主轴干匍匐形 | | |

### 2 树冠形态

| 序号 | 名称 | 图例 | 说明 |
|---|---|---|---|
| 2.1 | 圆锥形 | | 树冠轮廓线，凡针叶树用锯齿形；凡阔叶树用弧裂形表示。 |
| 2.2 | 椭圆形 | | |
| 2.3 | 圆球形 | | |
| 2.4 | 垂枝形 | | |
| 2.5 | 伞　形 | | |
| 2.6 | 匍匐形 | | |

# 参考文献

[1] [美]诺曼·K·布思著. 曹礼昆，曹德鲲译. 风景园林设计要素[M]. 北京：中国林业出版社，2006.

[2] 王晓俊. 风景园林设计[M]. 南京：江苏科学技术出版社，2000.

[3] [美]约翰·O·西蒙兹著. 俞孔坚译. 景观设计学[M]. 北京：中国建筑工业出版社，2000.

[4] 刘滨谊. 现代景观规划设计[M]. 南京：东南大学出版社，2005.

[5] 俞孔坚，等. 景观设计：专业 学科与教育[M]. 北京：中国建筑工业出版社，2003.

[6] 孟兆祯，毛培琳，黄庆喜. 园林工程[M]. 北京：中国林业出版社，1996.

[7] [美]凯文·林奇著. 方益萍，何晓军译. 城市意象[M]. 北京：华夏出版社，2001.

[8] 吴家骅著. 叶南译. 景观形态学[M]. 北京：中国建筑工业出版社，2001.

[9] 彭一刚. 传统村镇聚落景观分析[M]. 北京：中国建筑工业出版社，1992.

[10] 邓位. 景观的感知：走向景观符号学[J]. 世界建筑，2006，7.

[11] [美]阿摩斯·拉普卜特著，黄兰谷译. 建成环境的意义——非言语表达方法[M]. 北京：中国建筑工业出版社，2003.

[12] 王晓俊. 西方现代园林设计[M]. 南京：东南大学出版社，2001.

[13] 吴为廉. 景观与景园建筑工程规划设计[M]. 北京：中国建筑工业出版社，2005.

[14] 杜汝俭. 园林建筑设计[M]. 北京：中国建筑工业出版社，1996.

[15] 卢仁. 园林建筑装饰小品[M]. 北京：中国林业出版社，1996.

[16] 曹林娣. 中国园林文学[M]. 北京：中国建筑工业出版社，2005.

[17] 过元炯. 园林艺术[M]. 北京：中国农业出版社，1996.

[18] 唐学山，李雄，曹礼昆. 园林设计[M]. 北京：中国林业出版社，1996.

[19] 鲁敏. 园林景观设计[M]. 北京：科学出版社，2005.

[20] 王汝诚. 园林规划设计[M]. 北京：中国建筑工业出版社，1999.

[21] 余树勋. 园林美与园林艺术[M]. 北京：科学出版社，1987.

[22] 万叶. 园林美学[M]. 北京：中国林业出版社，2001. 28-362.

[23] 陈从周. 说园[M]. 上海：同济大学出版社，1984. 46-266.

[24] 郑恭. 造园学[M]. 上海：上海交通大学出版社，1985. 35-214.

[25] 李铮生. 城市园林绿地规划与设计（第二版）. 北京：中国建筑工业出版社，2006.

[26] 刘骏，等. 城市绿地系统规划与设计. 北京：中国建筑工业出版社，2004.

[27] 谷康. 园林制图与识图. 南京：东南大学出版社，2001. 9.

[28] 谷康. 园林设计初步. 南京：东南大学出版社，2003. 9.

[29] 胡长龙. 园林规划设计. 北京：中国农业出版社，1998.

[30] 廖建军，黄春华，胡凯光. 衡阳市园林绿化现状及发展对策探讨[J]. 南华大学学报，2004，4：46-48.

[31] 鲁敏，张月华. 沈阳城市绿化植物综合评价分级选择[J]. 中国园林，2003，7：66-69.

[32] 罗庆成，徐新国. 灰色关联分析与应用[M]. 南京：江苏科学技术出版社，1989.

[33] 杨赉丽. 城市园林绿地规划[M]. 北京：中国林业出版社，1995.

[34] 邹淑珍. 南昌城市园林绿化植物的调查研究[J]. 江西科技师范学院学报，2005（6）：124-128.

[35] 唐红军. 乡土树种在城市绿化中缺少利用的原因[J]. 中国园林，2004（6）：73-74.

# 后 记

园林景观设计是文学、艺术、工程技术、生态环保、园林植物多学科知识的融合。园林景观设计课程是景观设计、风景园林、环境艺术技术等专业的骨干课程组，一般包括园林景观设计基础、道路景观设计、居住区景观设计、城市广场景观设计、公园规划与设计等系列课程，园林景观设计基础是第一阶段课程，是该专业课程的理论基础。

本书为南华大学立项规划教材。全书分绪论、中外园林景观概述、园林景观的构成要素、园林景观的美学特征、园林景观设计构图的艺术法则、景的欣赏及造景、园林景观布局、园林植物景观设计、园林景观设计的程序、园林景观设计表现技法、城市园林绿地系统规划、城市园林绿地的功能与效益、附录等13部分。本教材结合师生所做的设计案例，图文结合，形象直观，有利于丰富学生的专业理论知识和培养学生的设计思维能力。

本书在编写过程中，得到了中南林业科技大学林学院副院长陈亮明教授和湖南科技大学生命科学学院副院长周建良教授的大力支持，在此深表谢意！同时，参与本书编写的教师还有方明、蒋新波、唐果、高峻岭、周巍、滕娇等，在此一并表示感谢！

由于受时间和编者学识的限制，书中难免存在疏漏和不妥之处，敬请专家、同行和读者批评指正。